普通高校"十四五"规划教材

# 飞机有限元
# 基础理论与方法

主　编　王云海
副主编　王方磊　茹原芳　张　兵　邵　芳

北京航空航天大学出版社

## 内 容 简 介

随着航空航天科学技术的进步，工程物理问题的数学建模从解析型走向离散型是必然趋势，有限元方法为复杂工程应用提供了解决方案，并通过商业软件 ANSYS，ABAQUS，Nastran 等实现。本书详细阐述有限元理论和方法的基础知识，突出航空特色教学，重点介绍机翼悬臂梁建模方法、机翼板单元弯曲建模方法，以及几何非线性问题。

本书适用于普通本科院校、高等职业院校航空类专业的学生，可满足他们拓展知识体系，夯实理论基础知识的需求。

**图书在版编目(CIP)数据**

飞机有限元基础理论与方法 / 王云海主编. -- 北京 ：北京航空航天大学出版社，2021.12

ISBN 978-7-5124-3672-5

Ⅰ. ①飞… Ⅱ. ①王… Ⅲ. ①飞机—结构设计—有限元分析—系统建模 Ⅳ. ①V221

中国版本图书馆 CIP 数据核字(2021)第 258408 号



**飞机有限元基础理论与方法**

主　编　王云海

副主编　王方磊　茹原芳　张　兵　邵　芳

策划编辑　龚　雪　　责任编辑　陈守平

*

北京航空航天大学出版社出版发行

北京市海淀区学院路 37 号(邮编 100191)　http://www.buaapress.com.cn

发行部电话：(010)82317024　传真：(010)82328026

读者信箱：goodtextbook@126.com　邮购电话：(010)82316936

北京富资园科技发展有限公司印装　各地书店经销

*

开本：787×1 092　1/16　印张：10.75　字数：282 千字

2021 年 12 月第 1 版　2021 年 12 月第 1 次印刷　印数：1 000 册

ISBN 978-7-5124-3672-5　定价：49.00 元

---

# 前　言

自1946年第一台数字电子计算机诞生以来，解析形式的数学模型逐渐显现出一些问题：工程实践中总有一些物理系统介于非线性和线性特性之间，例如飞行器跨声速段翼面局部区域出现强烈的非线性，气动热作用下材料特性随温度变化使得结构呈现出非线性。同时，复杂物理系统的边界条件通常也难以精确给定，这些都给整体性数学建模带来了很大的困难。

在新一代先进飞行器的结构设计方面，以碳纤维为代表的轻质复合材料已大范围地应用于飞行器的减重增升方面，从而使飞行器的升力面变得更加柔性，几何非线性问题变得极为突出。这种特征与空气动力系统相互作用，产生复杂的流固耦合问题，使得气动弹性效应变得异常突出，因此对飞行器伺服控制系统的设计也提出了更高的要求，需要采用可靠的理论与数值研究方法，满足日益复杂的工程实际需求。

飞行器结构设计对结构的强度和刚度要求都很高，数值仿真的理论依据来源于有限单元法，该方法在建筑、桥梁、公路、航空等诸多领域广为应用。随着国内航空类专业院校办学规模的不断扩大，有必要针对航空类专业的学生撰写一部教材，以在理论和实际工作之间搭建一座桥梁。考虑到理科生对专业术语、专业知识缺乏了解和工科生理论基础、公式推导不够扎实的现状，本书摒弃了传统桥梁设计中一些较为复杂的结构模型，突出航空特色，以梁模型和板模型作为研究的对象，以三角形单元、矩形板单元作为切入点，引导学生思考和解决平面应力（应变）问题、空间弯曲问题，以使课程内容精简且教学富有效率。工程技术类项目实施过程中涉及大量的跨学科理论与知识，包括计算机软件编程技术、商业软件的操作与技巧等，需要读者有较为全面的知识储备。为此，本书对矩阵理论、泛函分析、变分原理以及非线性弹性力学等内容进行了介绍，有助于拓宽读者的知识范畴。同时，本书提供了相关软件的计算结果，供读者验证。

本书能够顺利出版，首先要感谢北京航空航天大学出版社编辑们的付出和贵州理工学院张宪明老师的大力协助。其次，要感谢山东省博士科研基金项目（BS2020022）、校基金项目（Z202016）、贵州科技厅重点项目（黔科合基础[2017]1408）、中央高校基本科研业务费（No. B200202003 和 No. 2632020PY02）的支持。

本书中有很多内容是作者独立思考并总结出来的，在文字阐述和表达过程中难免有不够严谨之处，敬请批评指正。

作　者

2021年12月

# 目　　录

# 第1章 绪 论

## 1.1 有限元概述

有限元方法起源于20世纪50年代广为流行的矩阵分析。矩阵分析将所研究的结构体按约束类型划分为多个矩阵块单元，利用模态叠加法求解子块位移响应，进而求得应力、应变及其他响应。具体方法是：首先，在子域上建立微分方程形式的数学模型；然后，将它们汇总成为整体系统方程；最后，定义传递矩阵以消除多余的自由度，从而产生线性无关矩阵形式的整体控制方程组。结构模态按约束性质可划分成三类：刚体模态、限制性模态和自由模态。1960年，有限元方法开始应用于弹性力学中的平面应力问题。

有限元方法基于分块思想，依据变分原理建立节点位移和节点力之间的联系。实际物理问题中，每个分块子单元内部常有载荷的作用，如体力和表面分布力，它们需要被等效到节点位置以产生节点位移，而单元内部点的受力位移则被看作节点位移的诱导位移，也称插值位移，由节点位移的加权形式(试函数)所表征。

有限元建模方法有很多种形式，如力法、位移法、混合法等。早期多采用力法，现多采用位移法。若某节点同时隶属于多个单元，则该节点被称作公共节点。公共节点处的内力等于各单元节点力的代数和。公共节点处的位移须保持连续性，也就是说，不同单元内部的位移曲面在公共节点处应具有相同的数值，通常还要求至少具有一阶偏导数。

位移模式确定之后，就能基于几何方程、物理方程描述物理量之间的联系，如位移与应变关系式、应变与应力关系式。依据能量守恒定律或虚位移原理，建立材料应变能与外力做功之间的联系，以确定节点力和节点位移之间的纽带——刚度矩阵。一旦子单元上的刚度矩阵确定了，整体刚度矩阵也就确定了。

若外载荷分布已知，首先应将它们等效到结构节点上，然后将节点位移看作待求量，节点位移和节点力之间依靠刚度矩阵相联系。一旦节点位移被求出，基于插值程序就能确定单元内部任意点处的位移量。因此，虽然我们关心的是结构体内部的变形，但事实上有限元方法更在意的是如何建立关于节点位移的数学模型，以及求解过程的技术实现。

值得注意的是，数学模型既包括控制方程，也应包括边界条件，即约束方程。目前的商业软件，例如ANSYS，提供了物理问题的结构体建模(几何外形和尺寸定义)、材料属性的配置(密度、弹性模量、温度、抗拉强度等)，提供了网格划分、边界约束的定义方法，提供了位移自动求解程序以及基于插值算法显示的应力或应变分布云图等，为复杂工程应用提供了解决方案。

综上所述，有限元方法着眼于局部问题的解决，然后将局部问题拼接成整体系统进行处理，因此，它能解决非均质材料、各向异性材料、非线性本构关系以及复杂边界条件所带来的工程类难题，并已经广泛应用于诸如热传导、流体力学以及电磁场等领域，被公认为是应力分析的有效工具。

学习有限元知识，可以帮助读者深刻认识商业软件的本质，从而分析和判断计算结果的可靠性、深入理解网格划分的稠密性和合理性以及预判结果的正确性。此外，有些工程实践问题的解决可能有待于理论和技术的进一步创新，国外商业软件的求解结果未必都是真实可信的，大力发展国有知识产权的商业软件，不仅是必要的，而且是必须的。

## 1.2　连续物理系统的离散化

经典的流体力学基于连续介质假说，属于多变量连续系统，现代主流的数学模型多采用 Navier-Stokes 偏微分方程组，简称 N－S 方程，未知变量包括压力 $p$、密度 $\rho$、矢量速度 $\vec{V}$ 以及温度 $T$ 等。目前来看，N－S 方程是否存在解析解尚未可知，而数值求解属于定量分析方法，面对复杂的工程问题求解效率很低，通常需要借助湍流模型来提升求解效率，由此产生数值计算结果的不确定性，因此建议与风洞试验的结果进行对比。此外，复杂物理系统建模过程中，边界条件难以精确满足，成为了连续型物理系统求解的最大障碍。因此，真实物理系统离散化数学建模和非线性数值求解等技术成为了解决现实物理问题的关键环节。

连续型系统离散化的最直接方法就是有限差分法，即利用离散点的信息构建差商表达式作为近似求导公式，如 2 阶精度的中心差分法。有限差分法的理论依据充分，实施比较方便，在计算机的帮助下，可以设置高精度的有限差分格式。

有限元方法的理论依据是变分法。相比有限差分法，它属于间接等效法，是能量法和含权残差法的具体应用。

基于有限元方法构建连续物理系统的数学模型，即离散型矩阵方程如下：

$$\{F\} = [K]\{d\} \tag{1.1}$$

其中，$\{F\}$ 为单元节点力列阵；$[K]$ 为有限元刚度矩阵；$\{d\}$ 为单元节点位移列阵。

以弹簧系统为例，如图 1－1 所示，$x$ 方向的矩阵形式为

$$\begin{Bmatrix} f_1 \\ f_2 \end{Bmatrix} = \begin{bmatrix} k_{11} & k_{12} \\ k_{11} & k_{12} \end{bmatrix} \begin{Bmatrix} d_1 \\ d_2 \end{Bmatrix} = \begin{bmatrix} k & -k \\ -k & k \end{bmatrix} \begin{Bmatrix} d_1 \\ d_2 \end{Bmatrix} \tag{1.2}$$

**图 1－1　杆单元简化成弹簧系统（右向外力 $F$ 未标出）**

当弹簧固定端的位移为 $d_1=0$，另一端位移为 $d_2=x$，右向外力为 $F$ 时，图 1－1 中杆单元的数学模型为

$$\begin{Bmatrix} -F \\ F \end{Bmatrix} = \begin{bmatrix} k & -k \\ -k & k \end{bmatrix} \begin{Bmatrix} 0 \\ x \end{Bmatrix} \tag{1.3}$$

最终的结果符合生活常识，即

$$F = kx \tag{1.4}$$

图 1－1 所示被简化成双节点的弹簧系统是最简单的杆单元的情况。更为一般的情况如图 1－2 所示，其中黑点是节点位移。有限元方法的实施过程大致可以分为以下几个步骤：

（1）指定节点

在函数域内指定有限数目的点（有限元节点），并获取它们的位移函数值（节点位移），记作 $u_i$。

(2) 单元划分

基于上述节点，原始函数域被划分为若干子域，依据它们的形状可以将其命名为杆单元、三角形单元、矩形单元或四面体单元等。原始系统被看作上述子域系统的聚合体。如图 1-2 所示，原始物理问题由 8 个节点，7 个单元所描述，其中有 6 个节点属于公共节点。

(3) 位移表达

根据泰勒展开定理，单元内部点的位移表达式可由完备或截断的基函数簇来刻画，如最常见的多项式函数簇，其优点在于满足连续、可微等数学性质。单元内部的位移表达式不代表真实的情况，它们是节点位移的加权累积和形式，这里的权称为插值形函数或试函数，记作 $\phi_i$ 或 $N_i$。

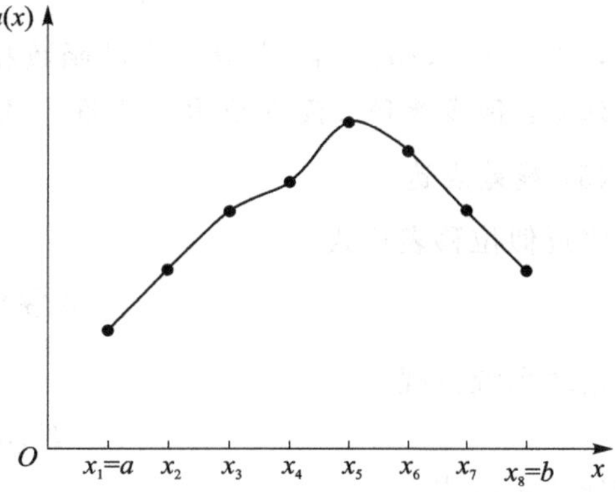

**图 1-2　有限元方法的单元划分**

根据线性代数理论，多项式位移表达式中的待定系数可由节点位移 $u_i$ 所决定。当位移边界条件所提供的独立方程的数目恰好和待定系数的数目一致时，例如完备的三角形单元，则待定系数具有唯一性。

此时，单元内部点的位移表达式存在两种等价形式，即多项式表达法

$$u(x)=[1\quad x]\begin{Bmatrix}a_0\\a_1\end{Bmatrix} \tag{1.5}$$

和节点位移表达法

$$u(x)=[\phi_1\quad \phi_2]\begin{Bmatrix}u_1\\u_2\end{Bmatrix} \tag{1.6}$$

(4) 插值函数（也称试函数）

假设杆单元的节点位移分别为 $u_1,u_2$，单元内部的节点位移为 $u(x)$，它们分别满足条件

$$\begin{cases}u(x)=a_0+a_1x\\u_1=a_0+a_1x_1\\u_2=a_0+a_1x_2\end{cases} \tag{1.7}$$

其中，$x_1,x_2$ 分别为左右节点的横坐标。

写成矩阵形式为

$$u(x)=[1\quad x]\begin{Bmatrix}a_0\\a_1\end{Bmatrix} \tag{1.8}$$

和

$$\begin{Bmatrix}u_1\\u_2\end{Bmatrix}=\begin{bmatrix}1 & x_1\\1 & x_2\end{bmatrix}\begin{Bmatrix}a_0\\a_1\end{Bmatrix} \tag{1.9}$$

同时，节点位移函数 $u(x)$ 还应该满足插值条件

$$u(x)=[\phi_1\quad \phi_2]\begin{Bmatrix}u_1\\u_2\end{Bmatrix} \tag{1.10}$$

联立式(1.8)～式(1.10)，可得

$$[\phi_1 \quad \phi_2] = [1 \quad x] \begin{bmatrix} 1 & x_1 \\ 1 & x_2 \end{bmatrix}^{-1} \tag{1.11}$$

将式(1.11)代入式(1.10),有

$$u(x) = \frac{x_2 - x}{x_2 - x_1} u_1 + \frac{x - x_1}{x_2 - x_1} u_2 \stackrel{\text{def}}{=} [\phi_1 \quad \phi_2] \begin{Bmatrix} u_1 \\ u_2 \end{Bmatrix} \tag{1.12}$$

其中,$[\phi_1 \quad \phi_2]$,$\{u_1 \quad u_2\}^{\mathrm{T}}$ 分别为试函数和节点位移矩阵。

注意:很多教科书没有给出上述推导过程,造成读者不明白形函数的来由。

(5) 残差表达

将近似位移表达式

$$\hat{u}(x) = \sum_j u_j \phi_j \tag{1.13}$$

代入连续系统方程

$$F[u(x)] \equiv 0 \tag{1.14}$$

得到残差表达式

$$R \stackrel{\text{def}}{=} F\left[\sum_j u_j \phi_j\right] \neq 0 \tag{1.15}$$

(6) 伽辽金残差方程

伽辽金方法是由俄罗斯数学家伽辽金提出的一种消除残差的方法。伽辽金残差方程为

$$\int_L \phi_j R \, \mathrm{d}x = 0, \qquad j = 1,2 \tag{1.16}$$

注意:① 被积函数中通常包含偏导数项,这与式(1.14)中算子 $F$ 的形式有关。② 数学上的偏导数在物理上通常是有意义的,如应变是位移函数的偏导数。③ 若被积函数中包含高阶偏导数项,借助分部积分法可以降阶。

稍后的弹性杆问题中,再详细讨论式(1.16)。

# 1.3　弹性杆问题

## 1.3.1　数学模型的推导

考察弹性杆两端在外力作用下的静平衡问题,如图 1-3 所示,其中 $F$ 是单位长度体积力。

在有限元分析中,节点内力 $f_i$ 的正方向与坐标轴的正方向一致,于是有

$$\begin{cases} f_1 = -F_1 \\ f_2 = F_2 \end{cases} \tag{1.17}$$

考虑微元体的受力分析,根据材料力学的知识,有

$$\begin{cases} P = \sigma A = EA\varepsilon = EA \dfrac{\partial u}{\partial x} \\ F\mathrm{d}x + P + \dfrac{\partial P}{\partial x}\mathrm{d}x + (-P) = 0 \end{cases} \tag{1.18}$$

其中,$\sigma$ 是外法线方向上的应力;$E$ 是材料的弹性模量常数;$A$ 是横截面积;$u$ 是位移函数;$\varepsilon$ 是

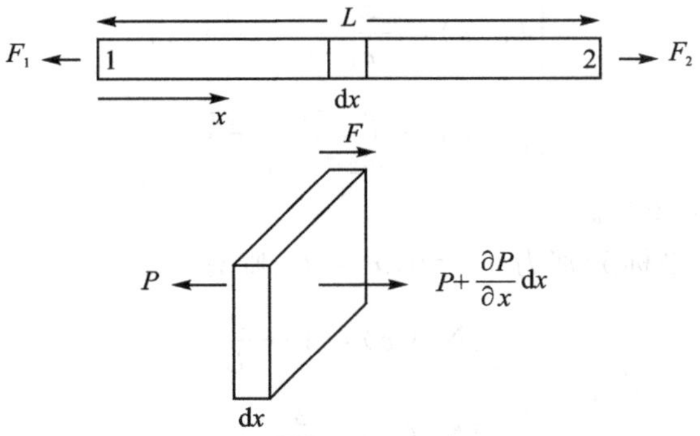


**图 1-3　弹性杆和它的微元体受力分析**

无量纲线性应变；$P$ 是内力；$F$ 是 $x$ 轴方向单位长度的体积力分量。

整理之后，有

$$F+EA\frac{\partial^2 u}{\partial x^2}=0 \tag{1.19}$$

令

$$p\overset{\text{def}}{=\!=}EA,\quad q\overset{\text{def}}{=\!=}F \tag{1.20}$$

将式(1.20)由物理问题转化为一般形式的数学问题，即

$$p\frac{\mathrm{d}^2 u}{\mathrm{d}x^2}+q=0 \tag{1.21}$$

可以看到，数学建模之后物理意义消失。这意味着式(1.21)也可能取自其他物理问题的抽象，而不应该仅仅被看作是有限元杆模型。这是数学模型的一个重要特点。

值得注意的是，有限元方法提供的是足够精确的物理问题的近似解，因此式(1.21)应当理解成

$$p\frac{\mathrm{d}^2 \hat{u}}{\mathrm{d}x^2}+q=R(x) \tag{1.22}$$

其中

$$\hat{u}=\phi_1 u_1+\phi_2 u_2 \tag{1.23}$$

代表有限元方法的近似解；$R(x)$是残差项。

## 1.3.2　节点位移与试函数

令

$$\hat{u}=\sum_{j=1}^{N}u_j\phi_j(x),\quad N=2 \tag{1.24}$$

其中，$\hat{u}$ 是弹性杆单元点的近似位移，而非真实位移；$u_j$，$j=1,2$ 为节点位移，是待求解的真实物理量；$\phi_j(x)$，$j=1,2$ 为插值函数或试函数。

有限元方法强调形函数的重要性，例如式(1.24)就借助形函数描述单元内部点的位移。对于复杂物理问题而言，确定它的形函数并不容易，而对于弹性杆单元而言，它的形函数相对容易推导且具有简洁的形式，即

$$\begin{cases} \phi_1(x) = \dfrac{x - x_2}{x_1 - x_2} \xlongequal{\text{def}} N_1 \\ \phi_2(x) = \dfrac{x - x_1}{x_2 - x_1} \xlongequal{\text{def}} N_2 \end{cases} \tag{1.25}$$

注意：推导过程见 1.2 节。

不妨设左、右节点的坐标分别为 $x_1=0, x_2=L$，则有

$$\begin{cases} N_1(x) = 1 - \dfrac{x}{L} \\ N_2(x) = \dfrac{x}{L} \end{cases} \tag{1.26}$$

其中，$L$ 是当前单元的长度。

仔细观察式(1.26)，单元节点处的形函数具有如下特点：

$$\begin{cases} N_1(0) = 1 \\ N_2(0) = 0 \end{cases}, \quad \begin{cases} N_1(L) = 0 \\ N_2(L) = 1 \end{cases}, \quad \begin{cases} N_1\left(\dfrac{L}{2}\right) = 50\% \\ N_2\left(\dfrac{L}{2}\right) = 50\% \end{cases} \tag{1.27}$$

两个和尚抬水吃的故事告诉我们，当水桶偏向扁担的左侧时，该侧的和尚将承担较多的载荷，根据式(1.26)，有

$$\begin{cases} N_1(x) > 50\% \\ N_2(x) = 1 - N_1(x) < 50\% \end{cases}, \quad x \in \left(0, \frac{L}{2}\right) \tag{1.28}$$

故有

$$\begin{cases} f_1 = N_1(x_c)G(x_c) \\ f_2 = N_2(x_c)G(x_c) \end{cases} \tag{1.29}$$

写成矩阵形式为

$$\begin{Bmatrix} f_1 \\ f_2 \end{Bmatrix} = \begin{bmatrix} N_1 \\ N_2 \end{bmatrix} G(x_c) \tag{1.30}$$

其中，$x=x_c$ 是水桶的位置；$G(x_c)$则是水桶的总重量。

关于式(1.30)的理论推导，后面介绍虚功原理的章节中会给出，这里暂不给出。

由此可以看到，形函数在单元位移的表达、等效节点力的分配问题中具有重要的作用与地位。

## 1.3.3 加权残差法

将式(1.23)代入弹性杆数学模型式(1.22)，得到残差表达式为

$$p \sum_{j=1}^{2} u_j \frac{\partial^2 \phi_j(x)}{\partial x^2} + q = R(x) \tag{1.31}$$

利用伽辽金加权残差方程，将式(1.31)两端再同时除以 $p$，有

$$\int_0^L \begin{Bmatrix} \phi_1 \\ \phi_2 \end{Bmatrix} \left( \begin{bmatrix} \dfrac{\partial^2 \phi_1}{\partial x^2} & \dfrac{\partial^2 \phi_2}{\partial x^2} \end{bmatrix} \begin{Bmatrix} u_1 \\ u_2 \end{Bmatrix} + \frac{q}{p} \right) \mathrm{d}x = 0 \tag{1.32}$$

或

$$\int_0^L \begin{bmatrix} N_1 \dfrac{\partial^2 N_1}{\partial x^2} & N_1 \dfrac{\partial^2 N_2}{\partial x^2} \\ N_2 \dfrac{\partial^2 N_1}{\partial x^2} & N_2 \dfrac{\partial^2 N_2}{\partial x^2} \end{bmatrix} \begin{Bmatrix} u_1 \\ u_2 \end{Bmatrix} \mathrm{d}x = -\frac{q}{p}\int_0^L \begin{Bmatrix} N_1 \\ N_2 \end{Bmatrix} \mathrm{d}x \tag{1.33}$$

这里的 $\phi_i$ 和 $N_j$ 的关系式见式(1.25)。

## 1.3.4 静力学刚度矩阵的推导

利用分部积分法，将式(1.33)中的高阶导数进行降阶。

例如，式(1.33)等号左侧的第1行为

$$\int_0^L \left(N_1 \frac{\partial^2 N_1}{\partial x^2} u_1 + N_1 \frac{\partial^2 N_2}{\partial x^2} u_2\right) \mathrm{d}x \tag{1.34}$$

利用分部积分法

$$\int_0^L N_1 \frac{\partial^2 N_1}{\partial x^2} \mathrm{d}x = N_1 \frac{\partial N_1}{\partial x}\bigg|_0^L - \int_0^L \frac{\partial N_1}{\partial x} \mathrm{d}N_1 = N_1 \frac{\partial N_1}{\partial x}\bigg|_0^L - \int_0^L \frac{\partial N_1}{\partial x}\frac{\partial N_1}{\partial x} \mathrm{d}x \tag{1.35}$$

和

$$\int_0^L N_1 \frac{\partial^2 N_2}{\partial x^2} \mathrm{d}x = N_1 \frac{\partial N_2}{\partial x}\bigg|_0^L - \int_0^L \frac{\partial N_2}{\partial x} \mathrm{d}N_1 = N_1 \frac{\partial N_1}{\partial x}\bigg|_0^L - \int_0^L \frac{\partial N_2}{\partial x}\frac{\partial N_1}{\partial x} \mathrm{d}x \tag{1.36}$$

根据式(1.26)，有

$$\begin{cases} N_1 = \dfrac{L-x}{L} \\ \dfrac{\partial N_1}{\partial x} = \dfrac{-1}{L} \end{cases}, \quad \begin{cases} N_2 = \dfrac{x}{L} \\ \dfrac{\partial N_2}{\partial x} = \dfrac{1}{L} \end{cases} \tag{1.37}$$

需要说明的是，当前单元仅仅是众多有限单元中的一个。若非边界单元，式(1.35)和式(1.36)中的常数部分将在所有单元汇总成为整体系统的过程中，与邻接单元中的常数项彼此抵消。

公共节点处积分常数被抵消的例子如下，假如形函数的形式不变，有

$$\begin{aligned} &\int_0^{L_A} N_1 \frac{\partial^2 N_1}{\partial x^2} \mathrm{d}x + \int_{L_A}^{L_B} N_1 \frac{\partial^2 N_1}{\partial x^2} \mathrm{d}x \\ &= \left(N_1 \frac{\partial N_1}{\partial x}\bigg|_0^{L_A} - \int_0^L \frac{\partial N_1}{\partial x}\frac{\partial N_1}{\partial x} \mathrm{d}x\right) + \left(N_1 \frac{\partial N_1}{\partial x}\bigg|_{L_A}^{L_B} - \int_0^L \frac{\partial N_1}{\partial x}\frac{\partial N_1}{\partial x} \mathrm{d}x\right) \\ &= N_1 \frac{\partial N_1}{\partial x}\bigg|_0^{L_B} - \left(\int_0^{L_A} \frac{\partial N_1}{\partial x}\frac{\partial N_1}{\partial x} \mathrm{d}x + \int_{L_A}^{L_B} \frac{\partial N_1}{\partial x}\frac{\partial N_1}{\partial x} \mathrm{d}x\right) \end{aligned} \tag{1.38}$$

其中，$A$ 单元的长度是 $L_A$；$B$ 单元的长度是 $L_B - L_A$。

利用式(1.37)，式(1.34)可简化为

$$\int_0^L \left(N_1 \frac{\partial^2 N_1}{\partial x^2} u_1 + N_1 \frac{\partial^2 N_2}{\partial x^2} u_2\right) \mathrm{d}x = -\frac{1}{L} u_1 + \frac{1}{L} u_2 \tag{1.39}$$

类似地，可以得到式(1.33)等号左侧第2行的简化形式为

$$\int_0^L\left(N_2\frac{\partial^2 N_1}{\partial x^2}u_1+N_2\frac{\partial^2 N_2}{\partial x^2}u_2\right)\mathrm{d}x=+\frac{1}{L}u_1-\frac{1}{L}u_2 \tag{1.40}$$

而式(1.33)的右端为

$$-\frac{q}{p}\int_0^L\begin{Bmatrix}N_1\\N_2\end{Bmatrix}\mathrm{d}x=-\frac{q}{p}\int_0^L\begin{Bmatrix}1-\dfrac{x}{L}\\\dfrac{x}{L}\end{Bmatrix}\mathrm{d}x=-\frac{q}{p}\begin{Bmatrix}\dfrac{L}{2}\\\dfrac{L}{2}\end{Bmatrix} \tag{1.41}$$

综合式(1.39)～式(1.41),方程式(1.33)最终的形式为

$$\frac{1}{L}\begin{bmatrix}-1&+1\\+1&-1\end{bmatrix}\begin{Bmatrix}u_1\\u_2\end{Bmatrix}=-\frac{q}{p}\begin{Bmatrix}1\\1\end{Bmatrix}\frac{L}{2} \tag{1.42}$$

或

$$\frac{EA}{L}\begin{bmatrix}+1&-1\\-1&+1\end{bmatrix}\begin{Bmatrix}u_1\\u_2\end{Bmatrix}=\frac{F\cdot L}{2}\begin{Bmatrix}1\\1\end{Bmatrix} \tag{1.43}$$

其中,$p\overset{\text{def}}{=\!=}EA$ 和 $q\overset{\text{def}}{=\!=}F$ 见式(1.20)。

注意:① 式(1.43)所反映的连续型方程式的离散化矩阵方程没有考虑边界受力的情况。② 表达式 $\dfrac{EA}{L}$ 的物理意义是杆件沿轴向的刚度。③ $\dfrac{F\cdot L}{2}$ 是杆件承受的全部体积力平均分配到节点位置的力,即等效节点力。

类似于和尚抬水吃的问题,轴向分布力向节点等效的过程中,可以借助形函数进行分配,其计算公式为

$$\begin{Bmatrix}f_1\\f_2\end{Bmatrix}=\int_0^L\begin{bmatrix}N_1(x)\\N_2(x)\end{bmatrix}F(x)\mathrm{d}x=\frac{F\cdot L}{2}\begin{Bmatrix}1\\1\end{Bmatrix} \tag{1.44}$$

关于式(1.43)的物理意义,简单讨论如下:

① $\dfrac{EA}{L}$ 代表的是弹性杆的刚度;

② $F\mathrm{d}x$ 是微元段的轴向力,积分之后得到弹性杆的全部载荷 $F\cdot L$;

③ 将弹性杆的轴向载荷等效到两个节点处,分别产生节点力 $f_i=\dfrac{F\cdot L}{2}$,$i=1,2$;

④ 如果边界处还有外力作用,如图 1-3 所示,节点力的最终形式应为

$$\begin{Bmatrix}f_1\\f_2\end{Bmatrix}=\frac{F\cdot L}{2}\begin{Bmatrix}1\\1\end{Bmatrix}+\begin{Bmatrix}-F_1\\F_2\end{Bmatrix} \tag{1.45}$$

⑤ 式(1.43)是胡克定律的体现,简记作

$$K^e u^e=F^e \tag{1.46}$$

其中,$K^e$,$F^e$,$u^e$ 分别是单元的刚度矩阵、节点力矢量以及节点位移矢量。

⑥ 回顾以上推导过程,分部积分法扮演了重要的角色,它将原始连续型偏微分方程转化为离散型矩阵方程形式,即

$$p\int_0^L\begin{bmatrix}\dfrac{\partial N_1}{\partial x}\dfrac{\partial N_1}{\partial x}&\dfrac{\partial N_1}{\partial x}\dfrac{\partial N_2}{\partial x}\\\dfrac{\partial N_2}{\partial x}\dfrac{\partial N_1}{\partial x}&\dfrac{\partial N_2}{\partial x}\dfrac{\partial N_2}{\partial x}\end{bmatrix}\begin{Bmatrix}u_1\\u_2\end{Bmatrix}\mathrm{d}x=q\int_0^L\begin{Bmatrix}N_1\\N_2\end{Bmatrix}\mathrm{d}x \tag{1.47}$$

关于分部积分的问题,总结如下:

① 不含导数的位移方程式的离散化。

$$p\begin{bmatrix}\phi_1(x) & \phi_2(x)\end{bmatrix}\begin{Bmatrix}u_1\\u_2\end{Bmatrix}+q=R(x) \tag{1.48}$$

式(1.48)所对应的伽辽金加权残差方程为

$$\int_0^L\begin{Bmatrix}\phi_1\\\phi_2\end{Bmatrix}\left(\begin{bmatrix}\phi_1(x) & \phi_2(x)\end{bmatrix}\begin{Bmatrix}u_1\\u_2\end{Bmatrix}+\frac{q}{p}\right)\mathrm{d}x=0 \tag{1.49}$$

简化之后的形式为

$$\int_0^L\begin{bmatrix}N_1N_1 & N_1N_2\\N_2N_1 & N_2N_2\end{bmatrix}\begin{Bmatrix}u_1\\u_2\end{Bmatrix}\mathrm{d}x=-\frac{q}{p}\int_0^L\begin{Bmatrix}N_1\\N_2\end{Bmatrix}\mathrm{d}x \tag{1.50}$$

② 含一阶导数的位移方程式的离散化。

$$p\begin{bmatrix}\dfrac{\partial\phi_1(x)}{\partial x} & \dfrac{\partial\phi_2(x)}{\partial x}\end{bmatrix}\begin{Bmatrix}u_1\\u_2\end{Bmatrix}+q=R(x) \tag{1.51}$$

式(1.51)所对应的伽辽金加权残差方程为

$$\int_0^L\begin{Bmatrix}\phi_1\\\phi_2\end{Bmatrix}\left(\begin{bmatrix}\dfrac{\partial\phi_1(x)}{\partial x} & \dfrac{\partial\phi_2(x)}{\partial x}\end{bmatrix}\begin{Bmatrix}u_1\\u_2\end{Bmatrix}+\frac{q}{p}\right)\mathrm{d}x=0 \tag{1.52}$$

简化之后的形式为

$$\int_0^L\begin{bmatrix}N_1\dfrac{\partial N_1}{\partial x} & N_1\dfrac{\partial N_1}{\partial x}\\N_2\dfrac{\partial N_1}{\partial x} & N_2\dfrac{\partial N_2}{\partial x}\end{bmatrix}\begin{Bmatrix}u_1\\u_2\end{Bmatrix}\mathrm{d}x=-\frac{q}{p}\int_0^L\begin{Bmatrix}N_1\\N_2\end{Bmatrix}\mathrm{d}x \tag{1.53}$$

③ 含二阶导数的位移方程式的离散化。

$$p\begin{bmatrix}\dfrac{\partial^2\phi_1(x)}{\partial x^2} & \dfrac{\partial^2\phi_2(x)}{\partial x^2}\end{bmatrix}\begin{Bmatrix}u_1\\u_2\end{Bmatrix}+q=R(x) \tag{1.54}$$

式(1.54)所对应的伽辽金加权残差方程为

$$\int_0^L\begin{Bmatrix}\phi_1\\\phi_2\end{Bmatrix}\left(\begin{bmatrix}\dfrac{\partial^2\phi_1(x)}{\partial x^2} & \dfrac{\partial^2\phi_2(x)}{\partial x^2}\end{bmatrix}\begin{Bmatrix}u_1\\u_2\end{Bmatrix}+\frac{q}{p}\right)\mathrm{d}x=0 \tag{1.55}$$

简化之后的形式为

$$-\int_0^L\begin{bmatrix}\dfrac{\partial N_1}{\partial x}\dfrac{\partial N_1}{\partial x} & \dfrac{\partial N_1}{\partial x}N_2\\\dfrac{\partial N_2}{\partial x}\dfrac{\partial N_1}{\partial x} & \dfrac{\partial N_2}{\partial x}\dfrac{\partial N_2}{\partial x}\end{bmatrix}\begin{Bmatrix}u_1\\u_2\end{Bmatrix}\mathrm{d}x=-\frac{q}{p}\int_0^L\begin{Bmatrix}N_1\\N_2\end{Bmatrix}\mathrm{d}x \tag{1.56}$$

④ 含四阶导数的位移方程式的离散化。

$$p\begin{bmatrix}\dfrac{\partial^4\phi_1(x)}{\partial x^4} & \dfrac{\partial^4\phi_2(x)}{\partial x^4}\end{bmatrix}\begin{Bmatrix}u_1\\u_2\end{Bmatrix}+q=R(x) \tag{1.57}$$

式(1.57)所对应的伽辽金加权残差方程为

$$\int_0^L\begin{Bmatrix}\phi_1\\\phi_2\end{Bmatrix}\left(\begin{bmatrix}\dfrac{\partial^4\phi_1(x)}{\partial x^4} & \dfrac{\partial^4\phi_2(x)}{\partial x^4}\end{bmatrix}\begin{Bmatrix}u_1\\u_2\end{Bmatrix}+\frac{q}{p}\right)\mathrm{d}x=0 \tag{1.58}$$

简化之后的形式为

$$\int_0^L \begin{bmatrix} \dfrac{\partial^2 N_1}{\partial x^2} \dfrac{\partial^2 N_1}{\partial x^2} & \dfrac{\partial^2 N_1}{\partial x^2} \dfrac{\partial^2 N_2}{\partial x^2} \\ \dfrac{\partial^2 N_2}{\partial x^2} \dfrac{\partial^2 N_1}{\partial x^2} & \dfrac{\partial^2 N_2}{\partial x^2} \dfrac{\partial^2 N_2}{\partial x^2} \end{bmatrix} \begin{Bmatrix} u_1 \\ u_2 \end{Bmatrix} \mathrm{d}x = -\frac{q}{p} \int_0^L \begin{Bmatrix} N_1 \\ N_2 \end{Bmatrix} \mathrm{d}x \tag{1.59}$$

注意：内部单元无须考虑公共节点处的积分常数，理由如前所述。

### 1.3.5 动力学问题

已知描述杆件拉伸效应的静力学数学模型为

$$p \frac{\partial^2 u(x)}{\partial x^2} + q = 0 \tag{1.60}$$

它所对应的有限元近似模型为

$$\begin{cases} p \sum\limits_{j=1}^{2} u_j \dfrac{\partial^2 \phi_j(x)}{\partial x^2} + q = R(x) \\ \displaystyle\int_0^L \begin{Bmatrix} \phi_1 \\ \phi_2 \end{Bmatrix} R(x) \mathrm{d}x = 0 \end{cases} \tag{1.61}$$

相较静力学问题而言，动力学问题需要考虑系统运动过程中阻力和惯性力的影响，其中阻力与速度有关，速度是位移关于时间的一阶导函数；惯性力与加速度有关，加速度是位移关于时间的二阶导函数。

假设杆单元的线密度是 $\rho$，动力学问题中应增加一项 $\rho \dfrac{\partial^2 u}{\partial t^2}$。注意到插值函数与时间无关，但是节点位移与时间有关，得到

$$\rho \frac{\partial^2 \hat{u}}{\partial t^2} = \rho \left[ \frac{\partial^2 u_1}{\partial t^2} N_1(x) + \frac{\partial^2 u_2}{\partial t^2} N_2(x) \right] \tag{1.62}$$

将式(1.62)代入残差积分方程中，有

$$\begin{aligned} \int_0^L \begin{pmatrix} N_1(x) \\ N_2(x) \end{pmatrix} \rho \frac{\partial^2 \hat{u}}{\partial t^2} \mathrm{d}x &= \rho \int_0^L \begin{pmatrix} N_1(x) \\ N_2(x) \end{pmatrix} \left[ \frac{\partial^2 u_1}{\partial t^2} N_1(x) + \frac{\partial^2 u_2}{\partial t^2} N_2(x) \right] \mathrm{d}x \\ &= \rho \int_0^L \begin{bmatrix} N_1(x) N_1(x) & N_1(x) N_2(x) \\ N_2(x) N_1(x) & N_2(x) N_2(x) \end{bmatrix} \mathrm{d}x \begin{pmatrix} \dfrac{\partial^2 u_1}{\partial t^2} \\ \dfrac{\partial^2 u_2}{\partial t^2} \end{pmatrix} \\ &= \rho L \begin{bmatrix} \dfrac{1}{3} & \dfrac{1}{6} \\ \dfrac{1}{6} & \dfrac{1}{3} \end{bmatrix} \begin{pmatrix} \dfrac{\partial^2 u_1}{\partial t^2} \\ \dfrac{\partial^2 u_2}{\partial t^2} \end{pmatrix} \stackrel{\text{def}}{=\!=} \boldsymbol{M}^e \ddot{u}(t) \end{aligned} \tag{1.63}$$

至此，得到了杆单元位移矩阵方程的一般形式，常记作

$$\boldsymbol{M}^e \ddot{u}^e + \boldsymbol{K}^e u^e = \boldsymbol{F}^e \tag{1.64}$$

其中，$\boldsymbol{M}^e$ 代表的是杆单元的质量矩阵。

# 1.4 有限元方法的收敛性准则

描述弹性体位移的数学模型，如线性系统的振动问题，最为常见的是物理坐标系下的向量微分方程组，其特点是同一个微分方程中包含多个待求解的物理量，即变量耦合。根据线性代数理论，微分方程组的全部解曲线(暂不考虑边界条件)构成了时域内的线性子空间。若以线性子空间内的特征向量建立新的坐标系统，则空间内的任意曲线都是模态特征向量的线性组合，该坐标系统在振动问题中被称为模态坐标系，权系数被称为模态坐标，它是关于时间的函数。基于空间变换思想建立的模态坐标系，在解析几何中被称为主坐标系统，它所对应的控制微分方程组中的待求解变量不再出现“扎堆现象”，每个方程中仅包含一个待定求解变量，从而实现解耦。最后通过线性组合的形式获得系统的通解，该方法称为模态叠加法。

观察有限元位移函数的插值形式，节点位移相当于广义坐标的地位，是时间的函数，而试函数相当于模态振型的地位。当单元体无限缩小时，根据微积分理论，其内部位移函数可近似看作线性函数，这意味着位移的偏导数(应变分量)具有常数的特点。因此，弹性体位移表达式中至少应含有刚体位移项，还应包含常应变的成分，也就是说，泰勒展开式的线性项是必须保留的。

因此，描述杆单元的位移模式，采用线性位移函数的假设是合理的，即

$$u = a_0 + a_1 x \tag{1.65}$$

其中，$a_0$ 是刚体位移；$\dfrac{\partial u}{\partial x} = a_1$ 是常应变。

再比如，在研究杆的横向弯曲问题时，为了提高解的精度，挠度位移函数采用非线性函数的形式则是合理的，即

$$v = b_0 + b_1 x + b_2 x^2 + b_3 x^3 \tag{1.66}$$

其中，$b_0$ 是刚体位移；$\dfrac{\partial v}{\partial x} = b_1$ 是常应变。

需要注意的是，相邻单元在交界面处，如杆单元的公共节点位置，位移要保持连续性，甚至要求具有一定的光滑性(导函数的连续性)，即单元位移的协调性。

如果单元中包含了常应变和刚体位移的信息，则称之为完备单元。如果还满足连续性或光滑性条件，则称之为完备的协调单元。平面内三角形常应变位移单元是完备的协调单元，将在其他章节中详细介绍。

基于多项式的位移表达式，从数学上看也许是合理的，但各项系数的物理意义需要认真琢磨。若随意从完备的标准基函数簇中截断或挑选基函数，则有可能造成计算结果出现重大差异。研究表明，某些板或梁模型单元属于非协调单元，但收敛性仍能满足。非协调单元相比协调单元较为柔软，事先不能确认计算结果(刚度)的正确性，但收敛速度却可能更快。

物理问题通常与坐标系的选择无关，因此，采用多项式法构建位移函数时应尽量挑选互为对称关系的基函数，优先选择那些满足完备性和协调性的基函数子集。我国古代数学家杨辉提供的基函数簇可供参考，如图1-4所示。

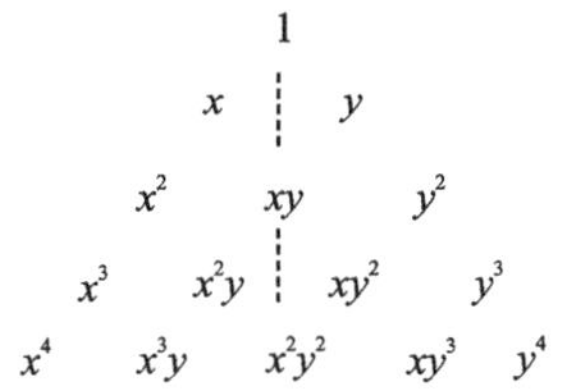


**图1-4 杨辉(巴斯卡)三角形基函数簇**

多项式基函数子集的选择方案有如下几种：

① 三角形线性单元基本函数子集：$\{1, x, y\}$。

② 四边形八节点、三次单元函数子集：$\{1, x, y, x^2, xy, y^2, x^3, y^3\}$。

③ 四边形八节点、三次单元函数子集：$\{1, x, y, x^2, xy, y^2, x^2y, xy^2\}$。

值得注意的是，现有研究发现方案③可能优于方案②。

## 1.5 本章习题

梁模型弯曲问题示意图如图 1-5 所示，$w$ 为均匀分布力横向载荷，图中的转角满足关系式

$$\theta_1 = \left.\frac{\partial y}{\partial x}\right|_{x=0}, \quad \theta_2 = \left.\frac{\partial y}{\partial x}\right|_{x=L} \tag{1.67}$$

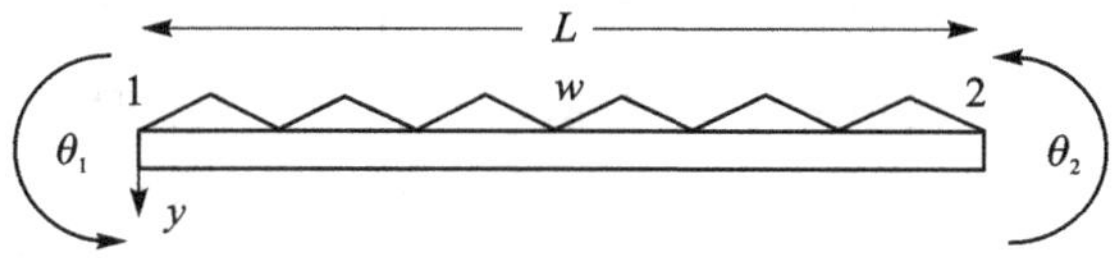


**图 1-5　梁单元弯曲问题示意图**

单元内部 $y$ 向位移表达式基于节点信息的构造法，表示为

$$w(x,y) = [N_1 \quad N_2 \quad N_3 \quad N_4]\begin{Bmatrix} y_1 \\ \theta_1 \\ y_2 \\ \theta_2 \end{Bmatrix} \tag{1.68}$$

已知梁单元弯曲问题解析形式的数学模型为

$$EI\,\frac{\partial^4 y}{\partial x^4} = w(x,y) \tag{1.69}$$

其中，$EI$ 是弯曲刚度。

问题 1：请尝试确定形函数表达式 $\boldsymbol{\phi} = [N_1 \quad N_2 \quad N_3 \quad N_4]$。

问题 2：请尝试完成有限元离散化过程，写出离散形式的矩阵表达式。

# 第 2 章　桁架结构

第 1 章简单回顾了有限元的历史，基于连续系统的离散化思想，讨论了一维杆结构（节点运动方向只有一个，称为单自由度问题）常微分形式的数学模型如何转化为有限元离散数学模型（代数矩阵方程组）。

本章将物理问题稍加拓展，研究平面内的桁架系统。桁架是由线性材料组成的若干个三角形的组合体，受力特点是只有轴力，而没有弯矩和剪力。

## 2.1　铰接桁架系统

如图 2-1 所示，平面内桁架系统由两个杆件构成，可看作两个杆单元，每个单元两个节点，其中 2 号节点是公共节点。基于投影原则，每个节点位移都有两个分量，因此，整个系统的节点位移矢量和节点力矢量列矩阵的规模都是 $\mathbf{R}^{4\times 1}$。

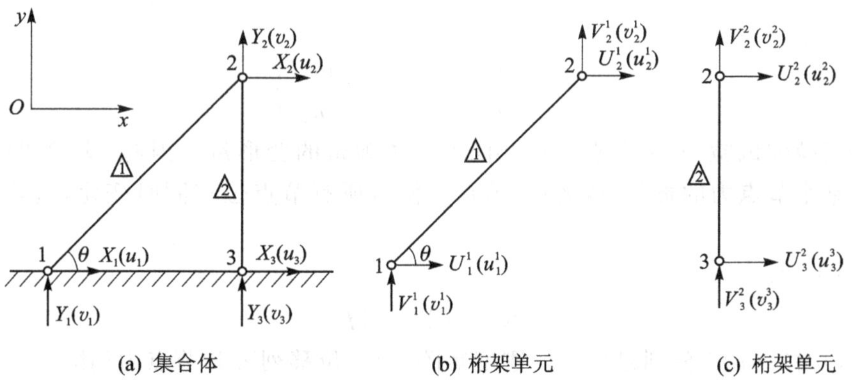

图 2-1　铰接桁架系统

物理系统的数学建模，首要的工作就是建立坐标系，包括全局（绝对）坐标系、局部（自然）坐标系等。全局坐标系适用于所有的单元，有利于子单元模型的系统整合。自然坐标系则需要根据子单元的特点做调整，从而使子单元的结构建模更容易理解和实施。典型的自然坐标系下的一维问题通常将杆件被拉伸的方向作为坐标系的横轴。

自然坐标系 $Ost$：沿着杆件的轴向建立直角坐标系，坐标原点选在杆件的中点。两个节点的坐标采用无量纲形式 $(s_1,t_1)=(-1,0)$ 和 $(s_2,t_2)=(+1,0)$，杆件无量纲长度 $L_{st}=2$。

全局坐标系 $Oxy$：在地面上建立经典的直角坐标系，坐标原点放在 1 号节点位置。两个节点的坐标分别规定为 $(x_1,y_1)=(0,0)$ 和 $(x_2,y_2)$，杆件的长度 $L_{xy}=\sqrt{x_2^2+y_2^2}$。

考虑到杆件与地面之间存在一个夹角 $\theta$，因此

$$\begin{cases} x_2 = L_{xy}\cos\theta \\ y_2 = L_{xy}\sin\theta \end{cases} \tag{2.1}$$

值得注意的是，杆单元节点的运动方向只能是轴向，每个节点的自由度仍然是 1 个，如图

2－2 所示。

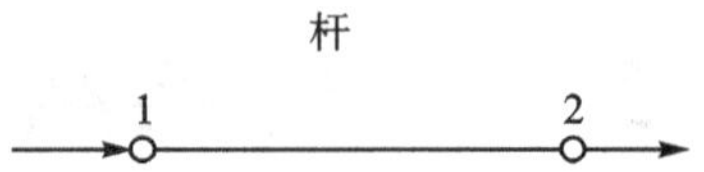

图 2－2 自然坐标系下的杆件示意图

为了便于描述问题，不妨假设杆件截面积 $A$ 为常数，材料的弹性模量 $E$ 为常数，记 1 号杆件系统为单元 $e_{12}$，单元长度为 $L_{12}$ 或 $L$，记 2 号杆件系统为单元 $e_{23}$，单元长度为 $L_{23}$ 或 $L$。

## 2.2 胡克定律与系统的刚度矩阵

首先考虑 $e_{12}$ 单元，根据有限元理论，节点力与节点位移之间通过刚度矩阵相联系，在全局坐标系 $Oxy$ 下写作

$$\begin{bmatrix} K_{11} & K_{12} & K_{13} & K_{14} \\ K_{21} & K_{22} & K_{23} & K_{24} \\ K_{31} & K_{32} & K_{33} & K_{34} \\ K_{41} & K_{42} & K_{43} & K_{44} \end{bmatrix} \cdot \begin{Bmatrix} u_{1x} \\ u_{1y} \\ u_{2x} \\ u_{2y} \end{Bmatrix} = \begin{Bmatrix} f_{1x} \\ f_{1y} \\ f_{2x} \\ f_{2y} \end{Bmatrix} \tag{2.2}$$

其中

$$\vec{u}_1 = \begin{Bmatrix} u_{1x} \\ u_{1y} \end{Bmatrix}, \quad \vec{u}_2 = \begin{Bmatrix} u_{2x} \\ u_{2y} \end{Bmatrix} \tag{2.3}$$

回忆弹簧拉伸试验，两个节点位移共同形成了弹簧的变形量。因此，式(2.2)刻画了所有节点位移对某个节点力的贡献，或者说，节点力使得所有节点位移同时变化，这就是著名的胡克定律。

式(2.2)也常记作

$$[K]^e \{\delta\}^e = \{f\}^e \tag{2.4}$$

其中，$[K]^e$，$\{\delta\}^e$，$\{f\}^e$ 分别是单元的刚度矩阵、节点位移列阵和节点力列阵。

以单元 $e_{12}$ 为例，全局坐标系和局部坐标系之间的投影关系如下：

$$\begin{cases} \delta_{2a} = (u_{2x} - u_{1x})\cos\theta + (u_{2y} - u_{1y})\sin\theta \\ f_{2a} = K \cdot \delta_{2a} \\ f_{2x} = f_{2a}\cos\theta \\ f_{2y} = f_{2a}\sin\theta \\ K = \dfrac{EA}{L} \end{cases}, \quad \begin{cases} \delta_{1a} = (u_{1x} - u_{2x})\cos\theta + (u_{1y} - u_{2y})\sin\theta \\ f_{1a} = K \cdot \delta_{1a} \\ f_{1x} = f_{1a}\cos\theta \\ f_{1y} = f_{1a}\sin\theta \\ K = \dfrac{EA}{L} \end{cases} \tag{2.5}$$

其中，$\delta_{1a}$，$\delta_{2a}$ 代表的是节点沿着轴向的伸长量，第 1 个下标是节点编号，第 2 个下标 $a$ 表示沿轴向；$K$ 是杆件的刚度，相当于弹簧系统的弹性系数。

将式(2.5)整理之后得到

$$\begin{cases} f_{1x}=\dfrac{EA}{L}(u_{1x}-u_{2x})C^2+(u_{1y}-u_{2y})SC \\ f_{1y}=\dfrac{EA}{L}(u_{1x}-u_{2x})CS+(u_{1y}-u_{2y})S^2 \\ f_{2x}=\dfrac{EA}{L}(u_{2x}-u_{1x})C^2+(u_{2y}-u_{1y})SC \\ f_{2y}=\dfrac{EA}{L}(u_{2x}-u_{1x})CS+(u_{2y}-u_{1y})S^2 \end{cases} \tag{2.6}$$

转化为矩阵形式有

$$\begin{Bmatrix} \delta_{1a} \\ \delta_{2a} \end{Bmatrix}=\begin{bmatrix} \cos\theta & \sin\theta & -\cos\theta & -\sin\theta \\ -\cos\theta & -\sin\theta & \cos\theta & \sin\theta \end{bmatrix}\begin{Bmatrix} u_{1x} \\ u_{1y} \\ u_{2x} \\ u_{2y} \end{Bmatrix} \tag{2.7}$$

$$\begin{Bmatrix} f_{1x} \\ f_{1y} \\ f_{2x} \\ f_{2y} \end{Bmatrix}=\frac{EA}{L}\begin{bmatrix} C^2 & SC & -C^2 & -SC \\ CS & S^2 & -CS & -S^2 \\ -C^2 & -SC & C^2 & SC \\ -CS & -S^2 & CS & S^2 \end{bmatrix}\begin{Bmatrix} u_{1x} \\ u_{1y} \\ u_{2x} \\ u_{2y} \end{Bmatrix} \tag{2.8}$$

扩展成 6×6 矩阵形式有

$$\begin{Bmatrix} f_{1x} \\ f_{1y} \\ f_{2x} \\ f_{2y} \\ 0 \\ 0 \end{Bmatrix}^{e_{12}}=\frac{EA}{L_{12}}\begin{bmatrix} C^2 & CS & -C^2 & -CS & 0 & 0 \\ CS & S^2 & -CS & -S^2 & 0 & 0 \\ -C^2 & -CS & C^2 & CS & 0 & 0 \\ -CS & -S^2 & CS & S^2 & 0 & 0 \\ 0 & 0 & 0 & 0 & 0 & 0 \\ 0 & 0 & 0 & 0 & 0 & 0 \end{bmatrix}^{e_{12}}\begin{Bmatrix} u_{1x} \\ u_{1y} \\ u_{2x} \\ u_{2y} \\ u_{3x} \\ u_{3y} \end{Bmatrix} \tag{2.9}$$

其中，$\theta_{e_{12}}=\dfrac{\pi}{4}$，$C\overset{\text{def}}{=}\cos\theta_{e_{12}}=\cos\left(\dfrac{\pi}{4}\right)$，$S\overset{\text{def}}{=}\sin\theta_{e_{12}}=\sin\left(\dfrac{\pi}{4}\right)$。

对于 $e_{23}$ 单元，同理可得

$$\begin{Bmatrix} 0 \\ 0 \\ f_{2x} \\ f_{2y} \\ f_{3x} \\ f_{3y} \end{Bmatrix}^{e_{23}}=\frac{EA}{L_{23}}\begin{bmatrix} 0 & 0 & 0 & 0 & 0 & 0 \\ 0 & 0 & 0 & 0 & 0 & 0 \\ 0 & 0 & C^2 & CS & -C^2 & -CS \\ 0 & 0 & CS & S^2 & -CS & -S^2 \\ 0 & 0 & -C^2 & -CS & C^2 & CS \\ 0 & 0 & -CS & -S^2 & CS & S^2 \end{bmatrix}^{e_{23}}\begin{Bmatrix} u_{1x} \\ u_{1y} \\ u_{2x} \\ u_{2y} \\ u_{3x} \\ u_{3y} \end{Bmatrix} \tag{2.10}$$

其中，$\theta_{e_{23}}=\dfrac{\pi}{2}$，$C\overset{\text{def}}{=}\cos\theta_{e_{23}}=\cos\left(\dfrac{\pi}{2}\right)$，$S\overset{\text{def}}{=}\sin\theta_{e_{23}}=\sin\left(\dfrac{\pi}{2}\right)$。

两个单元在边界处位移保持连续性，即相同的位移列阵，因此，整个桁架系统的矩阵方程可以表示为式(2.9)与式(2.10)的和

$$\{F\}_{6\times1}=[K]_{6\times6}\{\delta\}_{6\times1} \tag{2.11}$$

其中，系统的节点力列矩阵形式为

$$\{F\} \xlongequal{\text{def}} \begin{Bmatrix} F_{1x} \\ F_{1y} \\ F_{2x} \\ F_{2y} \\ F_{3x} \\ F_{3y} \end{Bmatrix} = \begin{Bmatrix} f_{1x} \\ f_{1y} \\ f_{2x}^{e_{12}} + f_{2x}^{e_{23}} \\ f_{2y}^{e_{12}} + f_{2y}^{e_{23}} \\ f_{3x} \\ f_{3y} \end{Bmatrix}, \quad \{\delta\} \xlongequal{\text{def}} \begin{Bmatrix} \delta_{1x} \\ \delta_{1y} \\ \delta_{2x} \\ \delta_{2y} \\ \delta_{3x} \\ \delta_{3y} \end{Bmatrix} \tag{2.12}$$

系统的整体刚度矩阵的形式为

$$[K] = EA \cdot \begin{bmatrix} \frac{C^2\left(\frac{\pi}{4}\right)}{L_{12}} & \frac{CS\left(\frac{\pi}{4}\right)}{L_{12}} & \frac{-C^2\left(\frac{\pi}{4}\right)}{L_{12}} & \frac{-CS\left(\frac{\pi}{4}\right)}{L_{12}} & 0 & 0 \\ \frac{CS\left(\frac{\pi}{4}\right)}{L_{12}} & \frac{S^2\left(\frac{\pi}{4}\right)}{L_{12}} & \frac{-CS\left(\frac{\pi}{4}\right)}{L_{12}} & \frac{-S^2\left(\frac{\pi}{4}\right)}{L_{12}} & 0 & 0 \\ \frac{-C^2\left(\frac{\pi}{4}\right)}{L_{12}} & \frac{-CS\left(\frac{\pi}{4}\right)}{L_{12}} & \frac{C^2\left(\frac{\pi}{4}\right)}{L_{12}} + \frac{C^2\left(\frac{\pi}{2}\right)}{L_{23}} & \frac{CS\left(\frac{\pi}{4}\right)}{L_{12}} + \frac{CS\left(\frac{\pi}{2}\right)}{L_{23}} & -\frac{C^2\left(\frac{\pi}{2}\right)}{L_{23}} & -\frac{CS\left(\frac{\pi}{2}\right)}{L_{23}} \\ \frac{-CS\left(\frac{\pi}{4}\right)}{L_{12}} & \frac{-S^2\left(\frac{\pi}{4}\right)}{L_{12}} & \frac{CS\left(\frac{\pi}{4}\right)}{L_{12}} + \frac{CS\left(\frac{\pi}{2}\right)}{L_{23}} & \frac{S^2\left(\frac{\pi}{4}\right)}{L_{12}} + \frac{S^2\left(\frac{\pi}{2}\right)}{L_{23}} & -\frac{CS\left(\frac{\pi}{2}\right)}{L_{23}} & -\frac{S^2\left(\frac{\pi}{2}\right)}{L_{23}} \\ 0 & 0 & \frac{-C^2\left(\frac{\pi}{2}\right)}{L_{23}} & \frac{-CS\left(\frac{\pi}{2}\right)}{L_{23}} & \frac{C^2\left(\frac{\pi}{2}\right)}{L_{23}} & \frac{CS\left(\frac{\pi}{2}\right)}{L_{23}} \\ 0 & 0 & \frac{-CS\left(\frac{\pi}{2}\right)}{L_{23}} & \frac{-S^2\left(\frac{\pi}{2}\right)}{L_{23}} & \frac{CS\left(\frac{\pi}{2}\right)}{L_{23}} & \frac{S^2\left(\frac{\pi}{2}\right)}{L_{23}} \end{bmatrix} \tag{2.13}$$

# 2.3 坐标变换法

下面通过坐标变换的方式重新推导单元 $e_{12}$ 的结果。

依据第 1 章的结论，有

$$\frac{EA}{L} \cdot \begin{bmatrix} 1 & -1 \\ -1 & 1 \end{bmatrix} \cdot \begin{Bmatrix} u_1 \\ u_2 \end{Bmatrix} = \begin{Bmatrix} \dfrac{L \cdot F}{2} \\ \dfrac{L \cdot F}{2} \end{Bmatrix} \tag{2.14}$$

其中，$F\mathrm{d}x$ 代表的是微元段的体积力；$L$ 是杆单元的长度；$L \cdot F$ 是杆单元的全部体积力。利用形函数将体积力等效到节点位置，表示为$\dfrac{L \cdot F}{2}$，即为式(2.14)的右端项。观察式(2.14)的左端，$\dfrac{EA}{L}$代表的是杆单元的刚度，也就是说，式(2.14)仍遵循胡克定律。

将式(2.14)改写为

$$\frac{EA}{L} \cdot \begin{bmatrix} 1 & -1 \\ -1 & 1 \end{bmatrix} \cdot \begin{Bmatrix} u_1 \\ u_2 \end{Bmatrix} = \begin{Bmatrix} f_1 \\ f_2 \end{Bmatrix} \tag{2.15}$$

其中，$f_1$，$f_2$ 是节点力。当不考虑杆单元边界的约束条件时，则

$$f_1 = f_2 = \frac{F \cdot L}{2} \tag{2.16}$$

注意到第 1 章讨论的杆单元不存在垂直方向的分量，其数学模型可拓展为

$$\frac{EA}{L}\cdot\begin{bmatrix}1&0&-1&0\\0&0&0&0\\-1&0&1&0\\0&0&0&0\end{bmatrix}\cdot\begin{Bmatrix}u_1\\0\\u_2\\0\end{Bmatrix}=\begin{Bmatrix}f_1\\0\\f_2\\0\end{Bmatrix} \tag{2.17}$$

假设全局坐标系 $Oxy$ 与杆的轴线坐标系（自然坐标系、贴体坐标系）之间存在夹角 $\theta$，如图 2-1 所示。基于投影原理，可得到

$$\begin{Bmatrix}u_{1x}\\u_{1y}\\u_{2x}\\u_{2y}\end{Bmatrix}=\begin{bmatrix}\cos\theta&\cos\left(\frac{\pi}{2}+\theta\right)&0&0\\\cos\left(\frac{\pi}{2}-\theta\right)&\cos\theta&0&0\\0&0&\cos\theta&\cos\left(\frac{\pi}{2}+\theta\right)\\0&0&\cos\left(\frac{\pi}{2}-\theta\right)&\cos\theta\end{bmatrix}\begin{Bmatrix}u_1\\0\\u_2\\0\end{Bmatrix} \tag{2.18}$$

化简之后为

$$\begin{Bmatrix}u_{1x}\\u_{1y}\\u_{2x}\\u_{2y}\end{Bmatrix}=\begin{bmatrix}\cos\theta&-\sin\theta&0&0\\\sin\theta&\cos\theta&0&0\\0&0&\cos\theta&-\sin\theta\\0&0&\sin\theta&\cos\theta\end{bmatrix}\begin{Bmatrix}u_1\\0\\u_2\\0\end{Bmatrix} \tag{2.19}$$

或

$$\begin{Bmatrix}u_1\\0\\u_2\\0\end{Bmatrix}=\begin{bmatrix}\cos\theta&-\sin\theta&0&0\\\sin\theta&\cos\theta&0&0\\0&0&\cos\theta&-\sin\theta\\0&0&\sin\theta&\cos\theta\end{bmatrix}^{-1}\begin{Bmatrix}u_{1x}\\u_{1y}\\u_{2x}\\u_{2y}\end{Bmatrix} \tag{2.20}$$

将式(2.20)代入式(2.17)，得到

$$\begin{Bmatrix}f_1\\0\\f_2\\0\end{Bmatrix}=\frac{EA}{L}\cdot\begin{bmatrix}1&0&-1&0\\0&0&0&0\\-1&0&1&0\\0&0&0&0\end{bmatrix}\cdot\begin{bmatrix}\cos\theta&-\sin\theta&0&0\\\sin\theta&\cos\theta&0&0\\0&0&\cos\theta&-\sin\theta\\0&0&\sin\theta&\cos\theta\end{bmatrix}^{-1}\begin{Bmatrix}u_{1x}\\u_{1y}\\u_{2x}\\u_{2y}\end{Bmatrix} \tag{2.21}$$

根据坐标变换关系式，可得到

$$\begin{Bmatrix}f_{1x}\\f_{1y}\\f_{2x}\\f_{2y}\end{Bmatrix}=\begin{bmatrix}\cos\theta&-\sin\theta&0&0\\\sin\theta&\cos\theta&0&0\\0&0&\cos\theta&-\sin\theta\\0&0&\sin\theta&\cos\theta\end{bmatrix}\begin{Bmatrix}f_1\\0\\f_2\\0\end{Bmatrix} \tag{2.22}$$

根据式(2.21)和式(2.22)，全局坐标系下的节点力和节点位移之间的关系式为

$$\begin{Bmatrix}f_{1x}\\f_{1y}\\f_{2x}\\f_{2y}\end{Bmatrix}=[K]\begin{Bmatrix}u_{1x}\\u_{1y}\\u_{2x}\\u_{2y}\end{Bmatrix} \tag{2.23}$$

其中

$$[K]=\frac{EA}{L}\cdot\begin{bmatrix}\cos\theta & -\sin\theta & 0 & 0\\ \sin\theta & \cos\theta & 0 & 0\\ 0 & 0 & \cos\theta & -\sin\theta\\ 0 & 0 & \sin\theta & \cos\theta\end{bmatrix}\begin{bmatrix}1 & 0 & -1 & 0\\ 0 & 0 & 0 & 0\\ -1 & 0 & 1 & 0\\ 0 & 0 & 0 & 0\end{bmatrix}\begin{bmatrix}\cos\theta & -\sin\theta & 0 & 0\\ \sin\theta & \cos\theta & 0 & 0\\ 0 & 0 & \cos\theta & -\sin\theta\\ 0 & 0 & \sin\theta & \cos\theta\end{bmatrix}^{-1} \tag{2.24}$$

经过矩阵计算之后，式(2.24)的结果和式(2.8)中的单元刚度矩阵完全一致，即

$$[K]=\frac{EA}{L}\cdot\begin{bmatrix}C^2 & CS & -C^2 & -CS\\ CS & S^2 & -CS & -S^2\\ -C^2 & -CS & C^2 & CS\\ -CS & -S^2 & CS & S^2\end{bmatrix} \tag{2.25}$$

其中，$C \overset{\text{def}}{=} \cos\theta$，$S \overset{\text{def}}{=} \sin\theta$。

特别地，令 $\theta=0$，代入式(2.24)之后，式(2.25)就是式(2.17)，即

$$\frac{EA}{L}\cdot\begin{bmatrix}1 & 0 & -1 & 0\\ 0 & 0 & 0 & 0\\ -1 & 0 & 1 & 0\\ 0 & 0 & 0 & 0\end{bmatrix}=\begin{Bmatrix}f_1\\ 0\\ f_2\\ 0\end{Bmatrix} \tag{2.26}$$

其中，$L=L_{12}$；其余参数全部来自单元 $e_{12}$。

## 2.4 有限单元位移法

实际工程物理问题需要确切知道当前位置的位移、变形以及应力、应变等信息。有限元位移法需要确认节点位移和节点力之间的传递矩阵，即刚度矩阵，进而发展出适合的矩阵方程求解理论、方法并最终编程实现。

经典的李兹法希望通过一个函数来描述整个求解域内的位移，且使其满足边界条件。事实上，对于复杂的物理结构系统而言，边界条件是最难精确满足的，且在整个求解域中精确描述位移的函数也是难以找到的。即使存在这样的函数曲线，基于傅里叶级数或其他类型的基函数展开式也可能出现非常复杂的非线性组合项。

有限元方法将求解域进行切割，在每个子域内部实现位移函数的表达，位移边界条件由单元之间的连续性来保证，适用于复杂的几何形状和材料性质等情况。针对集中载荷、局部非线性等问题，有限元理论提供了非常丰富的解决方案，极大地拓展了有限元方法在工程应用中的范围。

## 2.5 有限元力学特性分析

基于位移的有限元方法，从数学建模到力学特性分析的过程大致如下：

(1) 几何方程

描述节点位移与应变之间相互关系的方程如下：

$$\{\varepsilon\}^e = [B]^e \{\delta\}^e \tag{2.27}$$

以简单的杆件单元为例，单元内部位移表达式为

$$u = [N_1 \quad N_2] \begin{Bmatrix} u_1 \\ u_2 \end{Bmatrix} = \left[1 - \frac{1}{L}x \quad \frac{1}{L}x\right] \begin{Bmatrix} u_1 \\ u_2 \end{Bmatrix} \tag{2.28}$$

其中，$N_i, i=1,2$ 是插值形函数。

根据弹性力学的知识，式(2.28)的偏导数就是杆件的应变，即

$$\varepsilon = \frac{\partial u}{\partial x} = \left[\frac{\partial N_1}{\partial x} \quad \frac{\partial N_2}{\partial x}\right] \begin{Bmatrix} u_1 \\ u_2 \end{Bmatrix} = [B] \begin{Bmatrix} u_1 \\ u_2 \end{Bmatrix} \tag{2.29}$$

其中

$$[B] = \left[-\frac{1}{L} \quad \frac{1}{L}\right] \tag{2.30}$$

根据应变的定义，它是一种无量纲变形情况的描述，即

$$\varepsilon = \frac{u_2 - u_1}{L} \tag{2.31}$$

读者可以自行验证式(2.31)和式(2.29)完全一致。

(2) 物理方程(材料的本构关系)

根据材料力学的知识，应力和应变之间满足关系式

$$\{\sigma\}^e = [D] \{\varepsilon\}^e \tag{2.32}$$

进而得到描述节点位移 $\{\delta\}^e$ 与应力 $\{\sigma\}^e$ 之间的关系式

$$\{\sigma\}^e = [D]^e [B]^e \{\delta\}^e \tag{2.33}$$

对于等截面杆件系统而言，杆件内部应力表达式为

$$\sigma = E\varepsilon = E \cdot \left[-\frac{1}{L} \quad \frac{1}{L}\right] \begin{Bmatrix} u_1 \\ u_2 \end{Bmatrix} \tag{2.34}$$

其中

$$[D] = E, \quad [B] = \left[-\frac{1}{L} \quad \frac{1}{L}\right] \tag{2.35}$$

(3) 虚功原理与刚度矩阵

刚度矩阵在节点位移和节点力之间扮演着传递矩阵的角色，即

$$\{f\}^e = [K]^e \{\delta\}^e \tag{2.36}$$

其中

$$[K]^e = \iiint_V ([B]^e)^{\mathrm{T}} [D]^e [B]^e \mathrm{d}x\mathrm{d}y\mathrm{d}z \tag{2.37}$$

注意：借助虚功原理，感兴趣的读者可以参考其他有限元书籍并尝试推导式(2.37)。

仍以杆件系统为例，根据胡克定律，有

$$\frac{EA}{L} \cdot \begin{bmatrix} 1 & -1 \\ -1 & 1 \end{bmatrix} \cdot \begin{Bmatrix} u_1 \\ u_2 \end{Bmatrix} = \begin{Bmatrix} f_1 \\ f_2 \end{Bmatrix} \tag{2.38}$$

定义刚度矩阵 $[K]$ 为

$$[K] = \frac{EA}{L} \cdot \begin{bmatrix} 1 & -1 \\ -1 & 1 \end{bmatrix} \tag{2.39}$$

现在验证式(2.37)的正确性，即

$$\iiint_V [B]^{\mathrm{T}}[D][B]\,\mathrm{d}x\mathrm{d}y\mathrm{d}z=\int_0^L\begin{bmatrix}-\dfrac{1}{L}\\ \dfrac{1}{L}\end{bmatrix}E\begin{bmatrix}-\dfrac{1}{L} & \dfrac{1}{L}\end{bmatrix}\mathrm{d}x\cdot A=\frac{EA}{L}\begin{bmatrix}1 & -1\\ -1 & 1\end{bmatrix} \tag{2.40}$$

(4) 等效节点力

① 第一种情况：集中力。

考虑垂直放置的弹簧(弹性杆件)仅受自身重力 $G$ 的作用,重力作用点处的坐标记作 $x\stackrel{\mathrm{def}}{=\!=}\dfrac{L}{2}$,则权函数(形函数)在重力作用点处的表达式为

$$\begin{cases}N_1\stackrel{\mathrm{def}}{=\!=}\left(1-\dfrac{1}{L}x\right)_{x=L/2}=\dfrac{1}{2}\\ N_2\stackrel{\mathrm{def}}{=\!=}\left(\dfrac{1}{L}x\right)_{x=L/2}=\dfrac{1}{2}\end{cases} \tag{2.41}$$

借助权函数,将集中力插值(分配)到节点位置上,有

$$\begin{Bmatrix}f_1\\ f_2\end{Bmatrix}=\begin{Bmatrix}N_1\cdot G\\ N_2\cdot G\end{Bmatrix}=\begin{Bmatrix}\dfrac{G}{2}\\ \dfrac{G}{2}\end{Bmatrix} \tag{2.42}$$

若集中力不在中心位置,则靠近它的节点将承受较多的载荷,这是符合常识的。例如当集中力向节点 2 方向移动时,节点 2 所承担的力明显增加,极端的情况下,重力全部作用于节点 2,则

$$\begin{cases}N_1\stackrel{\mathrm{def}}{=\!=}\left(1-\dfrac{1}{L}x\right)_{x=L}=0\\ N_2\stackrel{\mathrm{def}}{=\!=}\left(\dfrac{1}{L}x\right)_{x=L}=1\end{cases}\Rightarrow\begin{Bmatrix}f_1\\ f_2\end{Bmatrix}=\begin{Bmatrix}N_1\cdot G\\ N_2\cdot G\end{Bmatrix}=\begin{Bmatrix}0\\ G\end{Bmatrix} \tag{2.43}$$

式(2.42)和式(2.43)说明形函数所扮演的角色就是重新分配载荷,即产生等效节点力。

② 第二种情况：分布力。

分布力系可以看作一系列集中力的集合。每个微元段内的分布力可以看作集中力,记作 $q(x)\mathrm{d}x$。

利用插值形函数进行分布力的载荷分配,有

$$\begin{Bmatrix}f_1\\ f_2\end{Bmatrix}=\begin{Bmatrix}\int_0^L(N_1\cdot q)\,\mathrm{d}x\\ \int_0^L(N_2\cdot q)\,\mathrm{d}x\end{Bmatrix} \tag{2.44}$$

若 $q(x)$ 是常数,且假设 $G=L\cdot q$,有

$$\begin{Bmatrix}f_1\\ f_2\end{Bmatrix}=\begin{Bmatrix}\int_0^L(N_1\cdot q)\,\mathrm{d}x\\ \int_0^L(N_2\cdot q)\,\mathrm{d}x\end{Bmatrix}=\begin{Bmatrix}q\int_0^L\left(1-\dfrac{1}{L}x\right)\mathrm{d}x\\ q\int_0^L\left(\dfrac{1}{L}x\right)\mathrm{d}x\end{Bmatrix}=\begin{Bmatrix}\dfrac{L}{2}q\\ \dfrac{L}{2}q\end{Bmatrix}=\begin{Bmatrix}\dfrac{G}{2}\\ \dfrac{G}{2}\end{Bmatrix} \tag{2.45}$$

式(2.45)的结果非常有意义。它说明将等截面杆件上的常值分布力系看作集中力 $G=L\cdot q$,不会影响等效节点力的分配结果。

注意：以上讨论的都是 2 节点杆模型。

对于平面三角形单元的情况，将会出现 3 个形函数，每个形函数都是坐标的函数，因此等效节点力的分配过程需要借助二重面积分运算，形式如下：

$$\begin{Bmatrix}\{f_i\}\\\{f_j\}\\\{f_m\}\end{Bmatrix}=\begin{Bmatrix}\iint\limits_A([\phi_i]\cdot\{q\})\,\mathrm{d}x\,\mathrm{d}y\\\iint\limits_A([\phi_j]\cdot\{q\})\,\mathrm{d}x\,\mathrm{d}y\\\iint\limits_A([\phi_m]\cdot\{q\})\,\mathrm{d}x\,\mathrm{d}y\end{Bmatrix},\quad \{q\}=\begin{Bmatrix}q_1\\q_2\end{Bmatrix} \tag{2.46}$$

二维平面问题里的分布力系沿着坐标轴有两个分量，即

$$\{q\}=\begin{Bmatrix}q_1\\q_2\end{Bmatrix} \tag{2.47}$$

每个节点力沿着坐标轴也有两个分量，即

$$\{f_i\}=\begin{Bmatrix}f_{ix}\\f_{iy}\end{Bmatrix},\quad \{f_j\}=\begin{Bmatrix}f_{jx}\\f_{jy}\end{Bmatrix},\quad \{f_m\}=\begin{Bmatrix}f_{mx}\\f_{my}\end{Bmatrix} \tag{2.48}$$

每个形函数都是 $\mathbf{R}^{2\times 2}$ 的矩阵形式，即

$$[\phi_i]=\begin{bmatrix}N_i & 0\\0 & N_i\end{bmatrix},\quad [\phi_j]=\begin{bmatrix}N_j & 0\\0 & N_j\end{bmatrix},\quad [\phi_m]=\begin{bmatrix}N_m & 0\\0 & N_m\end{bmatrix} \tag{2.49}$$

到目前为止，相信读者对杆件系统已经有所了解，它只有两个节点，其轴向位移的自由度只有一个，因此，它是有限元方法中最简单的情况。

关于三角形单元及上述公式的解释和应用，将在其他章节里详细介绍。

(5) 整体刚度矩阵

所有的子单元刚度矩阵拓展之后，可叠加成为整体刚度矩阵。以两单元杆件系统为例来合并刚度矩阵，将每个单元内力方程向外拓展，形式如下：

$$\begin{Bmatrix}f_{1x}^{e_1}\\f_{1y}^{e_1}\\f_{2x}^{e_1}\\f_{2y}^{e_1}\\0\\0\end{Bmatrix}=\begin{bmatrix}K_{11}^{e_1} & K_{12}^{e_1} & K_{13}^{e_1} & K_{14}^{e_1} & 0 & 0\\K_{21}^{e_1} & K_{22}^{e_1} & K_{23}^{e_1} & K_{24}^{e_1} & 0 & 0\\K_{31}^{e_1} & K_{32}^{e_1} & K_{33}^{e_1} & K_{34}^{e_1} & 0 & 0\\K_{41}^{e_1} & K_{42}^{e_1} & K_{43}^{e_1} & K_{44}^{e_1} & 0 & 0\\0 & 0 & 0 & 0 & 0 & 0\\0 & 0 & 0 & 0 & 0 & 0\end{bmatrix}\begin{Bmatrix}u_{1x}\\u_{1y}\\u_{2x}\\u_{2y}\\u_{3x}\\u_{3y}\end{Bmatrix} \tag{2.50}$$

$$\begin{Bmatrix}0\\0\\f_{2x}^{e_2}\\f_{2y}^{e_2}\\f_{3x}^{e_2}\\f_{3y}^{e_2}\end{Bmatrix}=\begin{bmatrix}0 & 0 & 0 & 0 & 0 & 0\\0 & 0 & 0 & 0 & 0 & 0\\0 & 0 & K_{11}^{e_2} & K_{12}^{e_2} & K_{13}^{e_2} & K_{14}^{e_2}\\0 & 0 & K_{21}^{e_2} & K_{22}^{e_2} & K_{23}^{e_2} & K_{24}^{e_2}\\0 & 0 & K_{31}^{e_2} & K_{32}^{e_2} & K_{33}^{e_2} & K_{34}^{e_2}\\0 & 0 & K_{41}^{e_2} & K_{42}^{e_2} & K_{43}^{e_2} & K_{44}^{e_2}\end{bmatrix}\begin{Bmatrix}u_{1x}\\u_{1y}\\u_{2x}\\u_{2y}\\u_{3x}\\u_{3y}\end{Bmatrix} \tag{2.51}$$

将式(2.50)和式(2.51)相加求和，即为整体系统方程，形式为

$$\begin{Bmatrix} F_{1x} \\ F_{1y} \\ F_{2x} \\ F_{2y} \\ F_{3x} \\ F_{3y} \end{Bmatrix} = \begin{bmatrix} K_{11} & K_{12} & K_{13} & K_{14} & K_{15} & K_{16} \\ K_{21} & K_{22} & K_{23} & K_{24} & K_{25} & K_{26} \\ K_{31} & K_{32} & K_{33} & K_{34} & K_{35} & K_{36} \\ K_{41} & K_{42} & K_{43} & K_{44} & K_{45} & K_{46} \\ K_{51} & K_{52} & K_{53} & K_{54} & K_{55} & K_{56} \\ K_{61} & K_{62} & K_{63} & K_{64} & K_{65} & K_{66} \end{bmatrix} \begin{Bmatrix} u_{1x} \\ u_{1y} \\ u_{2x} \\ u_{2y} \\ u_{3x} \\ u_{3y} \end{Bmatrix} \tag{2.52}$$

(6) 力的平衡方程及求解

将节点位移看作待求的未知变量在计算中具有很大的优越性。一旦节点位移信息被确认，利用插值形函数，即可构造出单元内部的位移信息，即节点位移的加权线性组合，再利用几何方程、本构方程，则能得到系统应力、应变等信息。

关于非线性有限元方法的介绍，超出了本书讨论的范畴。感兴趣的读者可以参考其他相关书籍自行研究和学习。

注意：在求解过程中往往需要不断地修正非线性问题的刚度矩阵、节点载荷列阵。

## 2.6　杆件系统的计算举例

如图 2-3 所示，系统由 5 个杆件(图中弹簧位置)构成，可简化为弹簧系统。根据前面给

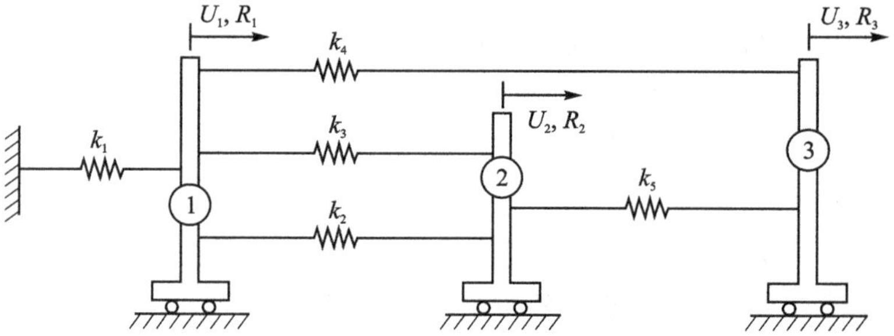


**图 2-3　杆件系统的应用**

出的公式，逐个计算各杆件单元的矩阵刚度并扩充它们，可以分别得到

$$\begin{Bmatrix} f_{1x} \\ f_{1y} \\ f_{2x} \\ f_{2y} \\ 0 \\ 0 \\ 0 \\ 0 \end{Bmatrix}^{①} = \left(\frac{EA}{L}\right)^{①} \begin{bmatrix} C^2 & CS & -C^2 & -CS & 0 & 0 & 0 & 0 \\ CS & S^2 & -CS & -S^2 & 0 & 0 & 0 & 0 \\ -C^2 & -CS & C^2 & CS & 0 & 0 & 0 & 0 \\ -CS & -S^2 & CS & S^2 & 0 & 0 & 0 & 0 \\ & 0 & 0 & 0 & 0 & 0 & 0 & 0 \\ & 0 & 0 & 0 & 0 & 0 & 0 & 0 \\ & 0 & 0 & 0 & 0 & 0 & 0 & 0 \\ & 0 & 0 & 0 & 0 & 0 & 0 & 0 \end{bmatrix}^{①}_{8\times 8} \begin{Bmatrix} u_{1x} \\ u_{1y} \\ u_{2x} \\ u_{2y} \\ 0 \\ 0 \\ 0 \\ 0 \end{Bmatrix}^{①} \overset{\text{def}}{=\!=} K^{①} \begin{Bmatrix} U_0 \\ 0 \\ U_1 \\ 0 \\ U_2 \\ 0 \\ U_3 \\ 0 \end{Bmatrix} \tag{2.53}$$

$$
\begin{Bmatrix} 0 \\ 0 \\ f_{1x} \\ f_{1y} \\ f_{2x} \\ f_{2y} \\ 0 \\ 0 \end{Bmatrix}^{\textcircled{2}}
=\left(\frac{EA}{L}\right)^{\textcircled{2}}
\begin{bmatrix}
0 & 0 & 0 & 0 & 0 & 0 & 0 & 0 \\
0 & 0 & 0 & 0 & 0 & 0 & 0 & 0 \\
0 & 0 & C^2 & CS & -C^2 & -CS & 0 & 0 \\
0 & 0 & CS & S^2 & -CS & -S^2 & 0 & 0 \\
0 & 0 & -C^2 & -CS & C^2 & CS & 0 & 0 \\
0 & 0 & -CS & -S^2 & CS & S^2 & 0 & 0 \\
0 & 0 & 0 & 0 & 0 & 0 & 0 & 0 \\
0 & 0 & 0 & 0 & 0 & 0 & 0 & 0
\end{bmatrix}^{\textcircled{2}}_{8\times 8}
\begin{Bmatrix} 0 \\ 0 \\ u_{1x} \\ u_{1y} \\ u_{2x} \\ u_{2y} \\ 0 \\ 0 \end{Bmatrix}^{\textcircled{2}}
\overset{\text{def}}{=\!=} K^{\textcircled{2}}
\begin{Bmatrix} U_0 \\ 0 \\ U_1 \\ 0 \\ U_2 \\ 0 \\ U_3 \\ 0 \end{Bmatrix}
\tag{2.54}
$$

$$
\begin{Bmatrix} 0 \\ 0 \\ f_{1x} \\ f_{1y} \\ f_{2x} \\ f_{2y} \\ 0 \\ 0 \end{Bmatrix}^{\textcircled{3}}
=\left(\frac{EA}{L}\right)^{\textcircled{3}}
\begin{bmatrix}
0 & 0 & 0 & 0 & 0 & 0 & 0 & 0 \\
0 & 0 & 0 & 0 & 0 & 0 & 0 & 0 \\
0 & 0 & C^2 & CS & -C^2 & -CS & 0 & 0 \\
0 & 0 & CS & S^2 & -CS & -S^2 & 0 & 0 \\
0 & 0 & -C^2 & -CS & C^2 & CS & 0 & 0 \\
0 & 0 & -CS & -S^2 & CS & S^2 & 0 & 0 \\
0 & 0 & 0 & 0 & 0 & 0 & 0 & 0 \\
0 & 0 & 0 & 0 & 0 & 0 & 0 & 0
\end{bmatrix}^{\textcircled{3}}_{8\times 8}
\begin{Bmatrix} 0 \\ 0 \\ u_{1x} \\ u_{1y} \\ u_{2x} \\ u_{2y} \\ 0 \\ 0 \end{Bmatrix}^{\textcircled{3}}
\overset{\text{def}}{=\!=} K^{\textcircled{3}}
\begin{Bmatrix} U_0 \\ 0 \\ U_1 \\ 0 \\ U_2 \\ 0 \\ U_3 \\ 0 \end{Bmatrix}
\tag{2.55}
$$

$$
\begin{Bmatrix} 0 \\ 0 \\ f_{1x} \\ f_{1y} \\ 0 \\ 0 \\ f_{2x} \\ f_{2y} \end{Bmatrix}^{\textcircled{4}}
=\left(\frac{EA}{L}\right)^{\textcircled{4}}
\begin{bmatrix}
0 & 0 & 0 & 0 & 0 & 0 & 0 & 0 \\
0 & 0 & 0 & 0 & 0 & 0 & 0 & 0 \\
0 & 0 & C^2 & CS & 0 & 0 & -C^2 & -CS \\
0 & 0 & CS & S^2 & 0 & 0 & -CS & -S^2 \\
0 & 0 & 0 & 0 & 0 & 0 & 0 & 0 \\
0 & 0 & 0 & 0 & 0 & 0 & 0 & 0 \\
0 & 0 & -C^2 & -CS & 0 & 0 & C^2 & CS \\
0 & 0 & -CS & -S^2 & 0 & 0 & CS & S^2
\end{bmatrix}^{\textcircled{4}}_{8\times 8}
\begin{Bmatrix} 0 \\ 0 \\ u_{1x} \\ u_{1y} \\ 0 \\ 0 \\ u_{2x} \\ u_{2y} \end{Bmatrix}^{\textcircled{4}}
\overset{\text{def}}{=\!=} K^{\textcircled{4}}
\begin{Bmatrix} U_0 \\ 0 \\ U_1 \\ 0 \\ U_2 \\ 0 \\ U_3 \\ 0 \end{Bmatrix}
\tag{2.56}
$$

$$
\begin{Bmatrix} 0 \\ 0 \\ 0 \\ 0 \\ f_{1x} \\ f_{1y} \\ f_{2x} \\ f_{2y} \end{Bmatrix}^{\textcircled{5}}
=\left(\frac{EA}{L}\right)^{\textcircled{5}}
\begin{bmatrix}
0 & 0 & 0 & 0 & 0 & 0 & 0 & 0 \\
0 & 0 & 0 & 0 & 0 & 0 & 0 & 0 \\
0 & 0 & 0 & 0 & 0 & 0 & 0 & 0 \\
0 & 0 & 0 & 0 & 0 & 0 & 0 & 0 \\
0 & 0 & 0 & 0 & C^2 & CS & -C^2 & -CS \\
0 & 0 & 0 & 0 & CS & S^2 & -CS & -S^2 \\
0 & 0 & 0 & 0 & -C^2 & -CS & C^2 & CS \\
0 & 0 & 0 & 0 & -CS & -S^2 & CS & S^2
\end{bmatrix}^{\textcircled{5}}_{8\times 8}
\begin{Bmatrix} 0 \\ 0 \\ 0 \\ 0 \\ u_{1x} \\ u_{1y} \\ u_{2x} \\ u_{2y} \end{Bmatrix}^{\textcircled{5}}
\overset{\text{def}}{=\!=} K^{\textcircled{5}}
\begin{Bmatrix} U_0 \\ 0 \\ U_1 \\ 0 \\ U_2 \\ 0 \\ U_3 \\ 0 \end{Bmatrix}
\tag{2.57}
$$

将式(2.53)和式(2.57)相加，并注意到 $\theta^{\textcircled{1}}=\cdots=\theta^{\textcircled{5}}=0$，得到

$$\begin{Bmatrix} f_{1x} \\ f_{1y} \\ f_{2x} \\ f_{2y} \\ 0 \\ 0 \\ 0 \\ 0 \end{Bmatrix}^{①} + \begin{Bmatrix} 0 \\ 0 \\ f_{1x} \\ f_{1y} \\ f_{2x} \\ f_{2y} \\ 0 \\ 0 \end{Bmatrix}^{②} + \begin{Bmatrix} 0 \\ 0 \\ f_{1x} \\ f_{1y} \\ f_{2x} \\ f_{2y} \\ 0 \\ 0 \end{Bmatrix}^{③} + \begin{Bmatrix} 0 \\ 0 \\ f_{1x} \\ f_{1y} \\ 0 \\ 0 \\ f_{2x} \\ f_{2y} \end{Bmatrix}^{④} + \begin{Bmatrix} 0 \\ 0 \\ 0 \\ 0 \\ f_{1x} \\ f_{1y} \\ f_{2x} \\ f_{2y} \end{Bmatrix}^{⑤} = (K^{①} + K^{②} + K^{③} + K^{④} + K^{⑤}) \begin{Bmatrix} U_0 \\ 0 \\ U_1 \\ 0 \\ U_2 \\ 0 \\ U_3 \\ 0 \end{Bmatrix} \tag{2.58}$$

式(2.58)等号左侧是系统的节点力列阵,代表了系统的内力,记作

$$\begin{Bmatrix} f_{1x}^{①} \\ 0 \\ f_{2x}^{①} + f_{1x}^{②} + f_{1x}^{③} + f_{1x}^{④} \\ 0 \\ f_{2x}^{②} + f_{2x}^{③} + f_{1x}^{⑤} \\ 0 \\ f_{2x}^{④} + {}_{2x}^{⑤} \\ 0 \end{Bmatrix} \overset{\text{def}}{=\!=} \begin{Bmatrix} R_0 \\ 0 \\ R_1 \\ 0 \\ R_2 \\ 0 \\ R_3 \\ 0 \end{Bmatrix} \tag{2.59}$$

式(2.58)等号右侧的第 1 项是系统的刚度矩阵,即

$$K^{①} + K^{②} + K^{③} + K^{④} + K^{⑤} = K^{①} + (K^{②} + K^{③}) + K^{④} + K^{⑤}$$

$$= \begin{bmatrix} +k_1 & 0 & -k_1 & 0 & 0 & 0 & 0 & 0 \\ 0 & 0 & 0 & 0 & 0 & 0 & 0 & 0 \\ -k_1 & 0 & +k_1 + (k_2 + k_3) + k_4 & 0 & (-k_2 - k_3) & 0 & -k_4 & 0 \\ 0 & 0 & 0 & 0 & 0 & 0 & 0 & 0 \\ 0 & 0 & (-k_2 - k_3) & 0 & +k_5 + (k_2 + k_3) & 0 & -k_5 & 0 \\ 0 & 0 & 0 & 0 & 0 & 0 & 0 & 0 \\ 0 & 0 & -k_4 & 0 & -k_5 & 0 & +k_5 + k_4 & 0 \\ 0 & 0 & 0 & 0 & 0 & 0 & 0 & 0 \end{bmatrix} \tag{2.60}$$

将矩阵方程中全部是零元素的行删除,注意到左侧固支零位移条件 $U_0 \equiv 0$,以及无外力条件 $R_0 \equiv 0$,整理之后有

$$\begin{Bmatrix} R_1 \\ R_2 \\ R_3 \end{Bmatrix} = \begin{bmatrix} +k_1 + (k_2 + k_3) + k_4 & (-k_2 - k_3) & -k_4 \\ (-k_2 - k_3) & +k_5 + (k_2 + k_3) & -k_5 \\ -k_4 & -k_5 & +k_5 + k_4 \end{bmatrix} \begin{Bmatrix} U_1 \\ U_2 \\ U_3 \end{Bmatrix} \tag{2.61}$$

其中,$R_i$ 是节点处的外力,它等于该处各单元节点力的代数和;$U_i$ 是节点位移,各单元在此处的位移全部相等,如 $u_{2x}^{①} = u_{1x}^{②} = u_{1x}^{③} = u_{1x}^{④} \overset{\text{def}}{=\!=} U_1$。式(2.61)简记作

$$\{R\} = [K] \{U\} \tag{2.62}$$

如果考虑节点位移引起的惯性力效应,则演化为动平衡方程

$$\{R(t)\} - [M]\{\ddot{U}(t)\} = [K]\{U(t)\} \tag{2.63}$$

其中

$$[M] = \begin{bmatrix} m_1 & & \\ & m_2 & \\ & & m_3 \end{bmatrix} \tag{2.64}$$

不难发现，杆件系统数学建模过程的关键是刚度矩阵的确认，然后，通过求解控制方程（满足边界约束条件）得到节点位移，进而得到杆件系统中任意点的位移变形量、应变与应力分布等信息。

在工程实践中，内力的计算尤为重要，例如指导水库的应力释放试验，这需要数学模型具有一定的可靠性，数值仿真计算结果具有真实性、有效性，进而较为准确地预测系统的应力分布规律。然而，现实问题中的非线性因素很多，难以精确满足边界条件，一般来说，数学模型和计算结果都需要修正。

## 2.7 钢架系统简介

现实问题中，除了杆件的横向拉伸之外，常见的还有纵向位移、旋转问题（角位移）。这种较为复杂的情况，属于平面内钢架系统的有限元分析。

简单来说，平面钢架问题每个单元有 2 个节点，每个节点处有 3 个自由度，包括两个线位移和一个转动角位移。这里不再过多讨论，感兴趣的读者可自行参考和阅读其他相关的有限元教材和文献资料。

## 2.8 本章习题

如图 2-4 所示，杆件系统沿轴向伸缩属于一维问题，但它在全局坐标系内有两个分量位移，杆件系统轴向和坐标横轴之间的夹角是

$$\theta = \frac{\pi}{3} \tag{2.65}$$

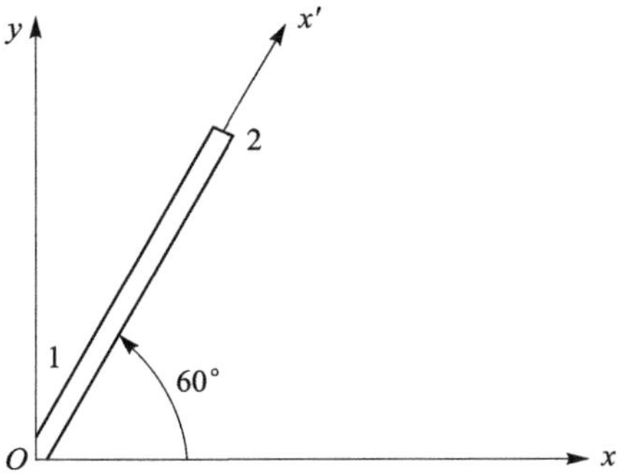


图 2-4　杆件系统的应力计算

杆件的材料属性参数如表 2-1 所列。

**表 2－1　材料属性参数**

| 横截面积 $A/m^2$ | 弹性模量 $E$/GPa | 杆长 $L$/m | $\theta$ |
|---|---|---|---|
| $4\times10^{-4}$ | 210 | 2 | 60° |
| $u_1$/mm | $v_1$/mm | $u_2$/mm | $v_2$/mm |
| 0.25 | 0.0 | 0.5 | 0.75 |

（1）请写出杆件节点位移矩阵表达式；

（2）请写出节点力与节点位移之间的关系式；

（3）请写出杆件横截面内的应力表达式；

（4）计算应力的数值解。

# 第 3 章　平面问题

杆件单元只有 2 个节点，且节点位移方向与轴向一致，属于单自由度问题，也是最为简单的情况。现将问题向平面或空间推广，如平面三角形单元，每个节点位移方向至少有 2 个，属于多自由度问题。

如图 3－1 所示，平面问题有多种载荷形式：集中力载荷、表面分布力载荷、体积力载荷等。它们需要依据虚功原理分配到结构节点上，即转化成等效节点力。

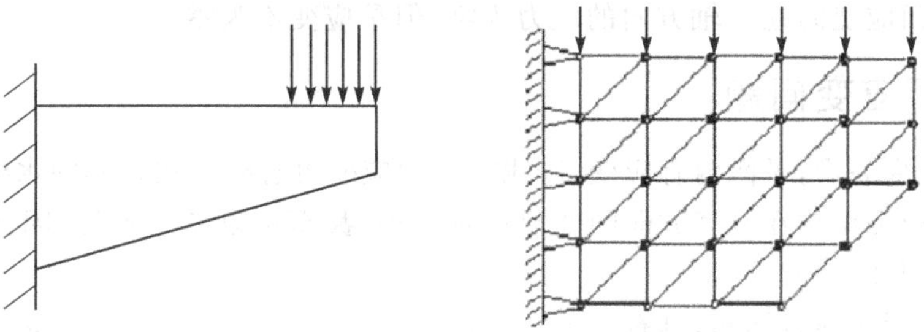

(a) 分布力载荷　　(b) 集中力载荷

**图 3－1　弹性体有限元模型**

## 3.1　平面问题的分类

平面问题分为平面应力问题和平面应变问题，它们都起源于空间问题的简化。

立方微元体外表面上的主应力矢量及切应力矢量的方向如图 3－2 所示，板厚为 $t$($Z$ 轴)，主应力的正方向和截面外法线的方向一致，切应力的第 1 个下标代表截面的位置，第 2 个下标代表切应力的方向：贴近坐标轴的切应力方向由于惯性原因取负值，例如 $\tau_{zx}$ 的方向。

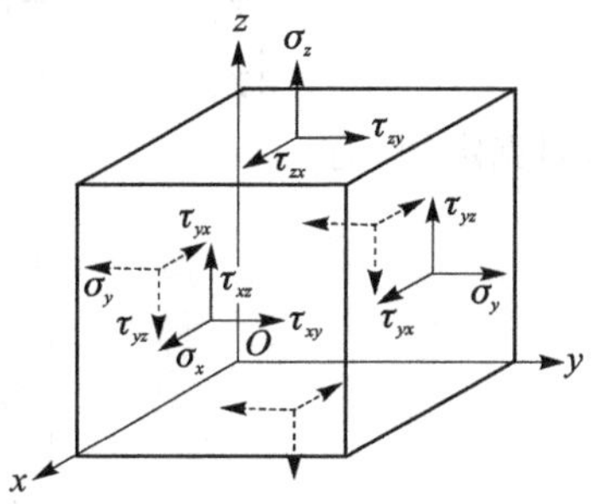


**图 3－2　三维微元应力示意图**

### 3.1.1　平面应力问题

根据平面应力假设，平面内有应力，法线方向的应力可忽略。在薄板拉压问题中，外载荷方向和平面平行，$z$ 轴应力分量可忽略不计，因此属于平面应力问题，如图 3－3 所示。

薄板问题的数学模型为

$$\begin{cases}\sigma_z=0\\ \tau_{xz}=\tau_{zx}=0\\ \tau_{yz}=\tau_{zy}=0\end{cases}\tag{3.1}$$

值得注意的是，$z$ 轴方向的应变非零，这是因为

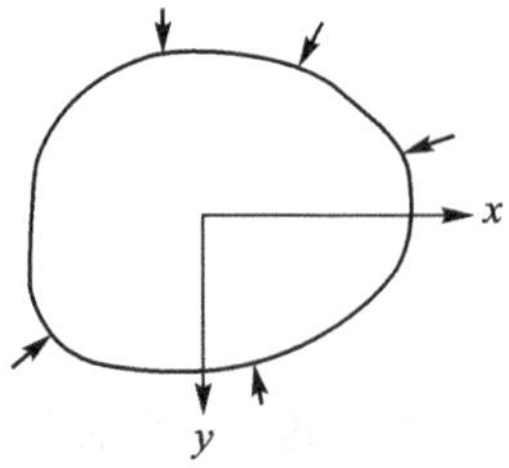


图 3-3　薄板平面应力问题

$$\begin{cases}\varepsilon_z=\dfrac{1}{E}[\sigma_z-v(\sigma_x+\sigma_y)]\\ \sigma_x=\dfrac{E}{(1+v)(1-2v)}[(1-v)\varepsilon_x+v(\varepsilon_y+\varepsilon_z)]\\ \sigma_y=\dfrac{E}{(1+v)(1-2v)}[(1-v)\varepsilon_y+v(\varepsilon_x+\varepsilon_z)]\end{cases} \tag{3.2}$$

化简式(3.2)之后，得到

$$\varepsilon_z=\frac{-v}{E}(\sigma_x+\sigma_y)=\frac{-v}{1-v}(\varepsilon_x+\varepsilon_y) \tag{3.3}$$

其中，$v$ 是材料的泊松比。

这说明，平面应变问题 $z$ 轴方向的应力为零，但是应变不为零。

## 3.1.2　平面应变问题

根据平面应变假设，平面内有应变，法线方向的应变可忽略。在真实的水渠或水坝侧向水压问题中，非薄板类结构在厚度方向的变形相对较小，甚至可以忽略不计，因此属于典型的平面应变问题，如图 3-4 所示。

水坝问题不同于薄板问题，具有如下特点：

① $z$ 向尺寸远大于平面长度尺寸；

② 沿着 $z$ 向的截面大小和形状恒定；

③ $z$ 向无外载荷作用；

④ 任意横截面内的受力状态相同。

水坝问题或对称圆筒问题的数学模型为

$$\begin{cases}\varepsilon_z=0\\ \gamma_{xz}=\gamma_{zx}=0\\ \gamma_{yz}=\gamma_{zy}=0\end{cases} \tag{3.4}$$

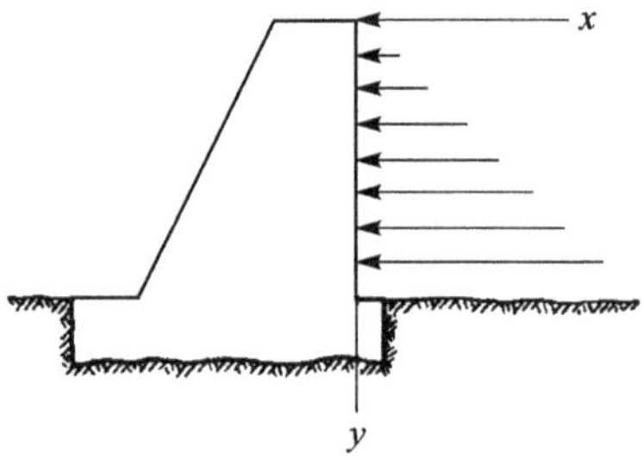


图 3-4　水坝的等剖面图

根据胡克定律，有

$$\begin{cases}\varepsilon_z=\dfrac{1}{E}\{\sigma_z-v(\sigma_x+\sigma_y)\}\\ \gamma_{xz}=\gamma_{zx}=\dfrac{2(1+v)}{E}\tau_{zx}=\dfrac{\tau_{zx}}{G}\\ \gamma_{yz}=\gamma_{zy}=\dfrac{2(1+v)}{E}\tau_{zy}=\dfrac{\tau_{zy}}{G}\end{cases} \tag{3.5}$$

其中，$E$ 是材料的弹性模量；$v$ 是材料的泊松比；$G$ 是剪切模量，定义为

$$G=\frac{E}{2(1+v)} \tag{3.6}$$

由此可以得到

$$\sigma_z=v(\sigma_x+\sigma_y)\neq 0 \tag{3.7}$$

这说明，平面应变问题 $z$ 轴方向的应变为零，但是主应力不为零。

无论是平面应力问题还是平面应变问题，$z$ 轴方向皆不存在外载荷的作用。根据材料力学中的胡克定律，$z$ 轴方向的应力（应变）等于零并不意味着应变（应力）等于零。

### 3.1.3　薄板弯曲问题

对于飞机升力面而言，如薄机翼和水平舵面，也可简化为薄板问题。与上述问题不同的是，薄板的载荷（横向气动载荷）来自法线方向，不属于平面问题，而属于薄板弯曲问题。

## 3.2　三角形常应变单元

### 3.2.1　有限单元的划分与编号

如图 3-5 所示，平面三角形单元包含 3 个节点，不考虑旋转自由度，每个节点在直角坐标系内有 2 个独立的分量，共有 6 个节点位移。节点采用字母下标的命名方式，按照逆时针依次命名，当然也可以采用数字下标命名的方式。大写字母代表节点力，小写字母代表节点位移，满足关系式

$$\begin{pmatrix} U_i \\ V_i \\ U_j \\ V_j \\ U_m \\ V_m \end{pmatrix}^e = [K]^e \begin{pmatrix} u_i \\ v_i \\ u_j \\ v_j \\ u_m \\ v_m \end{pmatrix}^e \tag{3.8}$$

其中，单元刚度矩阵 $[K]^e \in \mathbf{R}^{6\times 6}$。

值得注意的是，结构体网格划分之后，若采用数字下标命名法时，随意编号会导致整体刚度矩阵（所有单元刚度矩阵的汇总）内部元素（零或非零）的排列缺乏规律。合理的单元编号，例如遵循短编号命名法（见图 3-6），可使得系统的整体刚度矩阵呈现带状对角线的特点（主对角线及其邻侧对角线上的元素非零），方便于程序软件的设计与开发，有助于快速实现位移分量的数值求解。

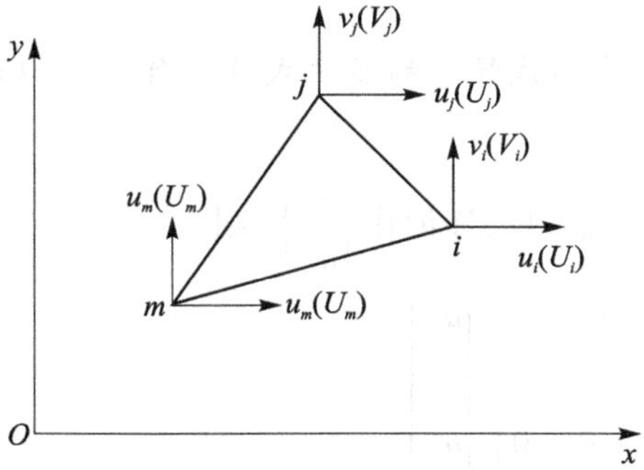


图 3-5　三角形单元节点位移和节点力示意图

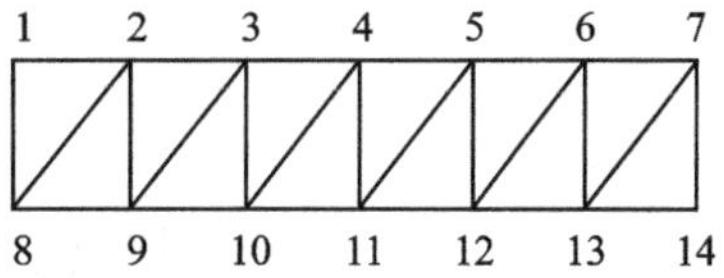


图 3-6　短编号命名法示意图

随着有限元求解技术的发展，考虑到实际工程问题的复杂性及网格划分的特点，也可采用其他的编号方式及相对应的软件编程算法。

### 3.2.2　节点位移与试函数

作为入门级教材，这里仅讨论最简单的、具有完备性质的三角形常应变单元，并采用数字

下标命名的方式。三角形的节点坐标分别为 $P_i(x_1, y_1)$，$P_j(x_2, y_2)$，$P_m(x_3, y_3)$，采用线性多项式函数对节点位移进行描述，可得到如下的矩阵表达式：

$$\begin{Bmatrix} u_{1x} \\ u_{1y} \\ u_{2x} \\ u_{2y} \\ u_{3x} \\ u_{3y} \end{Bmatrix} = \begin{bmatrix} 1 & x_1 & y_1 & 0 & 0 & 0 \\ 0 & 0 & 0 & 1 & x_1 & y_1 \\ 1 & x_2 & y_2 & 0 & 0 & 0 \\ 0 & 0 & 0 & 1 & x_2 & y_2 \\ 1 & x_3 & y_3 & 0 & 0 & 0 \\ 0 & 0 & 0 & 1 & x_3 & y_3 \end{bmatrix} \begin{Bmatrix} \alpha_1 \\ \alpha_2 \\ \alpha_3 \\ \alpha_4 \\ \alpha_5 \\ \alpha_6 \end{Bmatrix} \tag{3.9}$$

对于单元内部的位移表达式，则有多项式表达法

$$\begin{Bmatrix} u_x \\ u_y \end{Bmatrix} = \begin{bmatrix} 1 & x & y & 0 & 0 & 0 \\ 0 & 0 & 0 & 1 & x & y \end{bmatrix} \begin{Bmatrix} \alpha_1 \\ \alpha_2 \\ \alpha_3 \\ \alpha_4 \\ \alpha_5 \\ \alpha_6 \end{Bmatrix} \tag{3.10}$$

和节点位移表达法

$$\begin{Bmatrix} u_x \\ u_y \end{Bmatrix} = [\phi] \begin{Bmatrix} \alpha_1 \\ \alpha_2 \\ \alpha_3 \\ \alpha_4 \\ \alpha_5 \\ \alpha_6 \end{Bmatrix} \tag{3.11}$$

其中，$[\phi]$ 被称为插值形函数矩阵或试函数矩阵，它具有如下形式：

$$[\phi] = [[\phi_1] \quad [\phi_2] \quad [\phi_3]] = \begin{bmatrix} N_1 & 0 & N_2 & 0 & N_3 & 0 \\ 0 & N_1 & 0 & N_2 & 0 & N_3 \end{bmatrix} \tag{3.12}$$

注意：当三角单元充分小时，根据微积分理论，采用线性化的多项式函数作为近似位移函数的假设是合理的。

设三角形单元内部任意一点的坐标为 $P(x, y)$，它的位移记作 $\begin{Bmatrix} u_x \\ u_y \end{Bmatrix}$，则

$$\begin{Bmatrix} u_x \\ u_y \end{Bmatrix} = \begin{bmatrix} 1 & x & y & 0 & 0 & 0 \\ 0 & 0 & 0 & 1 & x & y \end{bmatrix} \begin{Bmatrix} \alpha_1 \\ \alpha_2 \\ \alpha_3 \\ \alpha_4 \\ \alpha_5 \\ \alpha_6 \end{Bmatrix}$$

$$
=\begin{bmatrix} 1 & x & y & 0 & 0 & 0 \\ 0 & 0 & 0 & 1 & x & y \end{bmatrix}\begin{bmatrix} 1 & x_1 & y_1 & 0 & 0 & 0 \\ 0 & 0 & 0 & 1 & x_1 & y_1 \\ 1 & x_2 & y_2 & 0 & 0 & 0 \\ 0 & 0 & 0 & 1 & x_2 & y_2 \\ 1 & x_3 & y_3 & 0 & 0 & 0 \\ 0 & 0 & 0 & 1 & x_3 & y_3 \end{bmatrix}^{-1}\begin{Bmatrix} u_{1x} \\ u_{1y} \\ u_{2x} \\ u_{2y} \\ u_{3x} \\ u_{3y} \end{Bmatrix} \tag{3.13}
$$

由此得到形函数的具体表达式为

$$
\begin{bmatrix} N_1 & 0 & N_2 & 0 & N_3 & 0 \\ 0 & N_1 & 0 & N_2 & 0 & N_3 \end{bmatrix}=\begin{bmatrix} 1 & x & y & 0 & 0 & 0 \\ 0 & 0 & 0 & 1 & x & y \end{bmatrix}\begin{bmatrix} 1 & x_1 & y_1 & 0 & 0 & 0 \\ 0 & 0 & 0 & 1 & x_1 & y_1 \\ 1 & x_2 & y_2 & 0 & 0 & 0 \\ 0 & 0 & 0 & 1 & x_2 & y_2 \\ 1 & x_3 & y_3 & 0 & 0 & 0 \\ 0 & 0 & 0 & 1 & x_3 & y_3 \end{bmatrix}^{-1} \tag{3.14}
$$

简记为

$$
\{u\}^e=[\phi]\{\delta\}^e=[N]\{\delta\}^e \tag{3.15}
$$

其中

$$
\left\{\begin{aligned} &\{u\}^e \overset{\text{def}}{=\!=} \begin{Bmatrix} u_x \\ u_y \end{Bmatrix} \\ &[\phi] \overset{\text{def}}{=\!=} [[\phi_1] \quad [\phi_2] \quad [\phi_3]] \\ &[N] \overset{\text{def}}{=\!=} \begin{bmatrix} N_1 & 0 & N_2 & 0 & N_3 & 0 \\ 0 & N_1 & 0 & N_2 & 0 & N_3 \end{bmatrix} \end{aligned}\right. ,\quad \{\delta\} \overset{\text{def}}{=\!=} \begin{Bmatrix} u_{1x} \\ u_{1y} \\ u_{2x} \\ u_{2y} \\ u_{3x} \\ u_{3y} \end{Bmatrix} \tag{3.16}
$$

## 3.2.3　形函数表达式

根据形函数表达式

$$
[[\phi_1] \quad [\phi_2] \quad [\phi_3]]=\begin{bmatrix} 1 & x & y & 0 & 0 & 0 \\ 0 & 0 & 0 & 1 & x & y \end{bmatrix}\begin{bmatrix} 1 & x_1 & y_1 & 0 & 0 & 0 \\ 0 & 0 & 0 & 1 & x_1 & y_1 \\ 1 & x_2 & y_2 & 0 & 0 & 0 \\ 0 & 0 & 0 & 1 & x_2 & y_2 \\ 1 & x_3 & y_3 & 0 & 0 & 0 \\ 0 & 0 & 0 & 1 & x_3 & y_3 \end{bmatrix}^{-1} \tag{3.17}
$$

计算可得

$$
[\phi_1]=\begin{bmatrix} N_1 & 0 \\ 0 & N_1 \end{bmatrix}=N_1\begin{bmatrix} 1 & 0 \\ 0 & 1 \end{bmatrix}=\frac{1}{2\Delta}(a_1+b_1x+c_1y)\begin{bmatrix} 1 & 0 \\ 0 & 1 \end{bmatrix}
$$

$$
[\phi_2]=\begin{bmatrix} N_2 & 0 \\ 0 & N_2 \end{bmatrix}=N_2\begin{bmatrix} 1 & 0 \\ 0 & 1 \end{bmatrix}=\frac{1}{2\Delta}(a_2+b_2x+c_2y)\begin{bmatrix} 1 & 0 \\ 0 & 1 \end{bmatrix}
$$

$$[\phi_3]=\begin{bmatrix}N_3 & 0\\0 & N_3\end{bmatrix}=N_3\begin{bmatrix}1 & 0\\0 & 1\end{bmatrix}=\frac{1}{2\Delta}(a_3+b_3x+c_3y)\begin{bmatrix}1 & 0\\0 & 1\end{bmatrix} \tag{3.18}$$

其中，$\Delta$ 是三角形面积；$a_i,b_i,c_i,i=1,2,3$ 由下式决定：

$$\begin{cases}a_1\overset{\text{def}}{=}\begin{vmatrix}x_2 & y_2\\x_3 & y_3\end{vmatrix}\\b_1\overset{\text{def}}{=}-\begin{vmatrix}1 & y_2\\1 & y_3\end{vmatrix}\\c_1\overset{\text{def}}{=}\begin{vmatrix}1 & x_2\\1 & x_3\end{vmatrix}\end{cases},\quad\begin{cases}a_2\overset{\text{def}}{=}\begin{vmatrix}x_3 & y_3\\x_1 & y_1\end{vmatrix}\\b_2\overset{\text{def}}{=}-\begin{vmatrix}1 & y_3\\1 & y_1\end{vmatrix}\\c_2\overset{\text{def}}{=}\begin{vmatrix}1 & x_3\\1 & x_1\end{vmatrix}\end{cases},\quad\begin{cases}a_3\overset{\text{def}}{=}\begin{vmatrix}x_1 & y_1\\x_2 & y_2\end{vmatrix}\\b_3\overset{\text{def}}{=}-\begin{vmatrix}1 & y_1\\1 & y_2\end{vmatrix}\\c_3\overset{\text{def}}{=}\begin{vmatrix}1 & x_1\\1 & x_2\end{vmatrix}\end{cases} \tag{3.19}$$

注意：自从有了符号运算软件，关于上述形函数计算公式的理论推导工作变得不再那么重要，感兴趣的读者可以尝试证明它们的正确性。

**例 1**　在直角坐标系内划分出一个三角形单元 $P_iP_jP_m$，各顶点坐标由式(3.20)给出，试计算它的面积。

$$\begin{cases}\overrightarrow{OP_i}=(0\quad 0)^{\mathrm{T}}\\\overrightarrow{OP_j}=(1\quad 1)^{\mathrm{T}}\\\overrightarrow{OP_m}=(1\quad 0)^{\mathrm{T}}\end{cases}\Leftrightarrow 2\Delta\overset{\text{def}}{=}|A|=\begin{vmatrix}1 & x_1 & y_1\\1 & x_2 & y_2\\1 & x_3 & y_3\end{vmatrix}=\begin{vmatrix}1 & 0 & 0\\1 & 1 & 1\\1 & 1 & 0\end{vmatrix}=-1 \tag{3.20}$$

注意：这里出现负值，原因是节点编号没有遵循逆时针原则。

根据式(3.19)计算可得

$$\begin{cases}a_1\overset{\text{def}}{=}\begin{vmatrix}x_2 & y_2\\x_3 & y_3\end{vmatrix}=-1\\b_1\overset{\text{def}}{=}-\begin{vmatrix}1 & y_2\\1 & y_3\end{vmatrix}=+1\\c_1\overset{\text{def}}{=}\begin{vmatrix}1 & x_2\\1 & x_3\end{vmatrix}=0\end{cases},\quad\begin{cases}a_2\overset{\text{def}}{=}\begin{vmatrix}x_3 & y_3\\x_1 & y_1\end{vmatrix}=0\\b_2\overset{\text{def}}{=}-\begin{vmatrix}1 & y_3\\1 & y_1\end{vmatrix}=0\\c_2\overset{\text{def}}{=}\begin{vmatrix}1 & x_3\\1 & x_1\end{vmatrix}=-1\end{cases},\quad\begin{cases}a_3\overset{\text{def}}{=}\begin{vmatrix}x_1 & y_1\\x_2 & y_2\end{vmatrix}=0\\b_3\overset{\text{def}}{=}-\begin{vmatrix}1 & y_1\\1 & y_2\end{vmatrix}=-1\\c_3\overset{\text{def}}{=}\begin{vmatrix}1 & x_1\\1 & x_2\end{vmatrix}=+1\end{cases} \tag{3.21}$$

Maple 软件的计算结果为

$$[[\phi_1]\quad[\phi_2]\quad[\phi_3]]=\begin{bmatrix}1-x & 0 & y & 0 & x-y & 0\\0 & 1-x & 0 & y & 0 & x-y\end{bmatrix} \tag{3.22}$$

理论公式的计算结果为

$$\begin{aligned}N_1&\overset{\text{def}}{=}\frac{1}{2\Delta}(a_1+b_1x+c_1y)=\frac{-1+x}{-1}=1-x\\N_2&\overset{\text{def}}{=}\frac{1}{2\Delta}(a_2+b_2x+c_2y)=\frac{-y}{-1}=y\\N_3&\overset{\text{def}}{=}\frac{1}{2\Delta}(a_3+b_3x+c_3y)=\frac{-x+y}{-1}=x-y\end{aligned} \tag{3.23}$$

软件计算与理论推导结果吻合。

**例 2**　在直角坐标系内划分出一个三角形单元 $P_iP_jP_m$，各顶点坐标由式(3.24)给出，试计算它的面积。

$$\begin{cases}\overrightarrow{OP_i}=(0\quad 0)^{\mathrm{T}}\\ \overrightarrow{OP_j}=(-1\quad -1)^{\mathrm{T}}\\ \overrightarrow{OP_m}=(+1\quad -1)^{\mathrm{T}}\end{cases}\Leftrightarrow 2\Delta \overset{\text{def}}{=\!=} |A|=\begin{vmatrix}1 & x_1 & y_1\\ 1 & x_2 & y_2\\ 1 & x_3 & y_3\end{vmatrix}=\begin{vmatrix}1 & 0 & 0\\ 1 & -1 & -1\\ 1 & +1 & -1\end{vmatrix}=2 \tag{3.24}$$

根据式(3.19)计算可得：

$$\begin{cases}a_1\overset{\text{def}}{=\!=}\begin{vmatrix}x_2 & y_2\\ x_3 & y_3\end{vmatrix}=2\\ b_1\overset{\text{def}}{=\!=}-\begin{vmatrix}1 & y_2\\ 1 & y_3\end{vmatrix}=0\\ c_1\overset{\text{def}}{=\!=}\begin{vmatrix}1 & x_2\\ 1 & x_3\end{vmatrix}=2\end{cases},\quad \begin{cases}a_2\overset{\text{def}}{=\!=}\begin{vmatrix}x_3 & y_3\\ x_1 & y_1\end{vmatrix}=0\\ b_2\overset{\text{def}}{=\!=}-\begin{vmatrix}1 & y_3\\ 1 & y_1\end{vmatrix}=-1\\ c_2\overset{\text{def}}{=\!=}\begin{vmatrix}1 & x_3\\ 1 & x_1\end{vmatrix}=-1\end{cases},\quad \begin{cases}a_3\overset{\text{def}}{=\!=}\begin{vmatrix}x_1 & y_1\\ x_2 & y_2\end{vmatrix}=0\\ b_3\overset{\text{def}}{=\!=}-\begin{vmatrix}1 & y_1\\ 1 & y_2\end{vmatrix}=+1\\ c_3\overset{\text{def}}{=\!=}\begin{vmatrix}1 & x_1\\ 1 & x_2\end{vmatrix}=-1\end{cases} \tag{3.25}$$

Maple 的计算结果为

$$[[\phi_1]\quad[\phi_2]\quad[\phi_3]]=\begin{bmatrix}1+y & 0 & \dfrac{x+y}{-2} & 0 & \dfrac{x-y}{2} & 0\\ 0 & 1+y & 0 & \dfrac{x+y}{-2} & 0 & \dfrac{x-y}{2}\end{bmatrix} \tag{3.26}$$

理论计算结果为

$$\begin{aligned}N_1&=\frac{1}{2\Delta}(a_1+b_1x+c_1y)=1+y\\ N_2&=\frac{1}{2\Delta}(a_2+b_2x+c_2y)=\frac{-x-y}{2}\\ N_3&=\frac{1}{2\Delta}(a_3+b_3x+c_3y)=\frac{x-y}{2}\end{aligned} \tag{3.27}$$

借助软件强大的矩阵计算功能，快速得到了与理论方法一致的结果。读者可自行编制软件程序完成上述计算过程。

### 3.2.4　形函数的几何解释

从单元内部 $P$ 点位移的表达式可以看出，它是三个节点位移加权之后的线性叠加。当 $P$ 点恰好落在某个节点之上时，该节点处的权重必然是 1。由此猜测，$N_j$，$j=1,2,3$ 可看作三角形 $\Delta Pjm$ 与三角形 $\Delta ijm$ 的面积之比，即

$$\begin{cases}N_1=\dfrac{S_{Pjm}}{S_{ijm}}\\ N_2=\dfrac{S_{iPm}}{S_{ijm}}\\ N_3=\dfrac{S_{ijP}}{S_{ijm}}\end{cases} \tag{3.28}$$

其中，$i$，$j$，$m$ 是三角形节点编号，它们按逆时针顺序排列。

进一步分析，若 $P$ 点在边界上，例如线段 $\overline{ij}$ 上，不难发现式(3.28)仍然成立。此时，形函数既可以看作长度比，也可以看作面积比，即

$$\begin{cases} N_i \overset{\text{def}}{=\!=} \dfrac{L_{Pj}}{L} = \dfrac{S_{Pjm}}{S} \\ N_j \overset{\text{def}}{=\!=} \dfrac{L_{iP}}{L} = \dfrac{S_{iPm}}{S} \end{cases}, \quad L \overset{\text{def}}{=\!=} L_{ij}, \quad S \overset{\text{def}}{=\!=} S_{ijm} \tag{3.29}$$

此时

$$N_m \overset{\text{def}}{=\!=} \frac{S_{Pij}}{S} = 0 \tag{3.30}$$

若 $P$ 点落在三角形单元内部，式(3.28)仍然成立。

上述结论，感兴趣的读者可以自己尝试证明或验证。关于三角形的面积 $S_{ijm}$，可借助海伦公式计算

$$\begin{cases} S_{ijm} = \sqrt{l(l-a)(l-b)(l-c)} \\ l = \dfrac{a+b+c}{2} \\ c \overset{\text{def}}{=\!=} \overline{ij}, b \overset{\text{def}}{=\!=} \overline{im}, a \overset{\text{def}}{=\!=} \overline{jm} \end{cases} \tag{3.31}$$

例如，计算经典的直角三角形

$$\begin{cases} a = 3 \\ b = 4 \\ c = 5 \end{cases} \tag{3.32}$$

的面积。

方法 1：
$$S = \frac{1}{2}ab = \frac{3 \times 4}{6} = 6 \tag{3.33}$$

方法 2：
$$S = \sqrt{l(l-a)(l-b)(l-c)} = \sqrt{6 \times (6-3)(6-4)(6-5)} = 6 \tag{3.34}$$

其中
$$l = \frac{a+b+c}{2} = \frac{3+4+5}{2} = 6 \tag{3.35}$$

### 3.2.5 应变矩阵与应力矩阵

三角形单元内部点的应变计算公式为

$$\{\varepsilon\} = [B]\{\delta\}^e \tag{3.36}$$

具体形式为

$$\begin{Bmatrix} \varepsilon_x \\ \varepsilon_y \\ \gamma_{xy} \end{Bmatrix} = \begin{Bmatrix} \dfrac{\partial u_x}{\partial x} \\ \dfrac{\partial u_y}{\partial y} \\ \dfrac{\partial u_x}{\partial y} + \dfrac{\partial u_y}{\partial x} \end{Bmatrix} = \frac{1}{2\Delta} \begin{bmatrix} b_i & 0 & b_j & 0 & b_m & 0 \\ 0 & c_i & 0 & c_j & 0 & c_m \\ c_i & b_i & c_j & b_j & c_m & b_m \end{bmatrix} \begin{Bmatrix} u_{1x} \\ u_{1y} \\ u_{2x} \\ u_{2y} \\ u_{3x} \\ u_{3y} \end{Bmatrix}^e \tag{3.37}$$

其中，应变矩阵 $[B]$ 定义为

$$[B] = \frac{1}{2\Delta} \begin{bmatrix} b_i & 0 & b_j & 0 & b_m & 0 \\ 0 & c_i & 0 & c_j & 0 & c_m \\ c_i & b_i & c_j & b_j & c_m & b_m \end{bmatrix} \tag{3.38}$$

注意：式(3.38)是理论推导的结果。实际应用中还是应该借助软件的帮助，充分利用

Maple 程序所支持的符号函数求导计算的功能。当然，读者也可以独立开发具有类似功能的 C 语言或其他语言程序。

三角形单元内部点的应力计算公式为

$$\{\sigma\}=[D]\{\varepsilon\}=[D][B]\{\delta\}^e\overset{\text{def}}{=}[S]\{\delta\}^e \tag{3.39}$$

$$\{\sigma\}=[D]\begin{Bmatrix}\varepsilon_x\\ \varepsilon_y\\ \gamma_{xy}\end{Bmatrix}=\frac{1}{2\Delta}[D]\begin{bmatrix}b_i & 0 & b_j & 0 & b_m & 0\\ 0 & c_i & 0 & c_j & 0 & c_m\\ c_i & b_i & c_j & b_j & c_m & b_m\end{bmatrix}\begin{Bmatrix}u_{1x}\\ u_{1y}\\ u_{2x}\\ u_{2y}\\ u_{3x}\\ u_{3y}\end{Bmatrix}^e \tag{3.40}$$

其中，$[D]$ 矩阵称为材料的弹性模量矩阵；$[D]\ [B]$ 矩阵称为应力矩阵。

平面应力问题中 $[D]$ 矩阵的形式为

$$[D]=\frac{E}{1-\mu^2}\begin{bmatrix}1 & \mu & 0\\ \mu & 1 & 0\\ 0 & 0 & \dfrac{1-\mu}{2}\end{bmatrix} \tag{3.41}$$

$$[S]\overset{\text{def}}{=}[D]\ [B]=\frac{E}{2\Delta(1-\mu^2)}\begin{bmatrix}1 & \mu & 0\\ \mu & 1 & 0\\ 0 & 0 & \dfrac{1-\mu}{2}\end{bmatrix}\begin{bmatrix}b_i & 0 & b_j & 0 & b_m & 0\\ 0 & c_i & 0 & c_j & 0 & c_m\\ c_i & b_i & c_j & b_j & c_m & b_m\end{bmatrix}$$

$$=\frac{E}{2\Delta(1-\mu^2)}\begin{bmatrix}b_i & \mu c_i & b_j & \mu c_j & b_m & \mu c_m\\ \mu b_i & c_i & \mu b_j & c_j & \mu b_m & c_m\\ \dfrac{1-\mu}{2}c_i & \dfrac{1-\mu}{2}b_i & \dfrac{1-\mu}{2}c_j & \dfrac{1-\mu}{2}b_j & \dfrac{1-\mu}{2}c_m & \dfrac{1-\mu}{2}b_m\end{bmatrix} \tag{3.42}$$

平面应变问题中 $[D]$ 矩阵的形式为

$$[D]=\frac{E^*}{1-\mu^{*2}}\begin{bmatrix}1 & \mu^* & 0\\ \mu^* & 1 & 0\\ 0 & 0 & \dfrac{1-\mu^*}{2}\end{bmatrix}\xrightarrow[E^*\overset{\text{def}}{=}\frac{E}{(1+\mu)(1-\mu)}]{\mu^*\overset{\text{def}}{=}\frac{\mu}{1-\mu}}\frac{\dfrac{E}{(1+\mu)(1-\mu)}}{1-\left(\dfrac{\mu}{1-\mu}\right)^2}\begin{bmatrix}1 & \dfrac{\mu}{1-\mu} & 0\\ \dfrac{\mu}{1-\mu} & 1 & 0\\ 0 & 0 & \dfrac{1-\dfrac{\mu}{1-\mu}}{2}\end{bmatrix}=$$

$$\frac{E(1-\mu)}{(1+\mu)(1-2\mu)}\begin{bmatrix}1 & \dfrac{\mu}{1-\mu} & 0\\ \dfrac{\mu}{1-\mu} & 1 & 0\\ 0 & 0 & \dfrac{1-2\mu}{2(1-\mu)}\end{bmatrix} \tag{3.43}$$

### 3.2.6　三角形常应变单元的特点

三角形常应变单元所对应的多项式基函数分别是 1，$x$，$y$，即中国古代杨辉三角形或西方帕斯卡三角形的前两行，属于完备的有限单元(含刚体位移和常应变)，且边界处满足连续性条件(协调单元)。当单元充分小时，单元内部任意点的位移理论解必能收敛到物理真实解。

观察式(3.41)和式(3.43)可以发现,三角形单元的应力矩阵和应变矩阵都是常数形式,这意味着相邻单元内部的应力和应变存在差异(发生突变),这是误差产生的根本原因,即使解析积分解是完美的、精确的结果。

根据有限元理论的假设,相邻单元之间的公共边界在受力变形的过程中不应存在撕裂或重叠现象(边界仍应保持重合),而且边界上任意点的位移仍应保持连续性质,也就是说,公共边界点上的位移表达式在邻接单元内的结果必须相等。

事实上,外力作用下的三角形单元通常会变为曲边三角形,使得线性插值方法得到的位移偏离真实情况。若存在集中力的情况,应尽可能使之靠近单元节点,或在其周围加密网格。此外,三角形单元的划分应有规律性,相邻单元的尺寸相差不宜过大,三角形单元任意两条边长的比值应尽可能接近 1,而不是趋向于零。

# 3.3　虚功原理与刚度矩阵

## 3.3.1　单元节点力

单元节点力是外载荷的表现形式,即

$$\{R\}^e=\begin{Bmatrix} f_{1x} \\ f_{1y} \\ f_{2x} \\ f_{2y} \\ f_{3x} \\ f_{3y} \end{Bmatrix}^e \tag{3.44}$$

其中,等号左侧是外载荷或约束力列阵;等号右侧是节点力。

注意:若外载荷的作用点不在节点上,则需要计算其在节点上的等效载荷。

## 3.3.2　单元节点的虚位移

单元节点受扰动后将发生位移的偏移。刻画扰动前后位移曲线偏离程度的算子称为虚位移变分算子 $\delta$

$$\delta:\begin{Bmatrix} u_x \\ u_y \end{Bmatrix} \longrightarrow \begin{Bmatrix} \tilde{u}_x \\ \tilde{u}_y \end{Bmatrix}-\begin{Bmatrix} u_x \\ u_y \end{Bmatrix} \tag{3.45}$$

即

$$\begin{Bmatrix} \tilde{u}_x \\ \tilde{u}_y \end{Bmatrix}=\begin{Bmatrix} u_x \\ u_y \end{Bmatrix}+\delta\begin{Bmatrix} u_x \\ u_y \end{Bmatrix} \tag{3.46}$$

其中,$\begin{Bmatrix} u_x \\ u_y \end{Bmatrix}$是真实位移矢量曲线;$\begin{Bmatrix} \tilde{u}_x \\ \tilde{u}_y \end{Bmatrix}$是偏离之后的假想位移矢量曲线。

根据有限元理论,不直接给出单元内部点的位移表达式,而是借助节点位移的线性组合式(形函数表示法)来呈现,即

$$\begin{Bmatrix} u_x \\ u_y \end{Bmatrix} = [[\phi_1] \quad [\phi_2] \quad [\phi_3]] \begin{Bmatrix} u_{1x} \\ u_{1y} \\ u_{2x} \\ u_{2y} \\ u_{3x} \\ u_{3y} \end{Bmatrix} = \begin{bmatrix} N_1 & 0 & N_2 & 0 & N_3 & 0 \\ 0 & N_1 & 0 & N_2 & 0 & N_3 \end{bmatrix} \begin{Bmatrix} u_{1x} \\ u_{1y} \\ u_{2x} \\ u_{2y} \\ u_{3x} \\ u_{3y} \end{Bmatrix} \tag{3.47}$$

根据线性算子理论，式(3.47)两端同时被虚位移算子作用之后，有

$$\{\delta u\}^e \overset{\text{def}}{=\!=} \begin{Bmatrix} \delta u_x \\ \delta u_y \end{Bmatrix} = \begin{bmatrix} N_1 & 0 & N_2 & 0 & N_3 & 0 \\ 0 & N_1 & 0 & N_2 & 0 & N_3 \end{bmatrix} \begin{Bmatrix} \delta u_{1x} \\ \delta u_{1y} \\ \delta u_{2x} \\ \delta u_{2y} \\ \delta u_{3x} \\ \delta u_{3y} \end{Bmatrix} \tag{3.48}$$

关于变分算子与微分算子的差异性，有必要做一个简单的介绍。

首先，求导算子的本质是差商的极限，微分算子和求导算子仅仅是形式上的差别，两者是彼此等价的。而变分算子是假想位移和真实位移之间的位移差，可以是任意值。

其次，微分算子和变分算子在运算法则方面具有相似性，例如

$$\mathrm{d}[u^2(t)] = 2u(t)\mathrm{d}u(t) \tag{3.49}$$

和

$$\delta[u^2(t)] = 2u(t)\delta u(t) \tag{3.50}$$

最后，求导算子和变分算子可以相互交换运算的顺序。因为，

$$\begin{cases} \delta[u'(t)] = \tilde{u}'(t) - u'(t) \\ \delta'[u(t)] = \dfrac{\mathrm{d}[\tilde{u}(t) - u(t)]}{\mathrm{d}t} = \tilde{u}'(t) - u'(t) \end{cases} \tag{3.51}$$

所以

$$\delta[u'(t)] = \delta'[u(t)] \tag{3.52}$$

微分算子刻画的是同一条曲线上近邻位置处的差异。当自变量受到轻微扰动之后，测量点沿函数曲线到达新的位置。扰动前后函数值的差异记作 $\mathrm{d}y \overset{\text{def}}{=\!=} \lim\limits_{\Delta t \to 0} y(t+\Delta t) - y(t)$。

变分算子刻画的是原函数曲线受到扰动之后形成的新的函数曲线。在同一时刻(自变量取相同的值)，两条不同的函数曲线之间的差异(任意值)记作 $\delta y(t) \overset{\text{def}}{=\!=} \tilde{y}(t) - y(t)$。

考察两条曲线：

$$\begin{aligned} \tilde{y} &= \tilde{f}(x) = x + 0.1, \quad x \in [0,1] \\ y &= f(x) = x, \quad x \in [0,1] \end{aligned} \tag{3.53}$$

其中，$y(x)$，$\tilde{y}(x)$ 分别代表扰动前后的函数曲线，如图 3-7 所示。其中 $A$ 点坐标为(0,0)，$B$ 点坐标为(1,1)，$C$ 点坐标为(0,0.1)，$D$ 点坐标为(1,1.1)。从 $A$ 点到 $B$ 点，称为向前差分(它是微分的数值形式)，有

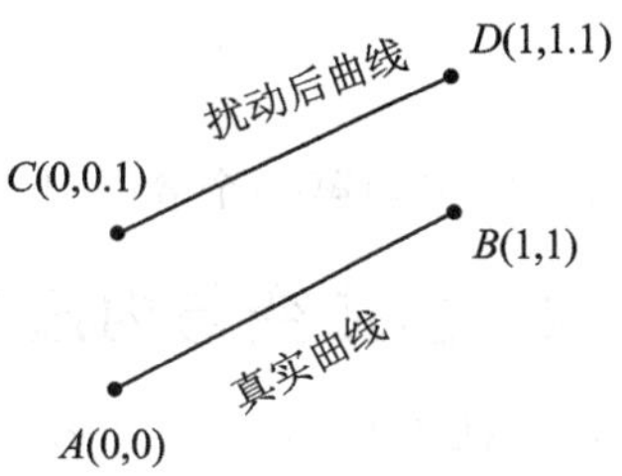


**图 3-7　扰动曲线示意图**

$$\begin{cases}\Delta y = y_B - y_A = 1 \\ \Delta x = x_B - x_A = 1\end{cases} \tag{3.54}$$

从线段 $AB$ 到线段 $CD$，称为变分或虚位移。虚位移可以是任意假想值，而函数的微分是无限接近零的数，因此

$$\delta y = \tilde{y} - y = \tilde{f}(x) - f(x) \neq \mathrm{d}y \tag{3.55}$$

对于本例而言

$$\delta y = \tilde{y} - y = 0.1 \tag{3.56}$$

又因为变分和微分算子之间满足交换律，即

$$\delta\left(\frac{\mathrm{d}y}{\mathrm{d}x}\right) = \frac{\mathrm{d}}{\mathrm{d}x}\delta y \tag{3.57}$$

故在本例中，有

$$\delta(y') = \frac{\mathrm{d}\tilde{y}}{\mathrm{d}x} - \frac{\mathrm{d}y}{\mathrm{d}x} = 0 \tag{3.58}$$

$$[\delta(y)]' = \frac{\mathrm{d}}{\mathrm{d}x}[\tilde{f}(x) - f(x)] = 0 \tag{3.59}$$

再比如

$$\begin{aligned}\tilde{y} = \tilde{f}(x) = x^3 + x^2, \quad x \in (-\varepsilon, \varepsilon), \quad 0 < \varepsilon \ll 1 \\ y = f(x) = x, \quad x \in (-\varepsilon, \varepsilon), \quad 0 < \varepsilon \ll 1\end{aligned} \tag{3.60}$$

经过简单的计算，有

$$\begin{aligned}\delta\left(\frac{\mathrm{d}y}{\mathrm{d}x}\right) = \frac{\mathrm{d}\tilde{y}}{\mathrm{d}x} - \frac{\mathrm{d}y}{\mathrm{d}x} = 3x^2 + 2x - 1 \\ \frac{\mathrm{d}}{\mathrm{d}x}\delta y = \frac{\mathrm{d}y}{\mathrm{d}x}[\tilde{y}(x) - y(x)] = 3x^2 + 2x - 1\end{aligned} \tag{3.61}$$

因此，式(3.57)仍然成立。

### 3.3.3 外力虚功

当单元节点发生了假想位移之后，外载荷将对其做功，称为外力虚功 $\delta W$。外力虚功的矢量形式为

$$(\delta\{\delta\}^e)^{\mathrm{T}} \cdot \{R\}^e = [\delta u_{1x} \quad \delta u_{1y} \quad \delta u_{2x} \quad \delta u_{2y} \quad \delta u_{3x} \quad \delta u_{3y}]^e \begin{Bmatrix} F_{1x} \\ F_{1y} \\ F_{2x} \\ F_{2y} \\ F_{3x} \\ F_{3y} \end{Bmatrix}^e \tag{3.62}$$

其中，等号左侧第一个 $\delta$ 是变分算子，第二个 $\{\delta\}^e$ 是位移列矢量。

### 3.3.4 虚应变与内虚功

单元体发生虚位移，会引起单元体内的虚应变，而单元节点内力是外载荷的表现形式，这意味着单元内部的应力是真实的。

利用单元应力和应变表达的虚功为

$$
\begin{aligned}
&\iint_D t\cdot(\{\delta\varepsilon\}^e)^{\mathrm T}\cdot\{\sigma\}^e\mathrm{d}x\mathrm{d}y\\
=&\iint_D([B]\delta\{\delta\}^e)^{\mathrm T}[D][B]\{\delta\}^e\cdot t\mathrm{d}x\mathrm{d}y\\
=&(\delta\{\delta\}^e)^{\mathrm T}\left(\iint_D[B]^{\mathrm T}[D][B]\cdot t\mathrm{d}x\mathrm{d}y\right)\{\delta\}^e
\end{aligned}\tag{3.63}
$$

其中，$t$ 是板单元的厚度。

### 3.3.5 虚位移原理与单元的刚度矩阵

根据虚位移原理的定义：系统在平衡状态下，外力在虚位移上所做的功与系统内应力在虚应变上所做的功相等。比较式(3.62)和式(3.63)，考虑到虚位移的任意性，必有

$$
\begin{aligned}
\{R\}^e&=\left(\iint_D[B]^{\mathrm T}[D][B]\cdot t\mathrm{d}x\mathrm{d}y\right)\{\delta\}^e\\
&\overset{\text{def}}{=\!=}[K]^e\{\delta\}^e
\end{aligned}\tag{3.64}
$$

对于厚度是常数的三角形常应变单元，则有

$$
[K]^e\overset{\text{def}}{=\!=}[B]^{\mathrm T}[D][B]\cdot\Delta\cdot t\tag{3.65}
$$

其中，$\Delta\overset{\text{def}}{=\!=}S_{ijm}$ 代表三角形单元的面积。

常应变三角形单元刚度矩阵的具体形式为

$$
\begin{bmatrix}[k_{ii}]&[k_{ij}]&[k_{im}]\\ [k_{ji}]&[k_{jj}]&[k_{jm}]\\ [k_{mi}]&[k_{mj}]&[k_{mm}]\end{bmatrix}^e\overset{\text{def}}{=\!=}\begin{bmatrix}k_{11}&k_{12}&k_{13}&k_{14}&k_{15}&k_{16}\\k_{21}&k_{22}&k_{23}&k_{24}&k_{25}&k_{26}\\k_{31}&k_{32}&k_{33}&k_{34}&k_{35}&k_{36}\\k_{41}&k_{42}&k_{43}&k_{44}&k_{45}&k_{46}\\k_{51}&k_{52}&k_{53}&k_{54}&k_{55}&k_{56}\\k_{61}&k_{62}&k_{63}&k_{64}&k_{65}&k_{66}\end{bmatrix}^e\tag{3.66}
$$

其中

$$
[k_{rs}]\overset{\text{def}}{=\!=}\frac{Et}{4\Delta(1-\mu^2)}\begin{bmatrix}b_rb_s+\dfrac{1-\mu}{2}c_rc_s&\mu b_rc_s+\dfrac{1-\mu}{2}c_rb_s\\ \mu c_rb_s+\dfrac{1-\mu}{2}b_rc_s&\dfrac{1-\mu}{2}b_rb_s+c_rc_s\end{bmatrix},\quad\begin{cases}r=i,j,m\\s=i,j,m\end{cases}\tag{3.67}
$$

$$
\begin{aligned}
[k_{im}]&\overset{\text{def}}{=\!=}\begin{bmatrix}k_{15}&k_{16}\\k_{25}&k_{26}\end{bmatrix}\\
&=\frac{Et}{4\Delta(1-\mu^2)}\begin{bmatrix}b_rb_s+\dfrac{1-\mu}{2}c_rc_s&\mu b_rc_s+\dfrac{1-\mu}{2}c_rb_s\\ \mu c_rb_s+\dfrac{1-\mu}{2}b_rc_s&\dfrac{1-\mu}{2}b_rb_s+c_rc_s\end{bmatrix}_{r=i=1,s=m=3}
\end{aligned}\tag{3.68}
$$

其中，$k_{15}\overset{\text{def}}{=\!=}k_{(2\times i-1),(2\times m-1)}$，$i\overset{\text{def}}{=\!=}1$，$m\overset{\text{def}}{=\!=}3$。

注意：借助符号计算机编程软件 Maple，能够快速完成刚度矩阵的计算。

# 3.4　有限元整体方程与求解

所有的单元刚度矩阵建立之后，则需要考虑整体刚度矩阵的生成方法，即采用何种方式能高效率地实现单元刚度矩阵的合并。这里的高效率指的是算法实现的代价较小，即在计算机资源耗费与数值计算等待时间之间寻找一种平衡。

关于结构整体刚度矩阵方程的建立，这里给出一种实现方式：

第一步：将子单元位移列阵进行扩充，使之含有所有单元的位移信息；

第二步：将刚度矩阵、节点力列矩阵相应地扩充，且在扩充之后的新位置上填补零元素。

第三步：将所有扩充后的子单元矩阵方程进行累加求和。

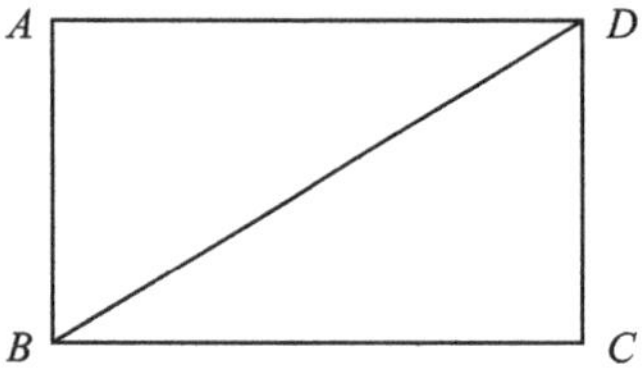


**图 3-8　矩形板与三角形单元划分的例子**

如图 3-8 所示，矩形板单元有 4 个节点，逆时针依次命名为 $ABCD$。平面内节点力矢量和节点位移矢量的维数都是 $\mathbf{R}^{8\times1}$。若将矩形板细分为 2 个三角形子单元 $ABD$ 和单元 $BCD$，$B$ 和 $D$ 节点为公用节点，则每个三角形单元分别出现 6 个节点位移分量 $\mathbf{R}^{6\times1}$，对应的刚度矩阵的维数为 $\mathbf{R}^{6\times6}$。考虑到节点 $B$ 和节点 $D$ 属于公共节点，因此，整体刚度矩阵的维数仍然是 $\mathbf{R}^{8\times8}$，而非 $\mathbf{R}^{12\times12}$。类似地可以分析得到，三角形单元节点力列阵的维数为 $\mathbf{R}^{6\times1}$，而整体方程节点力列阵的维数为 $\mathbf{R}^{8\times1}$，而非 $\mathbf{R}^{12\times1}$。

以理论的观点看，无论采取哪种单元形式都不会对物理问题的求解产生实质性影响。然而，在复杂的边界区域，例如圆孔附近，推荐采用三角形单元。

第四步：构造等效节点力列矩阵。

将平面内的节点力矢量投影到坐标轴上，若与正向坐标轴一致，则该节点力分量为正方向，否则为负方向。以同样的方式定义节点位移矢量投影之后的正方向或负方向。

常见的外载荷有分布力、集中力以及体积力等形式，它们的作用点未必落在节点上。但是，有限元方法只承认节点力的存在，外载荷必须以等效节点力的形式存在。因此，如果存在集中力的情况，在网格划分时应优先考虑在该处放置节点。

将外载荷转化为等效节点力需要借助形函数。关于形函数的构造方法，将在稍后的章节里介绍。

第五步：约束边界条件。

整体刚度矩阵在节点位移矢量和节点力矢量之间搭起了桥梁，三者共同构成了系统的控制方程。真实的物理问题一定含有大量的约束条件，例如飞机翼根与机体之间的固支约束条件，相当于限制了机翼根部的线位移和角位移。

第六步：求解位移变量。

当节点力列阵、整体刚度矩阵、节点位移列阵以及边界条件、初始条件全部确定之后，运行数值求解程序就可以获得全部节点的位移信息。所谓的位移变量求解程序，指的就是同时满足控制方程和边界(初始)条件的算法实现。

需要注意的是：

① 错误的边界条件将导致错误的结果，甚至导致方程无解；

② 数值求解过程中若采用“糟糕”的算法，例如矩阵直接求逆算法，将导致数值误差的

扩散；

③ 在非线性问题求解过程中，可能需要不断地调整刚度矩阵。

第七步：分析应力、应变以及输出各类响应。

把位移信息代入几何方程和物理方程后，即可得到原物理问题的结构应变、结构应力、结构内力等信息。在有限元软件分析中，它们以云图的形式呈现。

# 3.5　整体刚度矩阵的性质

对于结构系统而言，刚度矩阵是客观存在的，具有明确的物理意义。首先，考虑三角形单元的 1 号节点存在单位位移，其他节点静止的情况，对应的刚度矩阵方程形式为

$$\begin{Bmatrix} f_{11} \\ f_{21} \\ f_{31} \\ f_{41} \\ f_{51} \\ f_{61} \end{Bmatrix} = \begin{bmatrix} k_{11} & k_{12} & k_{13} & k_{14} & k_{15} & k_{16} \\ k_{21} & k_{22} & k_{23} & k_{24} & k_{25} & k_{26} \\ k_{31} & k_{32} & k_{33} & k_{34} & k_{35} & k_{36} \\ k_{41} & k_{42} & k_{43} & k_{44} & k_{45} & k_{46} \\ k_{51} & k_{52} & k_{53} & k_{54} & k_{55} & k_{56} \\ k_{61} & k_{62} & k_{63} & k_{64} & k_{65} & k_{66} \end{bmatrix} \begin{Bmatrix} 1 \\ 0 \\ 0 \\ 0 \\ 0 \\ 0 \end{Bmatrix} = \begin{Bmatrix} k_{11} \\ k_{21} \\ k_{31} \\ k_{41} \\ k_{51} \\ k_{61} \end{Bmatrix} \tag{3.69}$$

其中，节点力 $f_{j1}$，$j=1,2,3,4,5,6$ 中的第 2 个下标是节点位移的信息。

式(3.69)说明，若想使 1 号节点产生单位位移，而其他节点保持静止，需要向 1 号节点施加的力恰好就是 $k_{11}=f_{11}$。除此之外，还要同时向其他节点施加载荷。这是容易理解的，因为力具有传递的特性，为保证其他节点不发生位移，必须施加约束力。

其次，由弹簧拉伸试验可以得知，外力的方向与弹簧变形的方向总是一致的。特殊的情况下，若弹簧没有发生变形，但整体发生了位移，则称为刚体运动。

例如，左端固定的弹性杆单元在受外力拉伸的情况下：

$$\frac{EA}{L}\begin{bmatrix} 1 & -1 \\ -1 & 1 \end{bmatrix}\begin{Bmatrix} 0 \\ u_2 \end{Bmatrix} = \begin{Bmatrix} -F \\ F \end{Bmatrix} \tag{3.70}$$

此时

$$\det[k_{11}]=1, \quad \det\begin{bmatrix} k_{11} & k_{12} \\ k_{21} & k_{22} \end{bmatrix}=0 \tag{3.71}$$

回到式(3.69)，由理论力学可以得知，外力与真实位移的方向总是一致的

$$\delta_{11}=1>0 \Rightarrow f_{11}>0 \Rightarrow k_{11}=\frac{f_{11}}{\delta_{11}}>0 \tag{3.72}$$

观察式(3.71)，刚度矩阵主对角线上的元素是正值，属于主对角线占优矩阵，这说明刚度矩阵一定是非负定的，且可能是奇异矩阵(行列式等于零)。

进一步，由物理试验可以得知，刚度矩阵具有对称性质，例如

$$[k_{rs}] \xlongequal{\text{def}} \frac{Et}{4\Delta(1-\mu^2)}\begin{bmatrix} b_r b_s + \dfrac{1-\mu}{2}c_r c_s & \mu b_r c_s + \dfrac{1-\mu}{2}c_r b_s \\ \mu c_r b_s + \dfrac{1-\mu}{2}b_r c_s & \dfrac{1-\mu}{2}b_r b_s + c_r c_s \end{bmatrix} \tag{3.73}$$

$$[k_{sr}] \xlongequal{\text{def}} \frac{Et}{4\Delta(1-\mu^2)}\begin{bmatrix} b_s b_r + \dfrac{1-\mu}{2}c_s c_r & \mu b_s c_r + \dfrac{1-\mu}{2}c_s b_r \\ \mu c_s b_r + \dfrac{1-\mu}{2}b_s c_r & \dfrac{1-\mu}{2}b_s b_r + c_s c_r \end{bmatrix} \tag{3.74}$$

其中,块矩阵之间的对称性指的是

$$[k_{sr}] \xlongequal{\text{def}} [k_{rs}]^{\mathrm{T}} \tag{3.75}$$

它的具体形式为

$$\begin{bmatrix} & & \cdots & & \\ \cdots & [k_{rr}] & \cdots & [k_{rs}] & \cdots \\ & & \cdots & & \\ \cdots & [k_{sr}] & \cdots & [k_{ss}] & \cdots \\ & & \cdots & & \end{bmatrix} \tag{3.76}$$

值得注意的是,整体刚度矩阵的子块矩阵 $[k_{sr}]$ 和 $[k_{rs}]$,它们本身可能不具有对称性。

最后还需要说明,刚度矩阵非零元素的排列规律与三角形单元的编号有关系。当单元划分完毕之后,图 3-6 所示的节点编号方式称为逆时针短编号法。采用短编号法的有限元程序能够节省存储空间,且生成的整体刚度矩阵具有“带状”的特点。

例如,设单元 $e_{123}$ 的扩展刚度矩阵为

$$[\bar{K}]^{e_{123}} = \begin{bmatrix} k_{11} & k_{12} & k_{13} & 0 \\ k_{12} & k_{22} & k_{23} & 0 \\ k_{13} & k_{23} & k_{33} & 0 \\ 0 & 0 & 0 & 0 \end{bmatrix}^{e_{123}} \tag{3.77}$$

单元 $e_{243}$ 的扩展刚度矩阵为

$$[\bar{K}]^{e_{243}} = \begin{bmatrix} 0 & 0 & 0 & 0 \\ 0 & k_{11} & k_{12} & k_{13} \\ 0 & k_{12} & k_{22} & k_{23} \\ 0 & k_{13} & k_{23} & k_{33} \end{bmatrix}^{e_{243}} \tag{3.78}$$

调整式(3.78)中矩阵元素的顺序,记作

$$[\bar{K}]^{e_{234}} = \begin{bmatrix} 0 & 0 & 0 & 0 \\ 0 & k_{11} & k_{13} & k_{12} \\ 0 & k_{13} & k_{33} & k_{23} \\ 0 & k_{12} & k_{23} & k_{22} \end{bmatrix}^{e_{234}} \tag{3.79}$$

**注意:刚度矩阵中的列元素与节点编号相对应。**

通过合并单元刚度矩阵,最终的整体刚度矩阵为

$$[K] = [\bar{K}]^{e_{123}} + [\bar{K}]^{e_{234}} = \begin{bmatrix} k_{11} & k_{12} & k_{13} & 0 \\ k_{12} & k_{22} & k_{23} & 0 \\ k_{13} & k_{23} & k_{33} & 0 \\ 0 & 0 & 0 & 0 \end{bmatrix}^{e_{123}} + \begin{bmatrix} 0 & 0 & 0 & 0 \\ 0 & k_{11} & k_{13} & k_{12} \\ 0 & k_{13} & k_{33} & k_{23} \\ 0 & k_{12} & k_{23} & k_{22} \end{bmatrix}^{e_{234}}$$

$$
=\begin{bmatrix}
k_{11}^{e_{123}} & k_{12}^{e_{123}} & k_{13}^{e_{123}} & 0 \\
k_{12}^{e_{123}} & k_{22}^{e_{123}}+k_{11}^{e_{234}} & k_{23}^{e_{123}}+k_{13}^{e_{234}} & k_{12}^{e_{234}} \\
k_{13}^{e_{123}} & k_{23}^{e_{123}}+k_{13}^{e_{234}} & k_{33}^{e_{123}}+k_{33}^{e_{234}} & k_{23}^{e_{234}} \\
0 & k_{12}^{e_{123}} & k_{23}^{e_{123}} & k_{22}^{e_{234}}
\end{bmatrix} \tag{3.80}
$$

观察式(3.80),整体刚度矩阵不仅具有对称性质,而且呈现“带状”的特点,即矩阵中的非零元素仅仅出现在主对角线及其邻近的斜对角线上。

综上所述,可以总结为以下几点:

① 刚度矩阵的第 $N$ 列元素的物理意义是:使第 $N$ 号节点产生单位位移,而其他节点位移保持静止所必须施加的节点力大小;

② 结构刚度矩阵具有对称性;

③ 结构刚度矩阵具有主对角线占优性质,也称半正定性质;

④ 若采用结构单元短边编号规则,则整体刚度矩阵非零元素仅在主对角线及其两侧斜对角线上出现,并呈现“带状”分布规律。实践证明,按短边编号规则可有效地节省计算机程序的存储空间,有益于算法的快速实现。

## 3.6　等效外载荷的处理方法

板单元受到的外载荷按方向来源可分为横向载荷(垂直于板面)和平面载荷(平行于平面);按载荷性质可分为集中力、分布力和体积力,机翼下方挂件的重力可视作集中力,机翼上下表面的气动压力属于分布力。载荷是导致柔性结构变形的外部因素。有限元理论认为,结构变形是节点力作用的结果,节点力替代了真实的外载荷形式,称为等效节点力。必须注意的是,基于有限元节点位移信息所表征的结构变形和真实载荷所引起的结构变形之间是必定存在误差的,因此,当结构体某处存在集中力时,应尽量将其安排在有限元节点上,以避免集中力落入网格单元的内部,从而造成较大的数值计算误差。

三角形单元属于完备的、协调的有限单元,因此,只要结构单元尺寸足够小,就能保证计算结果的精确性,称为收敛性质。缺点是网格数量巨大,数值计算的规模也很大,但可采取并行运算技术或云计算技术来缓解这个矛盾。

本节讨论外载荷转化为节点力的等效策略、途径与方法。

### 3.6.1　外载荷的性质类型

根据性质不同,外载荷可分为以下几类:

① 集中力。

例如机翼下方悬挂的发动机的重力或导弹挂件的重力。

② 表面分布力。

例如机翼表面的气体压力。

③ 体积力。

例如机翼自身受到地球引力作用而产生的单位质量力。

## 3.6.2 外载荷引起的结构响应

外载荷作用下的结构变形称为结构响应问题。根据研究对象与问题性质的不同,这里列举常见的三种情况:

(1) 小挠度弯曲变形问题

民用客机的机翼可以看作长板模型,如图 3-9 所示,翼展($y$ 轴)与弦长($x$ 轴)的比值通常大于 8,甚至大于 10,而板的厚度($z$ 轴)相对来说很薄,尺寸很小。

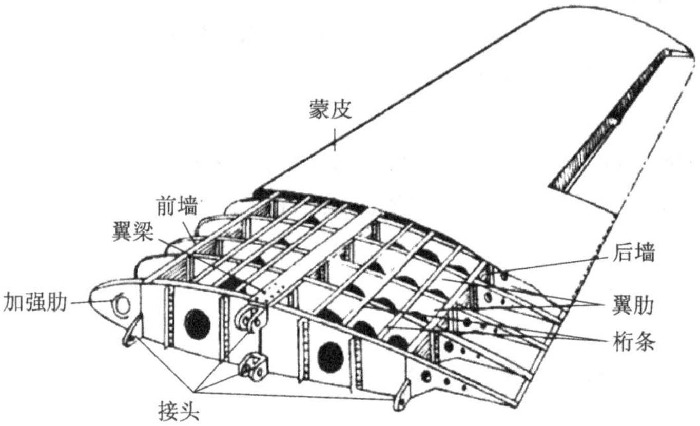


**图 3-9 机翼结构**

在气动力的作用下($z$ 轴),机翼结构沿着 $z$ 轴方向产生弯曲变形,根据弹性力学理论,采取如下假设:

① 板内挠度不变假设,即挠度曲线 $w$ 是薄板中面内的二元函数,与板厚无关。

$$\begin{cases} w = w(x,y) \\ \varepsilon_z = \dfrac{\partial w(x,y)}{\partial z} = 0 \end{cases} \tag{3.81}$$

② 薄板中面法线相互垂直关系不变假设,即与薄板中面垂直的直线在弯曲变形之后仍与薄板中面保持垂直。

$$\begin{cases} \gamma_{xz} = 0 \\ \gamma_{yz} = 0 \end{cases} \tag{3.82}$$

③ 薄板中性层内(零变形)假设

$$\begin{cases} u(x,y,0) = 0 \\ v(x,y,0) = 0 \end{cases}, \quad z = 0 \tag{3.83}$$

从而有

$$\begin{cases} \varepsilon_x = 0 \\ \varepsilon_y = 0 \end{cases}, \quad z = 0 \tag{3.84}$$

④ 弯曲变形过程中,$z$ 轴主应力的贡献可忽略

$$\sigma_z = 0 \tag{3.85}$$

(2) 平面应变问题——水坝侧向压力问题

厚度远大于平面几何尺寸的板,$z$ 轴方向的应变视作零,且全部载荷落入平面系统内,其

数学模型为

$$\begin{cases}\varepsilon_z = 0 \\ \gamma_{xz} = \gamma_{zx} = 0 \\ \gamma_{yz} = \gamma_{zy} = 0\end{cases} \tag{3.86}$$

但是

$$\sigma_z \neq 0 \tag{3.87}$$

(3) 平面应力问题——薄板应力问题

在薄板应力问题中，全部应力仅在平面内存在，$z$ 轴方向的应力被看作零，其数学模型为

$$\begin{cases}\sigma_z = 0 \\ \tau_{xz} = \tau_{zx} = 0 \\ \tau_{yz} = \tau_{zy} = 0\end{cases} \tag{3.88}$$

可以得出：平面应力问题不等同于平面应变问题，虽然它们分别对应的结构刚度矩阵形式不同，但是仍具有相似性，即具有某种转化关系。

(4) 几何非线性问题

当挠度大得足以使结构的位移发生大的变化时，即为几何非线性。几何非线性一般分为三类：

① 大位移小应变问题；

② 大位移大应变问题；

③ 大转角问题。

值得注意的是，力的平衡方程应建立在变形之后的结构体上，这给数学建模带来了一定的困难，而且需要考虑材料的非线性本构关系。感兴趣的读者可以阅读本书的第 8 章。

### 3.6.3 系统整体节点力列阵

系统外载荷引起结构内力的产生，即单元节点力是外载荷存在的表现形式。所有单元节点力矩阵经过合并之后形成系统整体节点力列矩阵。

以 3.5 节中单元 $e_1 \overset{\text{def}}{=\!=} e_{123}$ 和单元 $e_2 \overset{\text{def}}{=\!=} e_{243}$ 为例，节点力合并之后的形式为

$$\{F\} = \begin{Bmatrix} f_{1x} \\ f_{1y} \\ f_{2x} \\ f_{2y} \\ f_{3x} \\ f_{3y} \\ 0 \\ 0 \end{Bmatrix}^{\bar{e}_{123}} + \begin{Bmatrix} 0 \\ 0 \\ f_{2x} \\ f_{2y} \\ f_{3x} \\ f_{3y} \\ f_{4x} \\ f_{4y} \end{Bmatrix}^{\bar{e}_{234}} = \begin{Bmatrix} f_{1x} \\ f_{1y} \\ f_{2x}^{e_1} + f_{2x}^{e_2} \\ f_{2y}^{e_1} + f_{2y}^{e_2} \\ f_{3x}^{e_1} + f_{3x}^{e_2} \\ f_{3x}^{e_1} + f_{3x}^{e_2} \\ f_{4x} \\ f_{4y} \end{Bmatrix} \tag{3.89}$$

其中，$f_{1x}$ 既是系统的节点力，也是单元 $e_1$ 的节点力；$f_{2x}$ 是系统的节点力，它来自两个单元节点力的代数和 $f_{2x}^{e_1} + f_{2x}^{e_2}$；单元 $\bar{e}_{123}$，$\bar{e}_{234}$ 是单元 $e_1 \overset{\text{def}}{=\!=} e_{123}$ 和单元 $e_2 \overset{\text{def}}{=\!=} e_{243}$ 拓展（调序）之后的节点力矩阵。

### 3.6.4 虚位移原理与等效节点力

板单元在外载荷作用下发生的位移称为真实位移。对真实的结构位移采取估计的方式得到的位移称为假想位移。假想位移具有任意性,它偏离真实位移的程度称为虚位移。虚位移代表了弹性结构体离开平衡位置所发生的偏移位移,隐含着外载荷对弹性体做了功,即

$$W=(\delta\{\delta_c\})^{\mathrm{T}}\{G_c\}+\int_L(\delta\{\delta\})^{\mathrm{T}}\{q\}t\,\mathrm{d}s+\iint_S(\delta\{\delta\})^{\mathrm{T}}\{X\}t\,\mathrm{d}x\,\mathrm{d}y \tag{3.90}$$

其中,集中力及其作用点处的位移分别记作 $G_c$,$\delta_c$;板厚 $t$ 为常数的情况下,表面分布力 $q$ 在板的边界处进行线积分,体力 $X$ 在板内进行面积分;大括号外面的 $\delta$ 是变分算子,而 $\{\delta\}^e$ 则是单元节点位移列阵。

若外载荷已转化为等效单元节点力,将其乘以节点虚位移,可得到式(3.90)的另一种形式,即

$$W=\sum_{i=1}^{3}(\delta u_i)^{\mathrm{T}}\cdot f_i=(\delta\{\delta\}^e)^{\mathrm{T}}\{F\}^e \tag{3.91}$$

式(3.90)和式(3.91)都称为外力虚功。

另一方面,外载荷引起系统产生真实的应力,而系统的应变是位移的偏导数,这意味着与虚位移相对应的应变并非真实应变,而是虚应变。

单元内部各点的真实应力向量和虚应变向量之间乘积的全体(积分形式)

$$U=\iint_D t\cdot(\{\delta\varepsilon\}^e)^{\mathrm{T}}\cdot\{\sigma\}^e\mathrm{d}x\,\mathrm{d}y \tag{3.92}$$

称为应变能。

虚位移原理揭示的仍是能量守恒定律,因此

$$U=W \tag{3.93}$$

为了不引起误解或混淆,节点位移的变分(虚位移)采用如下记法:

$$\delta\{\delta\}^e\overset{\mathrm{def}}{=\!=}\{\delta^*\}^e \tag{3.94}$$

利用节点位移可描述矩形板内任意点的位移,如图 3-6 中的单元 $e_{243}$,有

$$\begin{Bmatrix}\delta_x\\\delta_y\end{Bmatrix}=\begin{bmatrix}0&0&N_1^{e_2}&0&N_3^{e_2}&0&N_2^{e_2}&0\\0&0&0&N_1^{e_2}&0&N_3^{e_2}&0&N_2^{e_2}\end{bmatrix}\begin{Bmatrix}0\\0\\\delta_{2x}^{e_2}\\\delta_{2y}^{e_2}\\\delta_{3x}^{e_2}\\\delta_{3y}^{e_2}\\\delta_{4x}\\\delta_{4y}\end{Bmatrix},\quad\begin{Bmatrix}\delta_x\\\delta_y\end{Bmatrix}\in e_{243} \tag{3.95}$$

其中,单元位移列矩阵和形函数列矩阵被相应地进行了调整。

这样,无论矩形板内的点属于哪个三角形单元,形式上都有

$$\{\delta\}=[N]\{\delta\}^e \tag{3.96}$$

写成虚位移的形式则为

$$\{\delta^*\}=[N]\{\delta^*\}^e \tag{3.97}$$

其中，有上标$\{\ \}^e$的含义是单元的节点位移；无上标$\{\ \}$的含义是单元内部点的位移；$\delta^*$的含义是虚位移。

对于集中力情况

$$\{\delta_c^*\} = [N_c]\{\delta^*\}^e \tag{3.98}$$

其中，下标 $c$ 代表集中力的位置坐标，$[N_c]$为常数矩阵。

将式(3.97)、式(3.98)代入式(3.91)的右侧，得到外力虚功表达式为

$$\begin{aligned}&([N_c]\{\delta^*\}^e)^{\mathrm{T}}\{G_c\} + \int_S ([N]\{\delta^*\}^e)^{\mathrm{T}}\{q\}t\,\mathrm{d}s + \iint_V ([N]\{\delta^*\}^e)^{\mathrm{T}}\{X\}t\,\mathrm{d}x\,\mathrm{d}y \\ &= (\{\delta^*\}^e)^{\mathrm{T}}\left([N_c]^{\mathrm{T}}\{G_c\} + \int_S [N]^{\mathrm{T}}\{q\}t\,\mathrm{d}s + \iint_V [N]^{\mathrm{T}}\{X\}t\,\mathrm{d}x\,\mathrm{d}y\right)\end{aligned} \tag{3.99}$$

考虑到虚位移的任意性，等效节点力表达式为

$$\begin{aligned}\{F\}^e &= [N_c]^{\mathrm{T}}\{G_c\} + \int_S [N]^{\mathrm{T}}\{q\}t\,\mathrm{d}s + \iint_V [N]^{\mathrm{T}}\{X\}t\,\mathrm{d}x\,\mathrm{d}y \\ &\overset{\mathrm{def}}{=\!=} \{\bar{G}\} + \{\bar{Q}\} + \{\bar{X}\}\end{aligned} \tag{3.100}$$

其中，$\{\bar{Q}\}$，$\{\bar{X}\}$是关于形函数的积分形式。

### 3.6.5　集中力的情况

如图 3-10 所示，三角形单元边界上有一个分布力系，可以被看作一系列集中力的合成。不妨假设 $P(x_c, y_c)$点处有一个集中力 $q_c \overset{\mathrm{def}}{=\!=} G$。规定 $P$ 点到节点 $j$ 和 $i$ 的距离分别为 $L_{Pj}$ 和 $L_{Pi}$，节点 $i$ 和 $j$ 之间的距离为 $L \overset{\mathrm{def}}{=\!=} L_{ij}$。

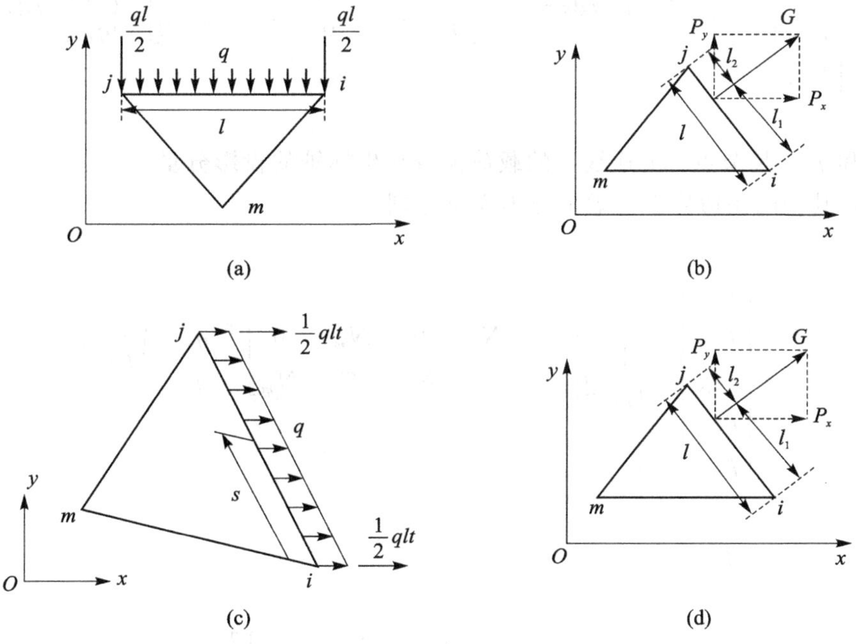


**图 3-10　表面力与等效节点力的关系**

根据力和力矩平衡原则，节点力和集中力之间有如下关系

$$\begin{cases} f_i + f_j = q_c \\ f_i = q_c \dfrac{L - L_{Pi}}{L} \stackrel{\text{def}}{=\!=} q_c \cdot (N_i)_c \\ f_j = q_c \dfrac{L - L_{Pj}}{L} \stackrel{\text{def}}{=\!=} q_c \cdot (N_j)_c \end{cases} \tag{3.101}$$

其中，下标 $c$ 描述的是集中力的位置；当 $P$ 与 $i$ 重合时，$L_{Pi}=0$。

可以得到以下结论：

① 在施加集中力的情况下，三个形函数皆为常数；

② 在集中载荷等效成节点力的过程，形函数扮演了传递函数的角色，描述的是节点力应分担集中力的百分比。

## 3.6.6 分布力的情况

分布力可看作众多微元段上的集中力，三个形函数不再是常数，它们分别是坐标的函数，等效节点力的过程需要借助积分算子。

如图 3-10 所示，根据形函数的几何意义（面积比），有

$$N_m \stackrel{\text{def}}{=\!=} \frac{S_{Pij}}{S} \equiv 0 \tag{3.102}$$

等效节点力的表达式为

$$\begin{Bmatrix} f_{i,x} \\ f_{i,y} \\ f_{j,x} \\ f_{j,y} \\ f_{m,x} \\ f_{m,y} \end{Bmatrix} = \int_L [N]^{\mathrm{T}} \{q\} t\,\mathrm{d}s = \int_{L_{i,j}} \begin{bmatrix} N_i & 0 & N_j & 0 & 0 & 0 \\ 0 & N_i & 0 & N_j & 0 & 0 \end{bmatrix}^{\mathrm{T}} \begin{Bmatrix} q_{ij,x} \\ q_{ij,y} \end{Bmatrix} t\,\mathrm{d}s \tag{3.103}$$

其中，$q_{ij,x}$ 和 $q_{ij,y}$ 是节点 $i$，$j$ 连线上的载荷矢量在坐标轴的投影分量。

类似地，其余两条边界上等效节点力亦可分别写为

$$\begin{Bmatrix} f_{i,x} \\ f_{i,y} \\ f_{j,x} \\ f_{j,y} \\ f_{m,x} \\ f_{m,y} \end{Bmatrix} = \int_{L_{j,m}} \begin{bmatrix} 0 & 0 & N_j & 0 & N_m & 0 \\ 0 & 0 & 0 & N_j & 0 & N_m \end{bmatrix}^{\mathrm{T}} \begin{Bmatrix} q_{jm,x} \\ q_{jm,y} \end{Bmatrix} t\,\mathrm{d}s \tag{3.104}$$

和

$$\begin{Bmatrix} f_{i,x} \\ f_{i,y} \\ f_{j,x} \\ f_{j,y} \\ f_{m,x} \\ f_{m,y} \end{Bmatrix} = \int_{L_{i,m}} \begin{bmatrix} N_i & 0 & 0 & 0 & N_m & 0 \\ 0 & N_i & 0 & 0 & 0 & N_m \end{bmatrix}^{\mathrm{T}} \begin{Bmatrix} q_{im,x} \\ q_{im,y} \end{Bmatrix} t\,\mathrm{d}s \tag{3.105}$$

### 3.6.7 体积力的情况

在施加体积力的情况下，三个形函数仍然是坐标的函数，其投影分量的表达式为

$$\vec{X} \overset{\text{def}}{=\!=} \begin{Bmatrix} X(x,y) \\ Y(x,y) \end{Bmatrix} \tag{3.106}$$

根据式(3.100)，其等效节点力的表达式为

$$\iint_s [N]^{\mathrm{T}}\{\vec{X}\}t\,\mathrm{d}s = \iint_S \begin{bmatrix} N_i & 0 & N_j & 0 & N_m & 0 \\ 0 & N_i & 0 & N_j & 0 & N_m \end{bmatrix}^{\mathrm{T}} \begin{Bmatrix} X \\ Y \end{Bmatrix} t\,\mathrm{d}x\mathrm{d}y \tag{3.107}$$

### 3.6.8 局部坐标系与全局坐标系

有限元方法强调先进行子单元系统建模，然后将其组装成整体系统模型。

一般而言，根据子单元的形状和特点，其建模过程中常常自定义坐标系统（局部坐标系），而不采用默认的直角坐标系（整体坐标系）。若出现这种情况，需要将节点力矢量向整体坐标系统的轴向投影。本节主要讨论两者之间的联系及相互转化规律。

若沿着三角形单元某条边界方向建立坐标轴 $s$，垂直于它的方向定义为 $t$ 轴，坐标原点放在单元节点的中心位置，称这种坐标系为局部坐标系或自然坐标系，记作 $Ost$。整体系统所处的直角坐标系称为全局坐标系，记作 $Oxy$。

注意：这里的 $t$ 不再表示板厚度。

在局部坐标系内，形函数是 $s$ 和 $t$ 的函数，而 $s$ 和 $t$ 分别是 $x$ 和 $y$ 的函数，即 $\begin{cases} s=s(x,y) \\ t=t(x,y) \end{cases}$。引入局部坐标系的概念是基于拓扑等价的观点，相当于调整了单元的几何形状，使之产生平移和旋转，以及尺度伸缩等，从而使单元的节点坐标和形函数表达式全部变得有规律可循，有助于程序的编写与实现，使等效节点力的计算变得高效与便捷。

如图 3-11 所示，整体坐标系的原点是 $A$，局部坐标系的原点是 $P$。下面试着分析 $B$ 点在两种坐标系内的表达方式及其相互转化的规律。

$P(x_c, y_c)$ 被看作局部坐标原点，矢量 $\overrightarrow{PB}$ 构成了正向 $s$ 轴，根据右手法则可以确认 $t$ 轴的方向。局部坐标系 $Oxy$ 绕 $A$ 点逆时针旋转 45°，然后向左平移 $\sqrt{2}$ 个单位，即可与全局坐标系的原点重合，此时 $s$ 轴和 $x$ 轴重合，$t$ 轴和 $y$ 轴重合。

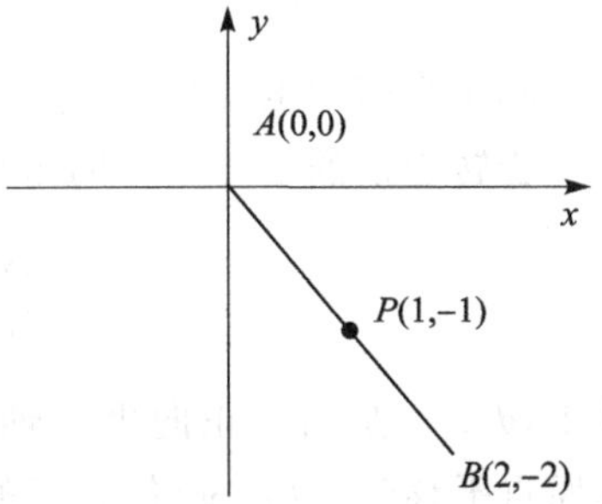

**图 3-11　全局坐标系与局部坐标系之间的关系**

上述过程，也可先做平移变换，然后完成逆时针的旋转。

(1) 平移变换

如图 3-11 所示，平面内任意点同时拥有两套坐标表达，如 $Q_{Axy}(x,y)=Q_{Pst}(s,t)$，图中没标出。根据矢量的不变性

$$\overrightarrow{AQ} = \overrightarrow{AP} + \overrightarrow{PQ} \tag{3.108}$$

即

$$\begin{pmatrix} x \\ y \end{pmatrix} - \begin{pmatrix} 0 \\ 0 \end{pmatrix} = \begin{pmatrix} x_c \\ y_c \end{pmatrix} - \begin{pmatrix} 0 \\ 0 \end{pmatrix} + \begin{pmatrix} s \\ t \end{pmatrix} - \begin{pmatrix} 0 \\ 0 \end{pmatrix} \tag{3.109}$$

化简之后为

$$\begin{pmatrix} x \\ y \end{pmatrix} = \begin{pmatrix} s \\ t \end{pmatrix} + \begin{pmatrix} x_c \\ y_c \end{pmatrix} = \begin{pmatrix} s+1 \\ t-1 \end{pmatrix} \tag{3.110}$$

或

$$\begin{pmatrix} s \\ t \end{pmatrix} = \begin{pmatrix} x-1 \\ y+1 \end{pmatrix} \stackrel{\text{def}}{=\!=} \overrightarrow{PQ} \tag{3.111}$$

其中，$(x,y)$描述的是相对 $A$ 点的位置；$(s,t)$描述的是相对于 $P$ 点的位置，也就是坐标平移之后的新原点。

采用新的记号代表坐标平移之后的位置，式(3.111)变为

$$\begin{pmatrix} x_s \\ y_t \end{pmatrix} \stackrel{\text{def}}{=\!=} \begin{pmatrix} s \\ t \end{pmatrix} = \begin{pmatrix} x-1 \\ y+1 \end{pmatrix} \tag{3.112}$$

根据式(3.112)，可以验证如下的对应关系：

$$A_{Oxy}(0,0) \leftrightarrow A_{Px_sy_t}(-1,1) \tag{3.113}$$

和

$$P_{Px_sy_t}(0,0) \leftrightarrow P_{Oxy}(1,-1) \tag{3.114}$$

对于 $B$ 点而言，有

$$B_{Oxy}(2,-2) \rightarrow B_{Px_sy_t}(1,-1) \tag{3.115}$$

即

$$\begin{pmatrix} x \\ y \end{pmatrix}_B = \begin{pmatrix} 2 \\ -2 \end{pmatrix}, \quad \begin{pmatrix} x_s \\ y_t \end{pmatrix}_B = \begin{pmatrix} x-1 \\ y+1 \end{pmatrix} = \begin{pmatrix} 1 \\ -1 \end{pmatrix} \tag{3.116}$$

小结：坐标变换的依据是矢量表达的不变性。坐标变换之后，原坐标系 $Oxy$ 与新坐标系 $Px_sy_t$ 之间具有平行关系，即对应坐标轴彼此平行。

(2) 旋转变换

基于当前的坐标系 $Px_cy_c$，引入旋转变换之后，得到的坐标系命名为 $Px_sy_t$ 坐标系。

旋转变换的实质是新旧坐标轴之间的投影关系，即

$$\begin{Bmatrix} s \\ t \end{Bmatrix} = \begin{bmatrix} \cos\theta_{\langle x_s,s\rangle} & \cos\theta_{\langle y_t,s\rangle} \\ \cos\theta_{\langle x_s,t\rangle} & \cos\theta_{\langle y_t,t\rangle} \end{bmatrix} \begin{Bmatrix} x_s \\ y_t \end{Bmatrix} \tag{3.117}$$

其中，$\theta_{\langle *,*\rangle}$是两个正向坐标轴之间的夹角，是一个非负数；$(x_s,y_t)$是直角坐标系 $Axy$ 的坐标原点平移到 $P(x,y)$位置后的局部坐标值。

根据图 3-11，坐标轴之间的投影余弦的结果为

$$\begin{cases} \cos\theta_{\langle x_s,s\rangle} = \cos\dfrac{\pi}{4} = \dfrac{\sqrt{2}}{2} \\ \cos\theta_{\langle y_t,s\rangle} = \cos\left(\dfrac{\pi}{4}+\dfrac{\pi}{2}\right) = -\dfrac{\sqrt{2}}{2} \\ \cos\theta_{\langle x_s,t\rangle} = \cos\dfrac{\pi}{4} = \dfrac{\sqrt{2}}{2} \\ \cos\theta_{\langle y_t,t\rangle} = \cos\dfrac{\pi}{4} = \dfrac{\sqrt{2}}{2} \end{cases} \tag{3.118}$$

于是，式(3.117)的具体形式为

$$\begin{Bmatrix} s \\ t \end{Bmatrix} = \begin{bmatrix} \dfrac{1}{\sqrt{2}} & \dfrac{-1}{\sqrt{2}} \\ \dfrac{1}{\sqrt{2}} & \dfrac{1}{\sqrt{2}} \end{bmatrix} \begin{Bmatrix} x_s \\ y_t \end{Bmatrix} \tag{3.119}$$

观察 $B$ 点的坐标，有

$$\begin{pmatrix} 1 \\ -1 \end{pmatrix}_{B_{Px_sy_t}} \xrightarrow{\text{绕} P \text{点旋转}} \begin{pmatrix} \sqrt{2} \\ 0 \end{pmatrix}_{B_{Pst}} \tag{3.120}$$

综上分析，原始坐标系 $Oxy$ 经过平移变换成为了 $Px_sy_t$ 坐标系，进一步，经过旋转变换成为了 $Pst$ 坐标系，而客观现实中的 $B$ 点并未发生移动。也就是说，$B$ 点的位置可以采用全局坐标系 $Oxy$ 或者局部坐标系 $Pst$ 描述，两者之间存在一个矩阵变换，即

$$\begin{Bmatrix} s \\ t \end{Bmatrix} = \begin{bmatrix} \dfrac{1}{\sqrt{2}} & \dfrac{-1}{\sqrt{2}} \\ \dfrac{1}{\sqrt{2}} & \dfrac{1}{\sqrt{2}} \end{bmatrix} \begin{Bmatrix} x_s \\ y_t \end{Bmatrix} = \begin{bmatrix} \dfrac{1}{\sqrt{2}} & \dfrac{-1}{\sqrt{2}} \\ \dfrac{1}{\sqrt{2}} & \dfrac{1}{\sqrt{2}} \end{bmatrix} \begin{Bmatrix} x - x_c \\ y - y_c \end{Bmatrix} = \begin{pmatrix} \sqrt{2} \\ 0 \end{pmatrix} \tag{3.121}$$

其中

$$\begin{pmatrix} x \\ y \end{pmatrix}_B = \begin{pmatrix} 2 \\ -2 \end{pmatrix}, \quad \begin{pmatrix} x_c \\ y_c \end{pmatrix}_P = \begin{pmatrix} 1 \\ -1 \end{pmatrix}, \quad \begin{pmatrix} x_s \\ y_t \end{pmatrix}_B = \begin{pmatrix} 1 \\ -1 \end{pmatrix} \tag{3.122}$$

借助矩阵逆变换

$$\begin{bmatrix} \dfrac{1}{\sqrt{2}} & \dfrac{-1}{\sqrt{2}} \\ \dfrac{1}{\sqrt{2}} & \dfrac{1}{\sqrt{2}} \end{bmatrix}^{-1} = \begin{bmatrix} \dfrac{1}{\sqrt{2}} & \dfrac{1}{\sqrt{2}} \\ \dfrac{-1}{\sqrt{2}} & \dfrac{1}{\sqrt{2}} \end{bmatrix} \tag{3.123}$$

式(3.121)也可写成

$$\begin{Bmatrix} x \\ y \end{Bmatrix} = \begin{bmatrix} \dfrac{1}{\sqrt{2}} & \dfrac{1}{\sqrt{2}} \\ \dfrac{-1}{\sqrt{2}} & \dfrac{1}{\sqrt{2}} \end{bmatrix} \begin{Bmatrix} s \\ t \end{Bmatrix} + \begin{Bmatrix} x_c \\ y_c \end{Bmatrix} \tag{3.124}$$

最后的结果为

$$B_{Pst}(\sqrt{2}, 0) \longrightarrow B_{Axy}(2, -2) \tag{3.125}$$

## 3.7 算例分析：平板三角形常应变单元

### 3.7.1 单元划分与节点编号

如图 3－12 所示，长方形薄板按照从左向右的顺序，被依次划分为 12 个三角形单元，以板的前缘边界为底边有 6 个三角形单元，其余 6 个三角形单元以板的后缘边界为底边。编号方案(b)遵循从左向右、逐单元逆时针编号的原则，即短边编号法，因此优于方案(a)。

划分三角形单元之后，首先应考虑以前缘边界为底边的 6 个三角形单元的编号问题，如图 3－12(b)所示的单元 $e_{123}$，单元 $e_{345}$，直至单元 $e_{111213}$。直角坐标系的原点设置在 1 号节点

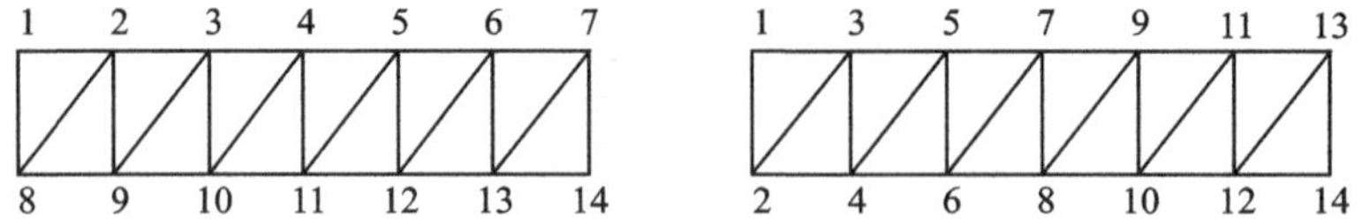


(a) 长边编号法　　(b) 短边编号法

**图 3-12　三角形单元划分及节点编号方法**

位置,水平向右为 $x$ 轴,垂直向上为 $y$ 轴,部分节点的坐标如下所示:

$$\begin{matrix} 1(0,0), & 3(1,0), & 5(2,0) \\ 2(0,-1), & 4(1,-1), & 6(2,-1) \end{matrix} \tag{3.126}$$

式(3.126)中的6个节点构成了4个单元,依次命名为

$$e_{123}\rightarrow\begin{cases}1(0,0)\\2(0,-1)\\3(1,0)\end{cases},\quad e_{243}\rightarrow\begin{cases}2(0,-1)\\4(1,-1)\\3(1,0)\end{cases},\quad e_{345}\rightarrow\begin{cases}3(1,0)\\4(1,-1)\\5(2,0)\end{cases},\quad e_{465}\rightarrow\begin{cases}4(1,-1)\\6(2,-1)\\5(2,0)\end{cases} \tag{3.127}$$

## 3.7.2　薄板内部点位移的表达

平面问题中的三角形单元有3个节点,含6个节点位移分量。

若采用多项式的截断形式来表达三角形单元内部点的位移,至少需要6个参数变量。六参数多项式位移表达式有很多优点:首先,它所刻画的三角形单元是完备的,包含了刚体位移和常应变两种情况;其次,所有的参数变量恰好可以由6个节点位移所决定。也就是说,若采用六参数的多项式位移表达式来描述三角形单元内部点的位移,则可以顺利地将三角形单元内部点的位移表达式转化为节点位移表达式,从而计算得到有限元方法所需的位移插值形函数。特别的,借助形函数还可以完成外部载荷到节点力的等效。

三角形单元的位移表达式如下:

$$\begin{aligned}\begin{Bmatrix}u_x\\u_y\end{Bmatrix}&=\begin{bmatrix}1&x&y&0&0&0\\0&0&0&1&x&y\end{bmatrix}\begin{Bmatrix}\alpha_1\\\alpha_2\\\alpha_3\\\alpha_4\\\alpha_5\\\alpha_6\end{Bmatrix}\\&=\begin{bmatrix}1&x&y&0&0&0\\0&0&0&1&x&y\end{bmatrix}\begin{bmatrix}1&x_1&y_1&0&0&0\\0&0&0&1&x_1&y_1\\1&x_2&y_2&0&0&0\\0&0&0&1&x_2&y_2\\1&x_3&y_3&0&0&0\\0&0&0&1&x_3&y_3\end{bmatrix}^{-1}\begin{Bmatrix}u_{1x}\\u_{1y}\\u_{2x}\\u_{2y}\\u_{3x}\\u_{3y}\end{Bmatrix}\end{aligned} \tag{3.128}$$

## 3.7.3　形函数的计算

基于式(3.128),令

$$
[[\phi_1]\quad[\phi_2]\quad[\phi_3]]=\begin{bmatrix}1&x&y&0&0&0\\0&0&0&1&x&y\end{bmatrix}\begin{bmatrix}1&x_1&y_1&0&0&0\\0&0&0&1&x_1&y_1\\1&x_2&y_2&0&0&0\\0&0&0&1&x_2&y_2\\1&x_3&y_3&0&0&0\\0&0&0&1&x_3&y_3\end{bmatrix}^{-1}\tag{3.129}
$$

计算单元 $e_{123}\rightarrow\begin{cases}1(0,0)\\2(0,-1)\\3(1,0)\end{cases}$ 的形函数，得到

$$
[[\phi_1]\quad[\phi_2]\quad[\phi_3]]\xlongequal{\text{def}}\begin{bmatrix}N_1&0&N_2&0&N_3&0\\0&N_1&0&N_2&0&N_3\end{bmatrix}=\begin{bmatrix}1-x+y&0&-y&0&x&0\\0&1-x+y&0&-y&0&x\end{bmatrix}\tag{3.130}
$$

计算单元 $e_{243}\rightarrow\begin{cases}2(0,-1)\\4(1,-1)\\3(1,0)\end{cases}$ 的形函数，得到

$$
[[\phi_1]\quad[\phi_2]\quad[\phi_3]]\xlongequal{\text{def}}\begin{bmatrix}N_1&0&N_2&0&N_3&0\\0&N_1&0&N_2&0&N_3\end{bmatrix}=\begin{bmatrix}1-x&0&-1+x-y&0&1+y&0\\0&1-x&0&-1+x-y&0&1+y\end{bmatrix}\tag{3.131}
$$

计算单元 $e_{345}\rightarrow\begin{cases}3(1,0)\\4(1,-1)\\5(2,0)\end{cases}$ 的形函数，得到

$$
[[\phi_1]\quad[\phi_2]\quad[\phi_3]]\xlongequal{\text{def}}\begin{bmatrix}N_1&0&N_2&0&N_3&0\\0&N_1&0&N_2&0&N_3\end{bmatrix}=\begin{bmatrix}2-x+y&0&-y&0&-1+x&0\\0&2-x+y&0&-y&0&-1+x\end{bmatrix}\tag{3.132}
$$

计算单元 $e_{465}\rightarrow\begin{cases}4(1,-1)\\6(2,-1)\\5(2,0)\end{cases}$ 的形函数，得到

$$
[[\phi_1]\quad[\phi_2]\quad[\phi_3]]\xlongequal{\text{def}}\begin{bmatrix}N_1&0&N_2&0&N_3&0\\0&N_1&0&N_2&0&N_3\end{bmatrix}=\begin{bmatrix}2-x&0&-2+x-y&0&1+y&0\\0&2-x&0&-2+x-y&0&1+y\end{bmatrix}\tag{3.133}
$$

### 3.7.4 利用坐标变换计算其他单元的形函数

若单元节点编号有某种规律性，则基于坐标变换方法能够快速获得新单元的形函数，从而避免矩阵求逆过程，有效提升了形函数的计算效率。

如图 3-12 所示，对于单元 123 而言，它和单元 345 的几何形状完全相同。在 3 号节点处建立坐标系统 $O'x'y'$，根据矢量表达的唯一性（与坐标系无关），并注意到 $O_{Oxy}(0,0)$、$O'_{Oxy}(x_3,y_3)$、$O'_{O'x'y'}(0,0)$，则

$$\begin{cases}\overrightarrow{OP}=\begin{pmatrix}x\\y\end{pmatrix}\\ \overrightarrow{O'P}=\begin{pmatrix}x'\\y'\end{pmatrix}\\ \overrightarrow{OO'}=\begin{pmatrix}x_3\\y_3\end{pmatrix}\\ \overrightarrow{OP}=\overrightarrow{OO'}+\overrightarrow{O'P}\end{cases}\Rightarrow\begin{pmatrix}x\\y\end{pmatrix}=\begin{pmatrix}x_3\\y_3\end{pmatrix}+\begin{pmatrix}x'\\y'\end{pmatrix}\tag{3.134}$$

其中，$P_{Oxy}(x,y)$ 和 $P_{O'x'y'}(x',y')$ 代表的是不同坐标系所描述的相同位置的点。

整理之后，有

$$\begin{pmatrix}x-x_3\\y-y_3\end{pmatrix}=\begin{pmatrix}x'\\y'\end{pmatrix}\tag{3.135}$$

或

$$\begin{cases}x'=x-1\\y'=y\end{cases}\tag{3.136}$$

注意：式(3.135)等号的左侧代表的是原始坐标系内的矢量表达，等号右侧是新坐标系内的矢量表达，两者显然是一致的。

在新的坐标系内单元 $e_{345}$ 和原坐标系内单元 $e_{123}$ 的地位完全相同，即它们具有相同的形式，仅需要将坐标变量进行替换：

$$[[\phi_1]\quad[\phi_2]\quad[\phi_3]]^{e_{345}}=\begin{bmatrix}1-x'+y' & 0 & -y' & 0 & x' & 0\\0 & 1-x'+y' & 0 & -y' & 0 & x'\end{bmatrix}\tag{3.137}$$

根据坐标变换式(3.136)，返回原坐标系统，结果为

$$[[\phi_1]\quad[\phi_2]\quad[\phi_3]]^{e_{345}}=\begin{bmatrix}2-x+y & 0 & -y & 0 & -1+x & 0\\0 & 2-x+y & 0 & -y & 0 & -1+x\end{bmatrix}\tag{3.138}$$

读者可以验证，基于形函数直接计算所得到的结果和式(3.133)完全一致。

对于单元 465 而言，它和单元 243 的几何形状完全相同。从几何关系来看，式(3.136)的坐标变换仍然适用，因为伴随着 1 号节点平移到 3 号节点的过程，2 号节点自动被平移到 4 号节点，两个单元将重合。

经过坐标变换之后，单元 465 在新坐标系内的形函数具有单元 243 的形式，即

$$[[\phi_1]\quad[\phi_2]\quad[\phi_3]]^{e_{465}}=\begin{bmatrix}1-x' & 0 & -1+x'-y' & 0 & 1+y' & 0\\0 & 1-x' & 0 & -1+x'-y' & 0 & 1+y'\end{bmatrix}\tag{3.139}$$

将式(3.136)代入式(3.139)，返回原坐标系统，结果为

$$[[\phi_1]\quad[\phi_2]\quad[\phi_3]]^{e_{465}}=\begin{bmatrix}2-x & 0 & -2+x-y & 0 & 1+y & 0\\ 0 & 2-x & 0 & -2+x-y & 0 & 1+y\end{bmatrix}\tag{3.140}$$

对于单元 243 而言，绕着 4 号节点旋转 180°之后，它与单元 123 的几何形状完全相同。也就是说，将原坐标原点从 1 号节点移动到 4 号节点，然后绕着 4 号节点旋转 180°，那么单元 243 和单元 123 是完全重合的。但要注意，此时节点对应关系为

$$\begin{cases}1\to 4\\ 2\to 3\\ 3\to 2\end{cases}\quad 或\quad \begin{cases}2\to 3\\ 4\to 1\\ 3\to 2\end{cases}\tag{3.141}$$

平移坐标系之后，新旧坐标系之间的关系为

$$\begin{pmatrix}x\\ y\end{pmatrix}-\begin{pmatrix}x_c\\ y_c\end{pmatrix}=\begin{pmatrix}x''\\ y''\end{pmatrix}\tag{3.142}$$

写成矩阵形式则为

$$\begin{pmatrix}x''\\ y''\end{pmatrix}=\begin{bmatrix}1 & 0\\ 0 & 1\end{bmatrix}\begin{pmatrix}x\\ y\end{pmatrix}-\begin{pmatrix}+1\\ -1\end{pmatrix}\tag{3.143}$$

其中，4 号节点的坐标值为

$$\begin{pmatrix}x_c\\ y_c\end{pmatrix}=\begin{pmatrix}+1\\ -1\end{pmatrix}\tag{3.144}$$

此时，2，3，4 号节点的位置坐标分别有两种表述，即

$$\begin{pmatrix}x_2\\ y_2\end{pmatrix}=\begin{pmatrix}0\\ -1\end{pmatrix},\quad \begin{pmatrix}x''_2\\ y''_2\end{pmatrix}=\begin{pmatrix}-1\\ 0\end{pmatrix}\tag{3.145}$$

$$\begin{pmatrix}x_3\\ y_3\end{pmatrix}=\begin{pmatrix}1\\ 0\end{pmatrix},\quad \begin{pmatrix}x''_3\\ y''_3\end{pmatrix}=\begin{pmatrix}0\\ 1\end{pmatrix}\tag{3.146}$$

$$\begin{pmatrix}x_4\\ y_4\end{pmatrix}=\begin{pmatrix}1\\ -1\end{pmatrix},\quad \begin{pmatrix}x''_4\\ y''_4\end{pmatrix}=\begin{pmatrix}0\\ 0\end{pmatrix}\tag{3.147}$$

绕着 4 号节点旋转 180°的坐标旋转规律为

$$\begin{Bmatrix}x'\\ y'\end{Bmatrix}=\begin{bmatrix}\cos\theta_{\langle x,\tilde{x}\rangle} & \cos\theta_{\langle y,\tilde{x}\rangle}\\ \cos\theta_{\langle x,\tilde{y}\rangle} & \cos\theta_{\langle y,\tilde{y}\rangle}\end{bmatrix}\begin{Bmatrix}x''\\ y''\end{Bmatrix}\tag{3.148}$$

其中，$\theta_{\langle x,\tilde{x}\rangle}$，$\theta_{\langle y,\tilde{x}\rangle}$，$\theta_{\langle x,\tilde{y}\rangle}$，$\theta_{\langle y,\tilde{y}\rangle}$代表旋转前后坐标轴之间的夹角，它们都是正值。

将式(3.143)代入式(3.148)，化简之后得

$$\begin{aligned}\begin{Bmatrix}x'\\ y'\end{Bmatrix}&=\begin{bmatrix}-1 & 0\\ 0 & -1\end{bmatrix}\left(\begin{bmatrix}1 & 0\\ 0 & 1\end{bmatrix}\begin{pmatrix}x\\ y\end{pmatrix}-\begin{pmatrix}+1\\ -1\end{pmatrix}\right)\\ &=\begin{bmatrix}-1 & 0\\ 0 & -1\end{bmatrix}\begin{pmatrix}x\\ y\end{pmatrix}+\begin{pmatrix}+1\\ -1\end{pmatrix}\end{aligned}\tag{3.149}$$

或

$$\begin{cases}x'=-x+1\\ y'=-y-1\end{cases}\tag{3.150}$$

经过上述坐标变换之后，单元 243 在新坐标系内的形函数具有单元 312 的形式，而非单元

123 的形式，即

$$\begin{bmatrix}1-x'+y' & 0 & -y' & 0 & x' & 0\\ 0 & 1-x'+y' & 0 & -y' & 0 & x'\end{bmatrix}^{e_{123}} \rightarrow$$

$$\begin{bmatrix}x' & 0 & 1-x'+y' & 0 & -y' & 0\\ 0 & x' & 0 & 1-x'+y' & 0 & -y'\end{bmatrix}^{e_{312}} \tag{3.151}$$

将式(3.150)代入式(3.151)，最后的结果是

$$[[\phi_1]\quad[\phi_2]\quad[\phi_3]]^{e_{243}}=\begin{bmatrix}1-x & 0 & -1+x-y & 0 & 1+y & 0\\ 0 & 1-x & 0 & -1+x-y & 0 & 1+y\end{bmatrix} \tag{3.152}$$

不难发现，式(3.152)的结果和之前的式(3.131)的结果是完全一致的。

结论：基于单元 123 的形函数，利用坐标变换的方式，很容易就能得到其他单元的形函数。以上公式的计算便于通过编程实现，从而极大地减少计算时间。

## 3.7.5　应变的计算

不同学科的教科书中，往往对记号有着不同的约定。在微积分教程或张量分析教程中，若下标含有坐标字母，则意味着求导数，如

$$\begin{cases}F_x(x,y,t)\overset{\text{def}}{=\!=}\dfrac{\partial}{\partial x}F(x,y,t)\\[2ex] F_{xy}(x,y,t)\overset{\text{def}}{=\!=}\dfrac{\mathrm{d}^2}{\partial x\partial y}F(x,y,t)\end{cases} \tag{3.153}$$

在流体力学教科书中，描述三维空间流动的速度矢量常以分量形式呈现，但有两种不同的记法，分别为

$$\vec{V}=\begin{Bmatrix}u\\ v\\ w\end{Bmatrix},\quad \vec{V}=\begin{Bmatrix}V_x\\ V_y\\ V_z\end{Bmatrix} \tag{3.154}$$

其中，$V_x$，$V_y$，$V_z$ 是速度投影分量，而不是坐标的导数。

本书摒弃下标为导数的记法，单元内部点位移矢量可记作

$$\vec{u}=\begin{Bmatrix}u\\ v\end{Bmatrix}\quad 或\quad \vec{u}=\begin{Bmatrix}u_x\\ u_y\end{Bmatrix} \tag{3.155}$$

利用插值函数，单元内部点位移矢量是节点位移的线性组合形式，即

$$\begin{Bmatrix}u_x\\ u_y\end{Bmatrix}=\begin{bmatrix}N_1 & 0 & N_2 & 0 & N_3 & 0\\ 0 & N_1 & 0 & N_2 & 0 & N_3\end{bmatrix}\begin{Bmatrix}u_{1x}\\ u_{1y}\\ u_{2x}\\ u_{2y}\\ u_{3x}\\ u_{3y}\end{Bmatrix}^{e} \tag{3.156}$$

或

$$\begin{Bmatrix} u \\ v \end{Bmatrix} = \begin{bmatrix} N_1 & 0 & N_2 & 0 & N_3 & 0 \\ 0 & N_1 & 0 & N_2 & 0 & N_3 \end{bmatrix} \begin{Bmatrix} u_1 \\ v_1 \\ u_2 \\ v_2 \\ u_3 \\ v_3 \end{Bmatrix}^e \tag{3.157}$$

对式(3.157)两侧同时关于坐标求偏导数，得到

$$\begin{Bmatrix} \dfrac{\partial u}{\partial x} \\ \dfrac{\partial v}{\partial x} \end{Bmatrix} = \begin{bmatrix} \dfrac{\partial N_1}{\partial x} & 0 & \dfrac{\partial N_2}{\partial x} & 0 & \dfrac{\partial N_3}{\partial x} & 0 \\ 0 & \dfrac{\partial N_1}{\partial x} & 0 & \dfrac{\partial N_2}{\partial x} & 0 & \dfrac{\partial N_3}{\partial x} \end{bmatrix} \begin{Bmatrix} u_1 \\ v_1 \\ u_2 \\ v_2 \\ u_3 \\ v_3 \end{Bmatrix}^e \tag{3.158}$$

和

$$\begin{Bmatrix} \dfrac{\partial u}{\partial y} \\ \dfrac{\partial v}{\partial y} \end{Bmatrix} = \begin{bmatrix} \dfrac{\partial N_1}{\partial y} & 0 & \dfrac{\partial N_2}{\partial y} & 0 & \dfrac{\partial N_3}{\partial y} & 0 \\ 0 & \dfrac{\partial N_1}{\partial y} & 0 & \dfrac{\partial N_2}{\partial y} & 0 & \dfrac{\partial N_3}{\partial y} \end{bmatrix} \begin{Bmatrix} u_1 \\ v_1 \\ u_2 \\ v_2 \\ u_3 \\ v_3 \end{Bmatrix}^e \tag{3.159}$$

其中，节点位移看作常数或时间的函数。

根据材料力学的知识，应变表达式作为位移的偏导数可表示为

$$\begin{Bmatrix} \varepsilon_x \\ \varepsilon_y \\ \gamma_{xy} \end{Bmatrix} = \begin{Bmatrix} \dfrac{\partial u}{\partial x} \\ \dfrac{\partial v}{\partial y} \\ \dfrac{\partial u}{\partial y} + \dfrac{\partial v}{\partial x} \end{Bmatrix} = [B] \begin{Bmatrix} u_1 \\ v_1 \\ u_2 \\ v_2 \\ u_3 \\ v_3 \end{Bmatrix}^e \tag{3.160}$$

其中，矩阵 $[B]$ 定义为

$$[B] = \begin{bmatrix} \dfrac{\partial N_1}{\partial x} & 0 & \dfrac{\partial N_2}{\partial x} & 0 & \dfrac{\partial N_3}{\partial x} & 0 \\ 0 & \dfrac{\partial N_1}{\partial y} & 0 & \dfrac{\partial N_2}{\partial y} & 0 & \dfrac{\partial N_3}{\partial y} \\ \dfrac{\partial N_1}{\partial y} & \dfrac{\partial N_1}{\partial x} & \dfrac{\partial N_2}{\partial y} & \dfrac{\partial N_2}{\partial x} & \dfrac{\partial N_3}{\partial y} & \dfrac{\partial N_3}{\partial x} \end{bmatrix} \tag{3.161}$$

(1) 单元 $e_{123}$ 的应变分析

根据前文，已知单元 $e_{123}$ 的插值矩阵表达式为

$$\begin{bmatrix} N_1 & 0 & N_2 & 0 & N_3 & 0 \\ 0 & N_1 & 0 & N_2 & 0 & N_3 \end{bmatrix} = \begin{bmatrix} 1-x+y & 0 & -y & 0 & x & 0 \\ 0 & 1-x+y & 0 & -y & 0 & x \end{bmatrix} \tag{3.162}$$

基于 Maple 程序的计算结果如下：

$$[B]^{e_{123}}=\begin{bmatrix}-1 & 0 & 0 & 0 & 1 & 0\\ 0 & 1 & 0 & -1 & 0 & 0\\ 1 & -1 & -1 & 0 & 0 & 1\end{bmatrix}\tag{3.163}$$

基于前文的理论公式，有

$$[B]^{e_{123}}=\frac{1}{2\Delta}\begin{bmatrix}b_1 & 0 & b_2 & 0 & b_3 & 0\\ 0 & c_1 & 0 & c_2 & 0 & c_3\\ c_1 & b_1 & c_2 & b_2 & c_3 & b_3\end{bmatrix}\tag{3.164}$$

其中，$\Delta$ 是三角形单元的面积；$b_i,c_i,i=1,2,3$ 含义见前文。

读者可以自行验证两种方法计算结果的一致性。

(2) 单元 $e_{243}$ 的应变分析

基于 Maple 程序的计算结果如下：

$$[B]^{e_{243}}=\begin{bmatrix}-1 & 0 & 1 & 0 & 0 & 0\\ 0 & 0 & 0 & -1 & 0 & 1\\ 0 & -1 & -1 & 1 & 1 & 0\end{bmatrix}\tag{3.165}$$

(3) 单元 $e_{345}$ 的应变分析

基于 Maple 程序的计算结果如下：

$$[B]^{e_{345}}=\begin{bmatrix}-1 & 0 & 0 & 0 & 1 & 0\\ 0 & 1 & 0 & -1 & 0 & 0\\ 1 & -1 & -1 & 0 & 0 & 1\end{bmatrix}\tag{3.166}$$

(4) 单元 $e_{465}$ 应变分析

基于 Maple 程序的计算结果如下：

$$[B]^{e_{465}}=\begin{bmatrix}-1 & 0 & 1 & 0 & 0 & 0\\ 0 & 0 & 0 & -1 & 0 & 1\\ 0 & -1 & -1 & 1 & 1 & 0\end{bmatrix}\tag{3.167}$$

计算结果表明：常应变三角形单元 $e_{123}$ 平移到单元 $e_{345}$ 之后，几何矩阵不变。同样的情况，单元 243 和单元 465 也拥有相同的几何矩阵。该结论表明，随着单元划分数目的增加，几何矩阵的计算量并不会显著增加。

## 3.7.6 应力的计算

如前文所述，平面问题有平面应力和平面应变之分，它们皆起源于空间问题的简化。

对于薄板拉伸(应力)问题，满足条件

$$\begin{cases}\sigma_z=0\\ \tau_{xz}=\tau_{zx}=0\\ \tau_{yz}=\tau_{zy}=0\end{cases}\tag{3.168}$$

对于水坝侧压(应变)问题，满足条件

$$\begin{cases}\varepsilon_z=0\\ \gamma_{xz}=\gamma_{zx}=0\\ \gamma_{yz}=\gamma_{zy}=0\end{cases}\tag{3.169}$$

在平面应力问题中，弹性矩阵[D]的形式为

$$[D]=\frac{E}{1-\mu^2}\begin{bmatrix}1 & \mu & 0\\ \mu & 1 & 0\\ 0 & 0 & \dfrac{1-\mu}{2}\end{bmatrix} \tag{3.170}$$

应力矩阵[S]的形式为

$$[S]\stackrel{\text{def}}{=\!=}[D]\ [B]=\frac{E}{2\Delta(1-\mu^2)}\begin{bmatrix}1 & \mu & 0\\ \mu & 1 & 0\\ 0 & 0 & \dfrac{1-\mu}{2}\end{bmatrix}\begin{bmatrix}b_i & 0 & b_j & 0 & b_m & 0\\ 0 & c_i & 0 & c_j & 0 & c_m\\ c_i & b_i & c_j & b_j & c_m & b_m\end{bmatrix}$$

$$=\frac{E}{2\Delta(1-\mu^2)}\begin{bmatrix}b_i & \mu c_i & b_j & \mu c_j & b_m & \mu c_m\\ \mu b_i & c_i & \mu b_j & c_j & \mu b_m & c_m\\ \dfrac{1-\mu}{2}c_i & \dfrac{1-\mu}{2}b_i & \dfrac{1-\mu}{2}c_j & \dfrac{1-\mu}{2}b_j & \dfrac{1-\mu}{2}c_m & \dfrac{1-\mu}{2}b_m\end{bmatrix} \tag{3.171}$$

在平面应变问题中，弹性矩阵[D]的形式为

$$[D]=\frac{E^*}{1-\mu^{*2}}\begin{bmatrix}1 & \mu^* & 0\\ \mu^* & 1 & 0\\ 0 & 0 & \dfrac{1-\mu^*}{2}\end{bmatrix}$$

$$=\frac{\dfrac{E}{(1+\mu)(1-\mu)}}{1-\left(\dfrac{\mu}{1-\mu}\right)^2}\begin{bmatrix}1 & \dfrac{\mu}{1-\mu} & 0\\ \dfrac{\mu}{1-\mu} & 1 & 0\\ 0 & 0 & \dfrac{1-\dfrac{\mu}{1-\mu}}{2}\end{bmatrix}$$

$$=\frac{E(1-\mu)}{(1+\mu)(1-2\mu)}\begin{bmatrix}1 & \dfrac{\mu}{1-\mu} & 0\\ \dfrac{\mu}{1-\mu} & 1 & 0\\ 0 & 0 & \dfrac{1-2\mu}{2(1-\mu)}\end{bmatrix} \tag{3.172}$$

其中

$$\begin{cases}\mu^*\stackrel{\text{def}}{=\!=}\dfrac{\mu}{1-\mu}\\ E^*\stackrel{\text{def}}{=\!=}\dfrac{E}{(1+\mu)(1-\mu)}\end{cases} \tag{3.173}$$

将式(3.172)代入式(3.171)，即可得到平面应变问题中的应力矩阵[$S^*$]。请读者自行计算，这里不再给出计算过程。

## 3.7.7 单元刚度矩阵的计算

根据前文，外力虚功的表达式可写作

$$\{\delta\}^{eT}\{F\}^{e}=\{\delta\}^{eT}\left\{[N_c]^{T}\{G_c\}+\int_S [N]^{T}\{q\}t\mathrm{d}s+\iint_V [N]^{T}\{X\}t\mathrm{d}x\mathrm{d}y\right\}^{e} \tag{3.174}$$

将式(3.174)等号左侧详细写出，形式为

$$\{\delta\}^{eT}\{F\}^{e}=\{u_1\quad v_1\quad u_2\quad v_2\quad u_3\quad v_3\}^{e}\begin{Bmatrix} f_1\\ g_1\\ f_2\\ g_2\\ f_3\\ g_3\end{Bmatrix}^{e} \tag{3.175}$$

平面三角形单元内部应力在虚应变上所做的功为

$$\begin{aligned}\iint_S \{\delta^*\}^{T}\{\sigma\}t\mathrm{d}x\mathrm{d}y &= \iint_S ([B]\{\delta^*\}^{e})^{T}[D][B]\{\delta\}^{e}t\mathrm{d}x\mathrm{d}y\\ &=\{\delta^*\}^{eT}\left(\iint_S [B]^{T}[D][B]t\mathrm{d}x\mathrm{d}y\right)\{\delta\}^{e}\end{aligned} \tag{3.176}$$

其中，$t$ 是板厚。

根据能量守恒定律，考虑到虚位移的任意性，必有

$$\begin{Bmatrix} f_1\\ g_1\\ f_2\\ g_2\\ f_3\\ g_3\end{Bmatrix}^{e}=\left(\iint_S [B]^{T}[D][B]t\mathrm{d}x\mathrm{d}y\right)\begin{Bmatrix} u_1\\ v_1\\ u_2\\ v_2\\ u_3\\ v_3\end{Bmatrix}^{e} \tag{3.177}$$

定义三角形单元刚度矩阵为

$$[K]=\iint_S [B]^{T}[D][B]t\mathrm{d}x\mathrm{d}y \tag{3.178}$$

当平面三角形单元属于等厚度、常应变完备单元时，将式(3.176)进一步简化为

$$[K]=[B]^{T}[D][B]t\cdot\Delta \tag{3.179}$$

其中，$\Delta$ 是三角形单元的面积。

观察式(3.179)不难发现，系统的刚度矩阵与系统的外载荷的大小与类型皆无关。

注意：刚度矩阵反映的是系统的固有特性，它仅和材料的泊松比、弹性模量有关。

## 3.7.8 整体刚度矩阵的计算

以矩形板双三角形单元 $e_{123}$ 和单元 $e_{243}$ 的合并为例。

首先，分别拓展它们的刚度矩阵方程

$$\begin{Bmatrix} f_1 \\ g_1 \\ f_2 \\ g_2 \\ f_3 \\ g_3 \\ 0 \\ 0 \end{Bmatrix}^{e_{123}} = \begin{bmatrix} [K_{11}] & [K_{12}] & [K_{13}] & [\theta] \\ [K_{21}] & [K_{22}] & [K_{23}] & [\theta] \\ [K_{31}] & [K_{32}] & [K_{33}] & [\theta] \\ [\theta] & [\theta] & [\theta] & [\theta] \end{bmatrix}^{e_{123}} \begin{Bmatrix} u_1 \\ v_1 \\ u_2 \\ v_2 \\ u_3 \\ v_3 \\ u_4 \\ v_4 \end{Bmatrix}^{e_{123}} \tag{3.180}$$

和

$$\begin{Bmatrix} 0 \\ 0 \\ f_2 \\ g_2 \\ f_4 \\ g_4 \\ f_3 \\ g_3 \end{Bmatrix}^{e_{243}} = \begin{bmatrix} [\theta] & [\theta] & [\theta] & [\theta] \\ [\theta] & [K_{11}] & [K_{12}] & [K_{13}] \\ [\theta] & [K_{21}] & [K_{22}] & [K_{23}] \\ [\theta] & [K_{31}] & [K_{32}] & [K_{33}] \end{bmatrix}^{e_{243}} \begin{Bmatrix} u_1 \\ v_1 \\ u_2 \\ v_2 \\ u_4 \\ v_4 \\ u_3 \\ v_3 \end{Bmatrix}^{e_{243}} \tag{3.181}$$

调整式(3.181)的顺序，有

$$\begin{Bmatrix} 0 \\ 0 \\ f_2 \\ g_2 \\ f_3 \\ g_3 \\ f_4 \\ g_4 \end{Bmatrix}^{e_{234}} = \begin{bmatrix} [\theta] & [\theta] & [\theta] & [\theta] \\ [\theta] & [K_{11}] & [K_{13}] & [K_{12}] \\ [\theta] & [K_{31}] & [K_{33}] & [K_{32}] \\ [\theta] & [K_{21}] & [K_{23}] & [K_{22}] \end{bmatrix}^{e_{234}} \begin{Bmatrix} u_1 \\ v_1 \\ u_2 \\ v_2 \\ u_3 \\ v_3 \\ u_4 \\ v_4 \end{Bmatrix}^{e_{234}} \tag{3.182}$$

其中，$[K_{ij}]$ 和 $[\theta]$ 都是 $\mathbf{R}^{2\times 2}$ 形式的矩阵；刚度矩阵元素的下标代表的是单元节点在局部坐标系内的编号，它们按逆时针编号，而非真实的物理节点序号。

将式(3.180)和式(3.182)相加，得到的就是整体刚度矩阵方程。至此就完成了位移矩阵方程的数学建模工作，即

$$\{F\} = [K]\{\delta\} \tag{3.183}$$

其中，等号左侧是节点力的合成，包含了约束力边界条件；等号右侧是系统的整体刚度矩阵和全部的位移分量的列矩阵，包含了已知的位移边界条件。

关于式(3.183)的求解问题，以及基于 ANSYS 软件的求解计算问题，这里不再赘述。感兴趣的读者可以参考其他有限元书籍。

## 3.8　本章习题

如图 3－13 所示，三角形薄板的节点坐标已经给出，厚度 $t=25.4$ mm，泊松比 $v=0.25$，

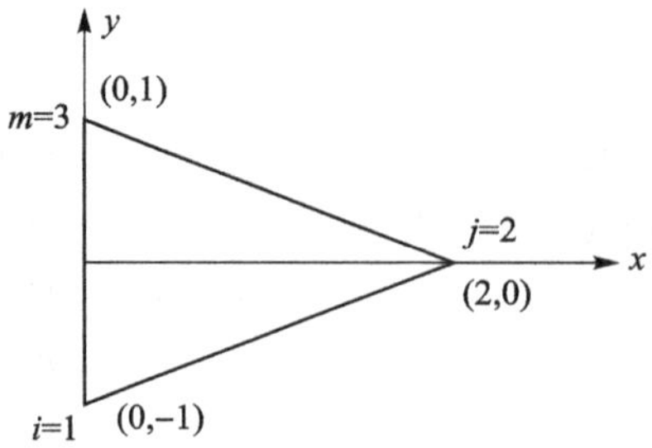


**图 3-13　三角形板单元**

弹性模量 $E=206\ 842.71$ MPa。位移信息如下(单位：mm)：

$$\{\delta\}=\begin{Bmatrix}u_1\\v_1\\u_2\\v_2\\u_3\\v_3\end{Bmatrix}=\begin{Bmatrix}0.0\\0.063\ 5\\0.030\ 48\\0.0\\0.0\\0.063\ 5\end{Bmatrix}\tag{3.184}$$

请利用符号计算机软件，尝试编程实现：

① 计算薄板的刚度矩阵；

② 计算板的应力。

提示：① 若采用英国单位制，厚度为 $t=1$ inch[①]，$E=30\times10^6$ psi[②]。② 采用常应变三角形单元法。

注：① 1 inch=2.54 cm；② 1 psi≈6.895 kPa。

# 第4章　梁的弯曲问题

## 4.1　飞机梁模型

大家熟悉的民用客机、运输机等机翼结构有时被简化为等截面或变截面的薄板模型，相比战斗机的机翼，它们具有很大的展弦比(展长与平均弦长的比值)，如波音737的展弦比大约是8.83。一般来说，当机翼模型的展弦比大于6，即可近似地将其看作一系列杆单元的拼接。此外，无人机桨叶、风力发电机的桨叶都可以被近似看作梁模型。

部分教科书不单独讨论梁模型，而将其看作平面杆件系统的一种特殊形式。平面杆件系统指的是很多不同方向的杆件按照一定的方式链接而成，包括载荷在内，共同构成了一个平面内系统。从杆件中取出一个微元段，简称梁单元。

飞机梁模型通常可分为单梁模型和多梁模型。

飞机机翼的几何形状有很多种，如后掠翼和平直机翼，以及三角翼、菱形翼等。如图4-1所示的机翼模型带有明显的后掠角，适合于高亚声速或跨声速飞行，能有效地减少激波产生的影响，但是要以损失低速飞行区间的良好性能为代价，即诱导阻力增大，因此增大升力时需要更大的迎角。低速飞行器常采用平直机翼模型，如图4-2所示，机翼模型无明显的后掠角，平面形状可以是矩形或梯形，具有结构简单、制造容易，产生升力的效率优于后掠机翼的特点。平直机翼的飞行阻力也较大，升力分布使得翼根处的应力较大。因此，平直机翼一般都带有一定的锥度，以改善升力的分布，降低翼根的应力。

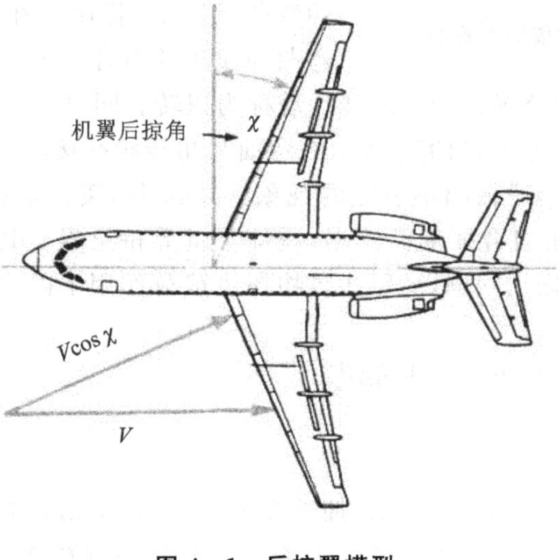


图4-1　后掠翼模型

以平直翼梁模型的研究为例，坐标原点设置在机翼弹性轴和机身的连接处，$x$ 轴默认为来流方向，右侧翼展(弹性轴)方向为坐标系的 $y$ 轴，按右手法则确定垂直方向为 $z$ 轴。平直机

图 4-2　平直机翼模型

翼梁模型在气动载荷作用下，向机翼的根部发生弯曲变形，使得翼根结构承受较大的应力。

# 4.2　梁模型力学问题

运用数学手段分析机翼梁模型的弯曲问题时，常采用 $Oxy$ 坐标系统。如图 4-3 所示，它刻画了梁单元的受力分析情况，抽象成数学模型之后，还可以讨论轴向力与轴向位移的情况。需要注意，翼展方向采用的是 $x$ 轴，升力方向或挠度曲线的正方向采用的是 $y$ 轴。机翼根部单元的左节点应满足固支条件，没有线位移，也没有转角位移。

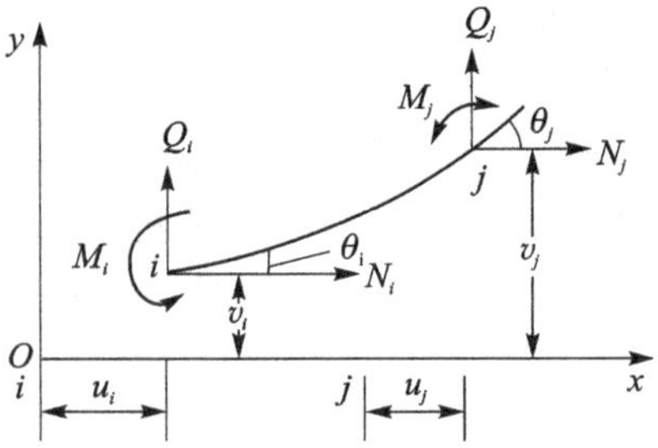


图 4-3　梁单元数学模型示意图

不考虑轴向变形的情况时，在横向载荷的作用下，机翼表面的压力分布会产生一个绕着机翼根部的旋转力矩，构成了平面内的弯曲问题。在弯曲的过程中，所有的梁单元产生的纵向（$y$ 轴）位移称为挠曲线 $w(x)$。基于小变形的假设，挠曲线 $w(x)$ 的偏导数 $\dfrac{\partial w(x)}{\partial x}$ 对应于图 4-3 中的 $\theta$ 角。在梁的弯曲过程中，若还存在轴向力的作用，则会产生弯曲与拉压的组合变形。若机翼被看作板模型，在气动载荷的作用下产生的绕弹性轴的旋转运动称为扭转。同时存在弯曲和扭转组合变形的机翼是导致飞行事故的潜在原因，研究表明：在弯曲和扭转频率接近的情况下，机翼结构容易发生颤振，这是一种等幅振荡或振幅不衰减的现象。1940 年，美国塔科马海峡大桥在低风速作用下发生了长时间的弯扭组合振动而倒塌，震惊了世界桥梁界。其实，组合振动问题普遍存在，如高铁运营中的力学振动问题，高层建筑物在风载荷作用下的力学振动问题等，都可以归结为气动弹性现象。

机翼板模型的情况将在下一章中介绍。

## 4.2.1　自由度

如图 4-3 所示，平面梁模型单元 $e_{ij}$ 拥有 2 个节点，每个节点处有 3 个自由度，包括两组线位移 $u_i,u_j,v_i,v_j$ 和一组角位移 $\theta_i,\theta_j$。该单元受到轴向载荷 $N_i,N_j$，剪切力 $Q_i,Q_j$，以及弯矩 $M_i,M_j$ 的作用。

按照有限元理论，节点力的正向选择和坐标轴的正方向一致，力矩逆时针为正。

### 4.2.2　局部坐标系

如图 4-4 所示，梁单元绕 1 号节点转动时，2 号节点将离开 $x$ 轴。为了研究的方便，沿着当前梁单元的轴线设置新的坐标横轴是必要的。根据投影原理，坐标系之间的变换规律为

$$\begin{Bmatrix} x' \\ y' \end{Bmatrix} = \begin{bmatrix} \cos\theta_{\langle x,x'\rangle} & \cos\theta_{\langle y,x'\rangle} \\ \cos\theta_{\langle x,y'\rangle} & \cos\theta_{\langle y,y'\rangle} \end{bmatrix} \begin{Bmatrix} x \\ y \end{Bmatrix} \tag{4.1}$$

整理之后，有

$$\begin{Bmatrix} x' \\ y' \end{Bmatrix} = \begin{bmatrix} \cos\theta & \sin\theta \\ -\sin\theta & \cos\theta \end{bmatrix} \begin{Bmatrix} x \\ y \end{Bmatrix} \tag{4.2}$$

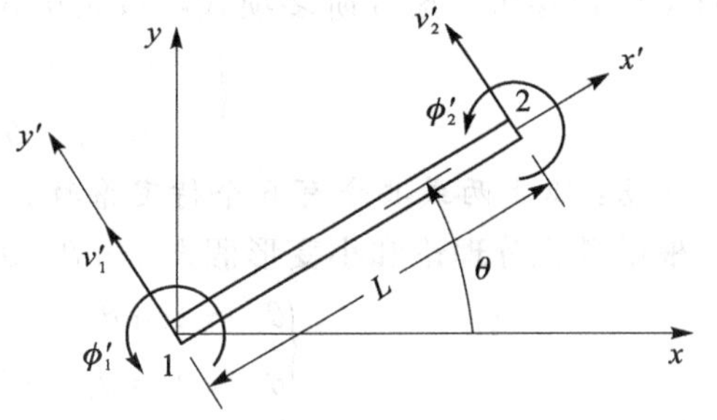

图 4-4　平面梁单元

坐标旋转使得现实空间点同时拥有了两套坐标表达式。如图 4-4 所示，假设旋转角 $\theta=\dfrac{\pi}{2}$，$P$ 是空间内任意点，它在全局坐标系中的坐标为 $P(\sqrt{2},0)_{Oxy}$，根据式(4.2)，它在局部坐标系中的坐标为 $(+1,-1)_{O'x'y'}$。反过来，若已知局部坐标系内坐标，利用 $\theta=\dfrac{\pi}{4}$ 的逆形式，可以得到全局坐标系中的位置，即

$$\begin{Bmatrix} x \\ y \end{Bmatrix} = \begin{bmatrix} \cos\theta & \sin\theta \\ -\sin\theta & \cos\theta \end{bmatrix}^{-1} \begin{Bmatrix} x' \\ y' \end{Bmatrix} = \begin{bmatrix} \cos\theta & -\sin\theta \\ \sin\theta & \cos\theta \end{bmatrix} \begin{Bmatrix} x' \\ y' \end{Bmatrix} = \begin{Bmatrix} \sqrt{2} \\ 0 \end{Bmatrix} \tag{4.3}$$

请读者自行对照图 4-4，验证上述结果的正确性。

一般来说，局部坐标系和全局坐标系的原点不会重合。因此，有必要研究坐标平移变换之后的等价关系。

若坐标系 $O''x''y''$ 相对全局坐标系有一个横向的移动，坐标原点由 $O(0,0)_{Oxy}$ 移动到 $O''(x_c,y_c)_{Oxy}$，坐标轴与原始坐标轴之间保持平行关系，称为坐标系的平移。根据矢量的不变形

$$(\overrightarrow{OP})_{Oxy} = (\overrightarrow{OO''})_{Oxy} + (\overrightarrow{O''P})_{O''x''y''}$$

立即有

$$\begin{Bmatrix} x \\ y \end{Bmatrix} = \begin{Bmatrix} x_c \\ y_c \end{Bmatrix} + \begin{Bmatrix} x'' \\ y'' \end{Bmatrix} \tag{4.4}$$

其中，$P_{Oxy}(x,y)=P_{O''x''y''}(x'',y'')$，是平面内的任意点。

综上所述，有

$$\begin{Bmatrix} x'' \\ y'' \end{Bmatrix} = \begin{Bmatrix} x \\ y \end{Bmatrix} - \begin{Bmatrix} x_c \\ y_c \end{Bmatrix} \quad (\text{坐标平移}) \tag{4.5}$$

和

$$\begin{Bmatrix} x' \\ y' \end{Bmatrix} = \begin{bmatrix} \cos\theta & \sin\theta \\ -\sin\theta & \cos\theta \end{bmatrix} \begin{Bmatrix} x'' \\ y'' \end{Bmatrix} \quad (\text{坐标旋转}) \tag{4.6}$$

回到图 4-3，可以发现梁单元的左节点由于运动而到达新的位置 $(u_i,v_i)$，同时梁单元还存在一个弯曲引起的角位移，使得梁单元的右节点从 $(u_i+L,v_i)$ 变动到 $(u_j,v_j)$。

### 4.2.3　节点位移假设

根据泰勒展式理论，具有无限光滑性质的位移函数能用多项式级数的形式表达。注意到

平面梁模型有 2 个节点，每个节点拥有 3 个自由度，采用合理的截断形式的多项式级数表达式，不仅有助于问题的简化，而且还能保证计算的精度。

进一步分析，梁的弯曲问题中的纵向挠度位移相比轴向位移而言，非线性程度更高。只要梁单元的长度足够小，根据微积分理论，沿 $x$ 轴的线位移可近似看作线性函数

$$\begin{cases} u_i \approx a_0 + a_1 x_i \\ u_j \approx a_0 + a_1 x_j \end{cases} \tag{4.7}$$

纵向 $y$ 轴位移可考虑 3 阶多项式函数表达式，形式为

$$\begin{cases} v_i \approx b_0 + b_1 x_i + b_2 x_i^2 + b_3 x_i^3 \\ v_j \approx b_0 + b_1 x_j + b_2 x_j^2 + b_3 x_j^3 \end{cases} \tag{4.8}$$

注意：以上两式共含有 6 个待定系数。

根据微积分理论和小变形假设 $\tan\theta \approx \theta$，梁弯曲所导致的转角为

$$\begin{cases} \theta_i \approx \tan\theta_i = v_i' = b_1 + 2b_2 x_i + 3b_3 x_i^2 \\ \theta_j \approx \tan\theta_j = v_j' = b_1 + 2b_2 x_j + 3b_3 x_j^2 \end{cases} \tag{4.9}$$

综上所述，梁单元多项式节点位移表达法的矩阵形式为

$$\begin{Bmatrix} u_i \\ v_i \\ \theta_i \\ u_j \\ v_j \\ \theta_j \end{Bmatrix} = \begin{bmatrix} 1 & 0 & 0 & x_i & 0 & 0 \\ 0 & 1 & x_i & 0 & x_i^2 & x_i^3 \\ 0 & 0 & 1 & 0 & 2x_i & 3x_i^2 \\ 1 & 0 & 0 & x_j & 0 & 0 \\ 0 & 1 & x_j & 0 & x_j^2 & x_j^3 \\ 0 & 0 & 1 & 0 & 2x_j & 3x_j^2 \end{bmatrix} \begin{Bmatrix} a_0 \\ b_0 \\ b_1 \\ a_1 \\ b_2 \\ b_3 \end{Bmatrix} \tag{4.10}$$

注意：式(4.10)等号左侧的节点列矩阵是一个常数矩阵，它由节点边界条件所决定。

## 4.3 梁单元位移表达式

对于梁单元内部的点位移而言，它有以下两种表达方式。

### 4.3.1 多项式表示法

梁单元内部点位移是坐标的连续函数，可采用截断形式的多项式级数进行表达，即

$$\begin{Bmatrix} u \\ v \\ \theta \end{Bmatrix} = \begin{bmatrix} 1 & 0 & 0 & x & 0 & 0 \\ 0 & 1 & x & 0 & x^2 & x^3 \\ 0 & 0 & 1 & 0 & 2x & 3x^2 \end{bmatrix} \begin{Bmatrix} a_0 \\ b_0 \\ b_1 \\ a_1 \\ b_2 \\ b_3 \end{Bmatrix} \tag{4.11}$$

### 4.3.2 节点位移表示法

节点位移表示法也称为位移插值形函数法，即

$$\begin{Bmatrix} u \\ v \\ \theta \end{Bmatrix} = [[\phi_1] \quad [\phi_2] \quad [\phi_3]] \begin{Bmatrix} u_i \\ v_i \\ \theta_i \\ u_j \\ v_j \\ \theta_j \end{Bmatrix} \tag{4.12}$$

为了更好地理解式(4.11)的含义,可以试想,船在水中行,船舱中乘客的体验完全是由船头和船尾的状态所决定的。

### 4.3.3　梁单元形函数

将式(4.10)代入式(4.12),然后与式(4.11)比较,可以得到梁单元形函数的表达式为

$$[[\phi_1] \quad [\phi_2] \quad [\phi_3]] = \begin{bmatrix} 1 & 0 & 0 & x & 0 & 0 \\ 0 & 1 & x & 0 & x^2 & x^3 \\ 0 & 0 & 1 & 0 & 2x & 3x^2 \end{bmatrix} \begin{bmatrix} 1 & 0 & 0 & x_i & 0 & 0 \\ 0 & 1 & x_i & 0 & x_i^2 & x_i^3 \\ 0 & 0 & 1 & 0 & 2x_i & 3x_i^2 \\ 1 & 0 & 0 & x_j & 0 & 0 \\ 0 & 1 & x_j & 0 & x_j^2 & x_j^3 \\ 0 & 0 & 1 & 0 & 2x_j & 3x_j^2 \end{bmatrix}^{-1} \tag{4.13}$$

将式(4.13)代回式(4.12),有

$$\begin{Bmatrix} u \\ v \\ \theta \end{Bmatrix} = \begin{bmatrix} 1 & 0 & 0 & x & 0 & 0 \\ 0 & 1 & x & 0 & x^2 & x^3 \\ 0 & 0 & 1 & 0 & 2x & 3x^2 \end{bmatrix} \begin{bmatrix} 1 & 0 & 0 & 0 & 0 & 0 \\ 0 & 1 & 0 & 0 & 0 & 0 \\ 0 & 0 & 1 & 0 & 0 & 0 \\ \frac{-1}{L} & 0 & 0 & \frac{1}{L} & 0 & 0 \\ 0 & \frac{-3}{L^2} & \frac{-2}{L} & 0 & \frac{3}{L^2} & \frac{-1}{L} \\ 0 & \frac{2}{L^3} & \frac{1}{L^2} & 0 & \frac{-2}{L^3} & \frac{1}{L^2} \end{bmatrix} \begin{Bmatrix} u_i \\ v_i \\ \theta_i \\ u_j \\ v_j \\ \theta_j \end{Bmatrix} \tag{4.14}$$

在整个计算过程中,节点位移的初始值规定如下:

$$\begin{Bmatrix} u_i(0) \\ v_i(0) \\ \theta_i(0) \end{Bmatrix}, \quad \begin{Bmatrix} u_j(L) \\ v_j(L) \\ \theta_j(L) \end{Bmatrix} \tag{4.15}$$

其中,$x_i=0$,$x_j=L$。

矩阵求逆的过程可借助符号计算软件 Maple 进行验证。

### 4.3.4　单元应变的计算

为了简化问题,本节只讨论欧拉梁模型。欧拉梁的特点是:结构受力弯曲之后,弹性轴的方向仍然和截面垂直(假设),不计剪切力在弯曲过程中对此假设所产生的影响。

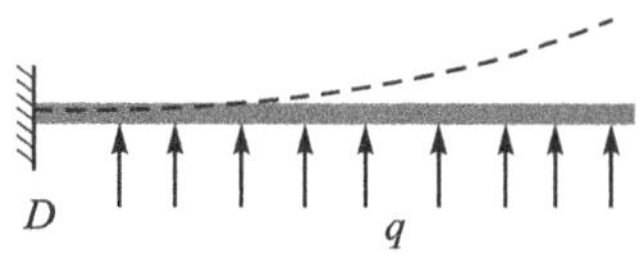


**图 4-5　悬臂梁示意图**

根据材料力学原理，如图 4-5 所示，悬臂梁弯矩 $M$ 与曲率半径 $\rho$ 的关系式为

$$\frac{1}{\rho}=\frac{M}{EI_z} \tag{4.16}$$

其中，$E$ 是材料的弹性模量；$I_z$ 是关于 $z$ 轴的转动惯量；$q$ 是分布力载荷；$D$ 是固支条件；坐标系 $x$ 轴为横轴，$y$ 轴为纵轴，$z$ 轴由右手法则确定。

对于机翼下方有挂载 $P$ 的情况，梁模型如图 4-6 所示，其中 $v(x)$ 是梁的挠度位移。曲率半径与挠度曲线二阶导数的关系式为

$$\frac{1}{\rho(x)}=\frac{\left(\dfrac{\mathrm{d}^2 v}{\mathrm{d}x^2}\right)}{\sqrt{\left[1+\left(\dfrac{\mathrm{d}v}{\mathrm{d}x}\right)^2\right]^3}}\approx\frac{\mathrm{d}^2 v}{\mathrm{d}x^2} \tag{4.17}$$

其中，基于小变形假设 $\theta \overset{\text{def}}{=\!=} \dfrac{\mathrm{d}v}{\mathrm{d}x} \ll 1$。

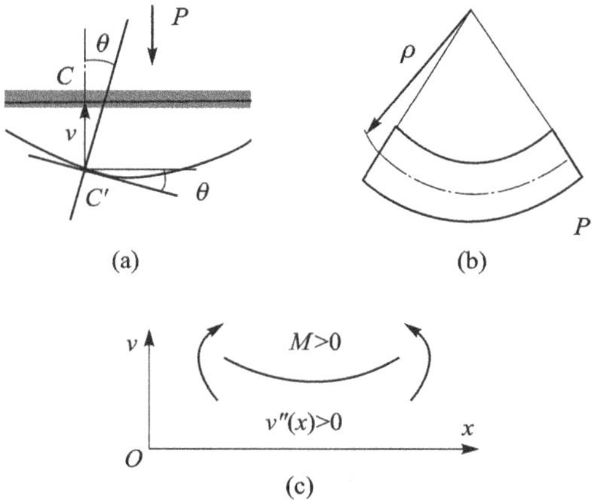


**图 4-6　有挂载的悬臂梁示意图**

将式(4.17)代入式(4.16)，有

$$\frac{\mathrm{d}^2 v}{\mathrm{d}x^2}=\frac{M}{EI} \tag{4.18}$$

如图 4-6 所示，悬臂梁在正向力矩的作用下发生变形，弹性轴下方的轴线产生拉伸位移，弹性轴上方的轴线产生压缩位移，由此可计算出梁弯曲所导致的轴向应变为

$$\varepsilon_b=\frac{(\rho-y)\theta-\rho\theta}{\rho\theta}=-\frac{y}{\rho}=-y\frac{\mathrm{d}^2 v}{\mathrm{d}x^2} \tag{4.19}$$

其中，$y$ 是梁横截面内的点到中性轴的距离；下标 $b$ 代表弯曲变形。

同时考虑轴向位移和挠度位移的影响，梁的应变表达式为

$$\{\varepsilon\}=\begin{Bmatrix}\varepsilon_0\\ \varepsilon_b\end{Bmatrix}=\begin{Bmatrix}\dfrac{\mathrm{d}u}{\mathrm{d}x}\\ -y\dfrac{\mathrm{d}^2 v}{\mathrm{d}x^2}\end{Bmatrix} \tag{4.20}$$

其中，$\varepsilon_0$ 为梁弹性轴方向的应变。

根据单元内位移与节点位移之间的关系式

$$\begin{Bmatrix} u \\ v \\ \theta \end{Bmatrix}=\begin{bmatrix} 1 & 0 & 0 & x & 0 & 0 \\ 0 & 1 & x & 0 & x^2 & x^3 \\ 0 & 0 & 1 & 0 & 2x & 3x^2 \end{bmatrix}\begin{bmatrix} 1 & 0 & 0 & 0 & 0 & 0 \\ 0 & 1 & 0 & 0 & 0 & 0 \\ 0 & 0 & 1 & 0 & 0 & 0 \\ \frac{-1}{L} & 0 & 0 & \frac{1}{L} & 0 & 0 \\ 0 & \frac{-3}{L^2} & \frac{-2}{L} & 0 & \frac{3}{L^2} & \frac{-1}{L} \\ 0 & \frac{2}{L^3} & \frac{1}{L^2} & 0 & \frac{-2}{L^3} & \frac{1}{L^2} \end{bmatrix}\begin{Bmatrix} u_i \\ v_i \\ \theta_i \\ u_j \\ v_j \\ \theta_j \end{Bmatrix} \tag{4.21}$$

计算式(4.21)中的偏导数，有

$$\begin{Bmatrix} u' \\ v'' \end{Bmatrix}=\begin{bmatrix} 0 & 0 & 0 & 1 & 0 & 0 \\ 0 & 0 & 0 & 0 & 2 & 6x \end{bmatrix}\begin{bmatrix} 1 & 0 & 0 & 0 & 0 & 0 \\ 0 & 1 & 0 & 0 & 0 & 0 \\ 0 & 0 & 1 & 0 & 0 & 0 \\ \frac{-1}{L} & 0 & 0 & \frac{1}{L} & 0 & 0 \\ 0 & \frac{-3}{L^2} & \frac{-2}{L} & 0 & \frac{3}{L^2} & \frac{-1}{L} \\ 0 & \frac{2}{L^3} & \frac{1}{L^2} & 0 & \frac{-2}{L^3} & \frac{1}{L^2} \end{bmatrix}\begin{Bmatrix} u_i \\ v_i \\ \theta_i \\ u_j \\ v_j \\ \theta_j \end{Bmatrix} \tag{4.22}$$

计算结果为

$$\begin{Bmatrix} u' \\ v'' \end{Bmatrix}=\begin{bmatrix} \frac{-1}{L} & 0 & 0 & \frac{1}{L} & 0 & 0 \\ 0 & \frac{12x-6L}{L^3} & \frac{6x-4L}{L^2} & 0 & \frac{-12x+6L}{L^3} & \frac{6x-2L}{L^2} \end{bmatrix}\begin{Bmatrix} u_i \\ v_i \\ \theta_i \\ u_j \\ v_j \\ \theta_j \end{Bmatrix} \tag{4.23}$$

代回式(4.20)，得到

$$\{\varepsilon\}^e=\begin{Bmatrix} \varepsilon_0 \\ \varepsilon_b \end{Bmatrix}^e=[B]\begin{Bmatrix} u_i \\ v_i \\ \theta_i \\ u_j \\ v_j \\ \theta_j \end{Bmatrix}=[B]\{\delta\}^e \tag{4.24}$$

其中

$$[B]\overset{\text{def}}{=\!=}\begin{bmatrix} \frac{-1}{L} & 0 & 0 & \frac{1}{L} & 0 & 0 \\ 0 & \frac{12x-6L}{L^3}(-y) & \frac{6x-4L}{L^2}(-y) & 0 & \frac{-12x+6L}{L^3}(-y) & \frac{6x-2L}{L^2}(-y) \end{bmatrix} \tag{4.25}$$

### 4.3.5　单元应力的计算

基于小变形假设，应力与应变之间满足线性关系，节点应力为

$$\{\sigma\}^e = E\{\varepsilon\}^e \overset{\text{def}}{=\!=} E \cdot [B]\{\delta\}^e \tag{4.26}$$

其中，$E$ 是梁的弹性模量。

## 4.4　虚功原理与刚度矩阵

### 4.4.1　虚功原理

假想存在一个任意的位移变形曲线（遵循同样的边界条件），使梁偏离了静止状态，于是外力开始做功，称为外力虚功 $\bar{W}$。梁单元内部的真实应力在虚应变（由虚位移引起的，它是虚位移的偏导数）上做功，称为内力虚功 $\bar{U}$，它以能量的形式存储在弹性结构体内部，称为应变能。

根据虚功原理或能量守恒定律，外虚功与内虚功大小相等，即

$$\bar{W} = \bar{U} \tag{4.27}$$

采用变分的形式则为

$$\delta W = \delta U \tag{4.28}$$

具体分析如下：

采用试函数或形函数的形式来表达单元位移，即

$$\{u\}^e = [\phi]\{\delta\}^e \tag{4.29}$$

其中，$[\phi]$ 是形函数矩阵。

虚位移导致的虚应变为

$$\delta\{\varepsilon\}^e \overset{\text{def}}{=\!=} [B]\delta\{\delta\}^e \tag{4.30}$$

或写作

$$\{\varepsilon^*\}^e \overset{\text{def}}{=\!=} [B]\{\delta^*\}^e \tag{4.31}$$

其中，花括号外面的 $\delta$ 是虚位移算子，即变分算子。

梁单元的内力虚功为

$$\delta U^e = \iiint_V (\delta\{\varepsilon\}^e)^{\mathrm{T}}\{\sigma\}^e \mathrm{d}V \tag{4.32}$$

将式(4.30)和式(4.26)皆代入式(4.32)，有

$$\delta U^e = (\delta\{\delta\}^e)^{\mathrm{T}}\left(\iiint_V [B]^{\mathrm{T}} E \cdot [B]\,\mathrm{d}V\right)\{\delta\}^e \tag{4.33}$$

**注意：虚功原理中的应力是真实的，因此式(4.33)等号右侧的节点位移$\{\delta\}^e$也是真实的。**

梁单元有 2 个节点，每个节点载荷有 3 种形式，分别为轴力 $P$、剪力 $Q$ 和弯矩 $M$。节点处的载荷矢量记作

$$\{\bar{R}\}^e = \begin{Bmatrix} P_i \\ Q_i \\ M_i \\ F_j \\ Q_j \\ M_j \end{Bmatrix}^{\mathrm{T}} \tag{4.34}$$

其中，为了避免与形函数 $N$ 发生混淆，轴向力记作 $P$。

若梁单元沿轴线受到垂直分布力 $q$ 的作用，则外力虚功表达式为

$$\delta W^e = \int_L (\delta\{\delta_q\})^{\mathrm{T}}\{q\}\,\mathrm{d}x + (\delta\{\delta\}^e)^{\mathrm{T}}\{\bar{R}\}^e \tag{4.35}$$

或记作

$$\delta W^e = \int_L (\{\delta_q^*\})^{\mathrm{T}}\{q\}\,\mathrm{d}x + (\{\delta^*\}^e)^{\mathrm{T}}\{\bar{R}\}^e \tag{4.36}$$

其中，$\delta_q$ 是梁单元内部的点位移，它由节点位移与插值形函数来表达，即

$$\{\delta_q\} = [\phi]\{\delta\}^e \tag{4.37}$$

式(4.36)的最终形式为

$$\begin{aligned}\delta W^e &= \int_L (\{\delta^*\}^e)^{\mathrm{T}}[\phi]^{\mathrm{T}}\{q\}\,\mathrm{d}x + (\{\delta^*\}^e)^{\mathrm{T}}\{\bar{R}\}^e \\ &= \{\delta^*\}^{e\mathrm{T}}\left(\int_L [\phi]^{\mathrm{T}}\{q\}\,\mathrm{d}x + \{\bar{R}\}^e\right) \\ &\overset{\mathrm{def}}{=\!=} \{\delta^*\}^{e\mathrm{T}}\{R\}^e\end{aligned} \tag{4.38}$$

其中，$\{R\}^e$ 是节点力矢量，它包含了分布力 $q(x)$在节点位置的等效载荷。

## 4.4.2　梁单元刚度矩阵

梁单元的刚度矩阵建立了梁单元节点力与节点位移之间的联系。根据虚功原理 $\delta W^e = \delta U^e$，比较式(4.33)和式(4.38)，有

$$\{R\}^e = \left(\iiint_V [B]^{\mathrm{T}}E\cdot[B]\,\mathrm{d}V\right)\{\delta\}^e \overset{\mathrm{def}}{=\!=} [K]^e\{\delta\}^e \tag{4.39}$$

其中，刚度矩阵 $[K]^e$ 的表达式为

$$[K]^e \overset{\mathrm{def}}{=\!=} \left(\iiint_V [B]^{\mathrm{T}}E\cdot[B]\,\mathrm{d}V\right) \tag{4.40}$$

其中，$[B]$矩阵由式(4.25)给出，它不是常数矩阵，这与平面应力问题有所区别。

等截面梁单元的极惯性矩定义为

$$I \overset{\mathrm{def}}{=\!=} I_z \overset{\mathrm{def}}{=\!=} \iint_A y^2\,\mathrm{d}A \tag{4.41}$$

其中，$A$ 是梁单元的截面积。

矩形截面梁单元的极惯性矩为

$$I_z = b\cdot\int_{-\frac{h}{2}}^{\frac{h}{2}} y^2\,\mathrm{d}z = b\cdot\frac{y^3}{3}\bigg|_{-\frac{h}{2}}^{+\frac{h}{2}} = \frac{bh^3}{12} \tag{4.42}$$

其中，$b$，$h$ 分别是截面的宽度和高度。

三角形截面梁单元的极惯性矩为

$$I_z = \frac{bh^3}{36} \tag{4.43}$$

其中，$b$，$h$ 分别是三角形的底边宽度和高度。

圆形截面梁单元的极惯性矩为

$$I_z = \frac{\pi D^4}{64} \tag{4.44}$$

其中，$D$ 是圆的直径。

圆环截面梁单元的极惯性矩为

$$I_z=\frac{\pi D^4}{64}(1-\alpha^4) \tag{4.45}$$

其中，$D$，$d$ 分别是内圆和外圆的直径；$\alpha$ 代表的是内外直径之比。

$$\alpha=\frac{d}{D} \tag{4.46}$$

上述公式的计算过程，感兴趣的读者可以自行推导。

基于 Maple 程序计算得到的单元刚度矩阵的具体形式为

$$[K]\overset{\text{def}}{=}\begin{bmatrix} \frac{EA}{L} & 0 & 0 & -\frac{EA}{L} & 0 & 0 \\ 0 & \frac{12EI}{L^3} & \frac{6EI}{L^2} & 0 & -\frac{12EI}{L^3} & \frac{6EI}{L^2} \\ 0 & \frac{6EI}{L^2} & \frac{4EI}{L} & 0 & -\frac{6EI}{L^2} & \frac{2EI}{L} \\ -\frac{EA}{L} & 0 & 0 & \frac{EA}{L} & 0 & 0 \\ 0 & -\frac{12EI}{L^3} & -\frac{6EI}{L^2} & 0 & \frac{12EI}{L^3} & -\frac{6EI}{L^2} \\ 0 & \frac{6EI}{L^2} & \frac{2EI}{L} & 0 & -\frac{6EI}{L^2} & \frac{4EI}{L} \end{bmatrix} \tag{4.47}$$

## 4.5　剪切梁模型

民用客机的机翼被看作梁模型或长板模型，主要是基于展弦比的考虑。客运飞机在低速飞行过程中，采用大展弦比的机翼结构，具有明显的增升效益。梁模型理论认为翼展和平均弦长的比值至少在 5 倍以上才符合大展弦比的特征，可以不考虑截面剪切力的效应。

经典的欧拉-伯努利梁模型弯曲之后的截面仍为平面，弹性轴的方向仍与截面的法线方向重合，弯曲变形是主要变形，剪切力作用下的变形是次要变形，甚至可以忽略不计。若考虑剪切效应，如薄壁梁模型，如图 4-7 所示，则转角位移不能简单地看作梁横向位移的导数，此模型称为铁木辛柯梁模型。

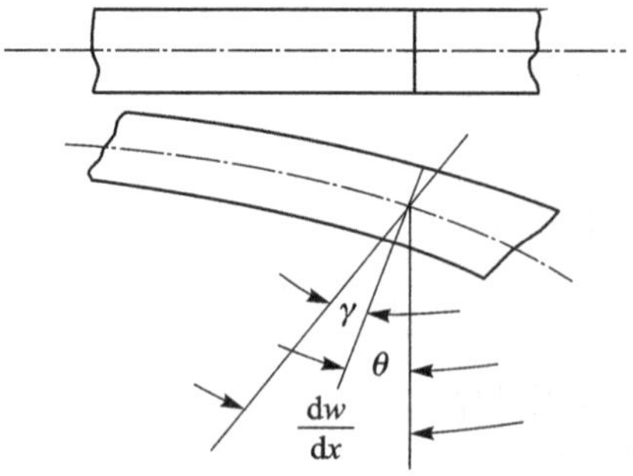


**图 4-7　弯曲变形剪切梁的轴线与截面的非垂直关系**

因此，考虑剪切效应时，有必要对欧拉梁单元的刚度矩阵进行修正。剪切梁模型的刚度矩阵可表示为

$$[K] \overset{\text{def}}{=} \begin{bmatrix} \frac{EA}{L} & 0 & 0 & -\frac{EA}{L} & 0 & 0 \\ 0 & \frac{12EI}{L^3(1+\varphi)} & \frac{6EI}{L^2(1+\varphi)} & 0 & -\frac{12EI}{L^3(1+\varphi)} & \frac{6EI}{L^2(1+\varphi)} \\ 0 & \frac{6EI}{L^2(1+\varphi)} & \frac{(4+\varphi)EI}{L(1+\varphi)} & 0 & -\frac{6EI}{L^2(1+\varphi)} & \frac{(2-\varphi)EI}{L(1+\varphi)} \\ -\frac{EA}{L} & 0 & & 0 & \frac{EA}{L} & 0 \\ 0 & -\frac{12EI}{L^3(1+\varphi)} & -\frac{6EI}{L^2(1+\varphi)} & 0 & \frac{12EI}{L^3(1+\varphi)} & -\frac{6EI}{L^2(1+\varphi)} \\ 0 & \frac{6EI}{L^2(1+\varphi)} & \frac{(2-\varphi)EI}{L(1+\varphi)} & 0 & -\frac{6EI}{L^2(1+\varphi)} & \frac{(4+\varphi)EI}{L(1+\varphi)} \end{bmatrix} \tag{4.48}$$

其中

$$\varphi = \frac{12EI}{L^2GA_s} \tag{4.49}$$

称为剪切影响因子，$A_s$ 称为有效抗剪面积。

## 4.6　梁单元等效节点力

根据有限元理论，单元内部的点位移可由加权形式的节点位移表示。根据虚功原理，外力做功可以等效成节点力与节点虚位移之间的乘积。观察式(4.38)，有

$$\left(\int_L [\phi]^{\mathrm{T}}\{q\}\,\mathrm{d}x + \{\bar{R}\}^e\right) \overset{\text{def}}{=} \{R\}^e \tag{4.50}$$

其中，$\{\bar{R}\}^e$ 代表单元节点上的载荷或力的约束；$\{q\}$ 代表梁单元上的分布载荷；$\{R\}^e$ 代表单元节点力列阵。

分布载荷在节点处的等效形式记作

$$\{Q\}^e \overset{\text{def}}{=} \int_L [\phi]^{\mathrm{T}}\{q\}\,\mathrm{d}x \tag{4.51}$$

根据式(4.13)，$[\phi]$ 的表达式为

$$[\phi] = \begin{bmatrix} 1 & 0 & 0 & x & 0 & 0 \\ 0 & 1 & x & 0 & x^2 & x^3 \\ 0 & 0 & 1 & 0 & 2x & 3x^2 \end{bmatrix} \begin{bmatrix} 1 & 0 & 0 & 0 & 0 & 0 \\ 0 & 1 & 0 & 0 & 0 & 0 \\ 0 & 0 & 1 & 0 & 0 & 0 \\ \frac{-1}{L} & 0 & 0 & \frac{1}{L} & 0 & 0 \\ 0 & \frac{-3}{L^2} & \frac{-2}{L} & 0 & \frac{3}{L^2} & \frac{-1}{L} \\ 0 & \frac{2}{L^3} & \frac{1}{L^2} & 0 & \frac{-2}{L^3} & \frac{1}{L^2} \end{bmatrix} \tag{4.52}$$

下面分几种情况分别讨论。

## 4.6.1 轴向分布力的等效节点力

如图 4-8 所示，根据式(4.52)，轴向形函数表达式为

$$[\phi]_u = \begin{bmatrix} 1-\dfrac{x}{L} & 0 & 0 & \dfrac{x}{L} & 0 & 0 \end{bmatrix} \tag{4.53}$$

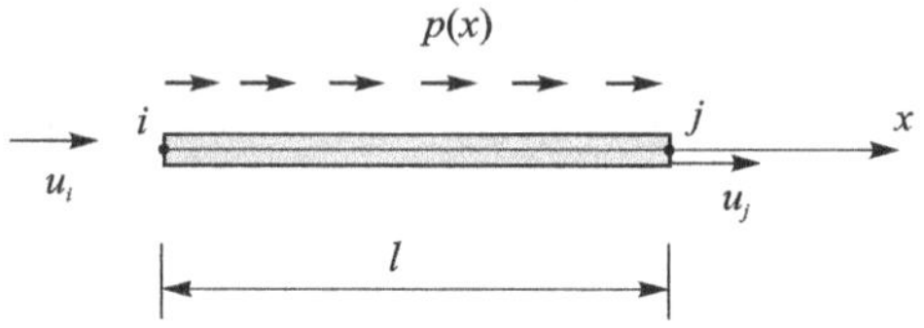


**图 4-8 轴向分布力**

根据等效节点力公式

$$\{P\}_x^e \stackrel{\text{def}}{=} \int_L [\phi]_{6\times 3}^{\mathrm{T}} \{p_x(x)\}_{3\times 1} \mathrm{d}x \tag{4.54}$$

写成矩阵形式为

$$\begin{Bmatrix} P_i \\ 0 \\ 0 \\ P_j \\ 0 \\ 0 \end{Bmatrix}_x^e = \int_L \begin{bmatrix} 1-\dfrac{x}{L} & 0 & 0 \\ 0 & 0 & 0 \\ 0 & 0 & 0 \\ \dfrac{x}{L} & 0 & 0 \\ 0 & 0 & 0 \\ 0 & 0 & 0 \end{bmatrix} \begin{Bmatrix} p_x(x) \\ 0 \\ 0 \end{Bmatrix} \mathrm{d}x \tag{4.55}$$

最后可得

$$\begin{Bmatrix} P_i \\ 0 \\ 0 \\ P_j \\ 0 \\ 0 \end{Bmatrix}_x^e = \int_L \begin{bmatrix} \left(1-\dfrac{x}{L}\right) p_x(x) \\ 0 \\ 0 \\ \dfrac{x}{L} \cdot p_x(x) \\ 0 \\ 0 \end{bmatrix} \mathrm{d}x = \begin{bmatrix} 1 & -\dfrac{1}{L} \\ 0 & 0 \\ 0 & 0 \\ 0 & \dfrac{1}{L} \\ 0 & 0 \\ 0 & 0 \end{bmatrix} \begin{pmatrix} \int_L p_x(x)\mathrm{d}x \\ \int_L x \cdot p_x(x)\mathrm{d}x \end{pmatrix} \tag{4.56}$$

其中，$P$ 表示轴向力在节点处的等效形式。

## 4.6.2 扭转分布力矩的等效节点力

二元机翼模型的研究表明，气动压力的作用点在气动力中心位置，如低速飞行段气动中心位置为距离机翼前缘的 1/4 处(弦向)，因此形成绕 $x$ 轴的分布力矩，如图 4-9 所示。

类似于式(4.54)，节点处的等效力矩形式为

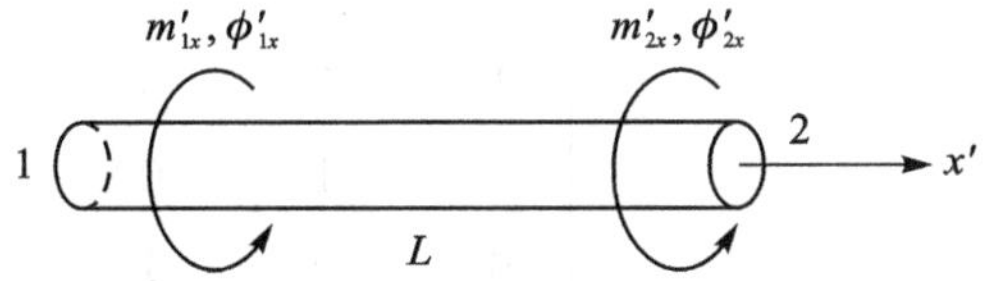


图 4-9　机翼俯仰力矩示意图

$$\begin{bmatrix} M_i \\ 0 \\ 0 \\ M_j \\ 0 \\ 0 \end{bmatrix}_x^e = \int_L \begin{bmatrix} \left(1-\dfrac{x}{L}\right)m_x(x) \\ 0 \\ 0 \\ \dfrac{x}{L}\cdot m_x(x) \\ 0 \\ 0 \end{bmatrix} dx = \begin{bmatrix} 1 & -\dfrac{1}{L} \\ 0 & 0 \\ 0 & 0 \\ 0 & \dfrac{1}{L} \\ 0 & 0 \\ 0 & 0 \end{bmatrix} \begin{pmatrix} \int_L m_x(x)dx \\ \int_L x\cdot m_x(x)dx \end{pmatrix} \tag{4.57}$$

其中，$M_i$，$M_j$ 表示轴向力矩在节点处的等效形式。

## 4.6.3 横向气动载荷的等效节点力

在气动载荷的作用下，真实的机翼升力面会产生垂直于来流方向的升力（$z$ 轴，有限元平面坐标系 $Oxy$ 中的 $y$ 轴），以及绕翼根或来流方向的弯矩（$x$ 轴，有限元空间坐标系中的 $z$ 轴），如图 4-10 所示。

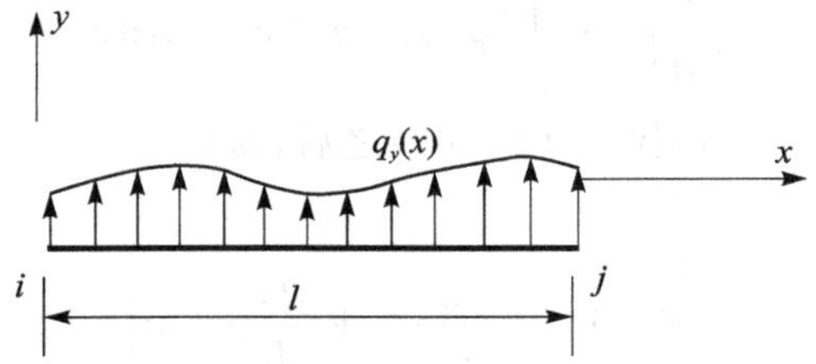


图 4-10　横向分布载荷引起的等效节点力和等效节点力矩

在横向载荷的作用下，形函数应包含横向位移（纵轴位移）和转角位移的信息，即

$$[\phi]_v = [0\quad 1\quad x\quad 0\quad x^2\quad x^3] \begin{bmatrix} 1 & 0 & 0 & 0 & 0 & 0 \\ 0 & 1 & 0 & 0 & 0 & 0 \\ 0 & 0 & 1 & 0 & 0 & 0 \\ \dfrac{-1}{L} & 0 & 0 & \dfrac{1}{L} & 0 & 0 \\ 0 & \dfrac{-3}{L^2} & \dfrac{-2}{L} & 0 & \dfrac{3}{L^2} & \dfrac{-1}{L} \\ 0 & \dfrac{2}{L^3} & \dfrac{1}{L^2} & 0 & \dfrac{-2}{L^3} & \dfrac{1}{L^2} \end{bmatrix} \tag{4.58}$$

和

$$[\phi]_\theta = [0\quad 0\quad 1\quad 0\quad 2x\quad 3x^2]\begin{bmatrix} 1 & 0 & 0 & 0 & 0 & 0 \\ 0 & 1 & 0 & 0 & 0 & 0 \\ 0 & 0 & 1 & 0 & 0 & 0 \\ \dfrac{-1}{L} & 0 & 0 & \dfrac{1}{L} & 0 & 0 \\ 0 & \dfrac{-3}{L^2} & \dfrac{-2}{L} & 0 & \dfrac{3}{L^2} & \dfrac{-1}{L} \\ 0 & \dfrac{2}{L^3} & \dfrac{1}{L^2} & 0 & \dfrac{-2}{L^3} & \dfrac{1}{L^2} \end{bmatrix} \tag{4.59}$$

计算之后得到

$$[\phi]_v = \left[0\quad 1+\frac{-3x^2}{L^2}+\frac{2x^3}{L^3}\quad x+\frac{-2x^2}{L}+\frac{x^3}{L^2}\quad 0\quad \frac{3x^2}{L^2}+\frac{-2x^3}{L^3}\quad \frac{-x^2}{L}+\frac{x^3}{L^2}\right] \tag{4.60}$$

和

$$[\phi]_\theta = \left[0\quad \frac{-6x}{L^2}+\frac{6x^2}{L^3}\quad 1+\frac{-4x}{L}+\frac{3x^2}{L^2}\quad 0\quad \frac{6x}{L^2}+\frac{-6x^2}{L^3}\quad \frac{-2x}{L}+\frac{3x^2}{L^2}\right] \tag{4.61}$$

借助形函数计算等效节点力，即

$$\begin{Bmatrix} Q \\ M \end{Bmatrix}^e \overset{\text{def}}{=\!=} \int_L [\phi]_{6\times3}^{\mathrm{T}} \{q_x(x)\}_{3\times1}\,\mathrm{d}x \tag{4.62}$$

将形函数表达式(4.60)、式(4.61)代入式(4.62)之后，得到

$$\begin{bmatrix} 0 \\ \boldsymbol{Q}_i \\ M_i \\ 0 \\ \boldsymbol{Q}_j \\ M_j \end{bmatrix}^e = \int_L \begin{bmatrix} 0 & 0 & 0 \\ 0 & 1+\dfrac{-3x^2}{L^2}+\dfrac{2x^3}{L^3} & 0 \\ 0 & x+\dfrac{-2x^2}{L}+\dfrac{x^3}{L^2} & 0 \\ 0 & 0 & 0 \\ 0 & \dfrac{3x^2}{L^2}+\dfrac{-2x^3}{L^3} & 0 \\ 0 & \dfrac{-x^2}{L}+\dfrac{x^3}{L^2} & 0 \end{bmatrix} \begin{Bmatrix} 0 \\ q(x) \\ 0 \end{Bmatrix} \mathrm{d}x \tag{4.63}$$

最后的结果为

$$\begin{Bmatrix} 0 \\ Q_i \\ M_i \\ 0 \\ Q_j \\ M_j \end{Bmatrix}^e_{q(x)} = \int_L \begin{bmatrix} 0 \\ \left(1+\dfrac{-3x^2}{L^2}+\dfrac{2x^3}{L^3}\right)q(x) \\ \left(x+\dfrac{-2x^2}{L}+\dfrac{x^3}{L^2}\right)q(x) \\ 0 \\ \left(\dfrac{3x^2}{L^2}+\dfrac{-2x^3}{L^3}\right)q(x) \\ \left(\dfrac{-x^2}{L}+\dfrac{x^3}{L^2}\right)q(x) \end{bmatrix} \mathrm{d}x = \begin{bmatrix} 0 & 0 & 0 & 0 \\ 1 & 0 & \dfrac{-3}{L^2} & \dfrac{2}{L^3} \\ 0 & 1 & \dfrac{-2}{L} & \dfrac{1}{L^2} \\ 0 & 0 & 0 & 0 \\ 0 & 0 & \dfrac{3}{L^2} & \dfrac{-2}{L^3} \\ 0 & 0 & \dfrac{-1}{L} & \dfrac{1}{L^2} \end{bmatrix} \begin{Bmatrix} \int_L q(x)\mathrm{d}x \\ \int_L x\cdot q(x)\mathrm{d}x \\ \int_L x^2\cdot q(x)\mathrm{d}x \\ \int_L x^3\cdot q(x)\mathrm{d}x \end{Bmatrix} \tag{4.64}$$

其中，$Q_i$，$Q_j$ 和 $M_i$，$M_j$ 分别表示等效节点力和力矩。

## 4.6.4　分布弯曲力矩的等效节点力

如图 4 - 11 所示，利用式(4.61)的形函数 $[\phi]_\theta$，计算得到分布弯力矩的等效节点力矩为

$$\begin{Bmatrix} 0 \\ Q_i \\ M_i \\ 0 \\ Q_j \\ M_j \end{Bmatrix}^e_{m_z(x)} = \int_L \begin{bmatrix} 0 & 0 & 0 \\ 0 & 0 & \dfrac{-6x}{L^2}+\dfrac{6x^2}{L^3} \\ 0 & 0 & 1+\dfrac{-4x}{L}+\dfrac{3x^2}{L^2} \\ 0 & 0 & 0 \\ 0 & 0 & \dfrac{6x}{L^2}+\dfrac{-6x^2}{L^3} \\ 0 & 0 & \dfrac{-2x}{L}+\dfrac{3x^2}{L^2} \end{bmatrix} \begin{Bmatrix} 0 \\ 0 \\ m_z(x) \end{Bmatrix} \mathrm{d}x \tag{4.65}$$

分布弯曲力矩

**图 4 - 11　分布弯力矩的等效节点力矩**

最后可得

$$\begin{Bmatrix} 0 \\ Q_i \\ M_i \\ 0 \\ Q_j \\ M_j \end{Bmatrix}^e_{m_z(x)} = \int_L \begin{bmatrix} 0 \\ \left(\dfrac{-6x}{L^2}+\dfrac{6x^2}{L^3}\right)m_z(x) \\ \left(1+\dfrac{-4x}{L}+\dfrac{3x^2}{L^2}\right)m_z(x) \\ 0 \\ \left(\dfrac{6x}{L^2}+\dfrac{-6x^2}{L^3}\right)m_z(x) \\ \left(\dfrac{-2x}{L}+\dfrac{3x^2}{L^2}\right)m_z(x) \end{bmatrix} \mathrm{d}x = \begin{bmatrix} 0 & 0 & 0 & 0 \\ 0 & 0 & \dfrac{-6}{L^2} & \dfrac{6}{L^3} \\ 0 & 1 & \dfrac{-4}{L} & \dfrac{3}{L^2} \\ 0 & 0 & 0 & 0 \\ 0 & 0 & \dfrac{6}{L^2} & \dfrac{-6}{L^3} \\ 0 & 0 & \dfrac{-2}{L} & \dfrac{3}{L^2} \end{bmatrix} \begin{Bmatrix} 0 \\ \int_L m_z(x)\mathrm{d}x \\ \int_L x\cdot m_z(x)\mathrm{d}x \\ \int_L x^2\cdot m_z(x)\mathrm{d}x \end{Bmatrix} \tag{4.66}$$

其中,$Q$ 和 $M$ 分别表示等效节点力与力矩。

当分布力矩是常数时,例如 $m_z(x) \overset{\text{def}}{=\!=} 1$,式(4.66)的结果为

$$\begin{Bmatrix} 0 \\ Q_i \\ M_i \\ 0 \\ Q_j \\ M_j \end{Bmatrix}^e_{m_z(x)} = \begin{bmatrix} 0 & 0 & 0 & 0 \\ 0 & 0 & \dfrac{-6}{L^2} & \dfrac{6}{L^3} \\ 0 & 1 & \dfrac{-4}{L} & \dfrac{3}{L^2} \\ 0 & 0 & 0 & 0 \\ 0 & 0 & \dfrac{6}{L^2} & \dfrac{-6}{L^3} \\ 0 & 0 & \dfrac{-2}{L} & \dfrac{3}{L^2} \end{bmatrix} \begin{Bmatrix} 0 \\ L \\ \dfrac{L^2}{2} \\ \dfrac{L^3}{3} \end{Bmatrix} = \begin{Bmatrix} 0 \\ -1 \\ 0 \\ 0 \\ 1 \\ 0 \end{Bmatrix}^e \tag{4.67}$$

# 4.7　空间梁模型

相比平面内的梁单元,空间梁单元节点的数目仍然是 2 个。但是,每个节点的自由度从 3 个增加到 6 个,除了俯仰扭转力矩、弯曲力矩之外,还有前后摆动力矩,如图 4-12 所示。

位移矢量的表达式为

$$\vec{\delta}_i = \begin{Bmatrix} u_i \\ v_i \\ w_i \\ \theta_{xi} \\ \theta_{yi} \\ \theta_{zi} \end{Bmatrix}^e, \quad \vec{\delta}_j = \begin{Bmatrix} u_j \\ v_j \\ w_j \\ \theta_{xj} \\ \theta_{yj} \\ \theta_{zj} \end{Bmatrix}^e \tag{4.68}$$

简记为

$$\vec{\delta} = \{\delta_i^{\mathrm{T}} \quad \delta_j^{\mathrm{T}}\}^{\mathrm{T}}_{12\times1} \tag{4.69}$$

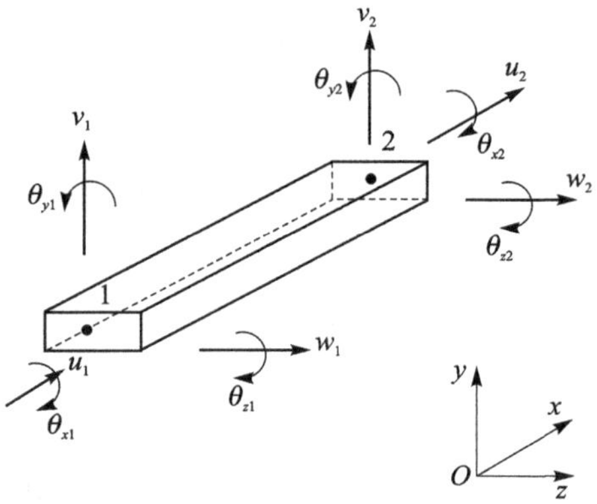


**图 4-12　空间梁模型**

节点力矢量的表达式为

$$\vec{F}_i = \begin{Bmatrix} P_i \\ Q_{yi} \\ Q_{zi} \\ M_{xi} \\ M_{yi} \\ M_{zi} \end{Bmatrix}^e, \quad \vec{F}_j = \begin{Bmatrix} P_j \\ Q_{yj} \\ Q_{zj} \\ M_{xj} \\ M_{yj} \\ M_{zj} \end{Bmatrix}^e \tag{4.70}$$

简记为

$$\vec{\delta} = \{F_i^{\mathrm{T}} \quad F_j^{\mathrm{T}}\}^{\mathrm{T}}_{12\times1} \tag{4.71}$$

其中,$P$ 为轴力;$Q$ 为剪切力,下标是剪切力正方向及节点的编号;$M$ 为力矩,下标是转动的方向及节点的编号。

当外载荷作用于梁单元的内部时(例如气动分布载荷 $q_y$),需要将其等效到节点位置,记作 $\{Q\}^e$。

与平面弯曲问题类似,节点力和节点位移之间的关系式为

$$\{R\}^e=\{F\}^e+\{Q\}^e=[K]\{\delta\}^e \tag{4.72}$$

其中，刚度矩阵 $[K]\in\mathbf{R}^{12\times 12}$。

关于空间梁模型的其他公式及推导，这里不再赘述。感兴趣的读者可以自行推导或者参考其他文献和教材。

### 4.7.1 空间梁的坐标变换

设想空间梁模型在横向载荷作用下发生了弯曲现象，那么所有梁单元的相对位置都会发生改变。一般来说，梁单元建模过程多采用局部坐标系，也称自然坐标系。局部坐标系是根据单元的方向而决定的，它使得所有单元的刚度矩阵具有统一的形式，因此，借助计算机编程能够高效率地完成所有单元的建模。当所有的梁单元建模完成之后，梁模型的整体刚度矩阵不能简单地看作梁单元刚度矩阵的叠加，而需要坐标变换的介入，即将局部坐标系向全局坐标系内投影。

假设局部坐标系为 $Ox'y'z'$，全局坐标系为 $Oxyz$，在各自坐标系内刚度矩阵方程分别为

$$\{R\}^e_{Oxyz}=\{F\}^e_{Oxyz}+\{Q\}^e_{Oxyz}=[K]\{\delta\}^e_{Oxyz} \tag{4.73}$$

和

$$\{R\}^e_{Ox'y'z'}=\{F\}^e_{Ox'y'z'}+\{Q\}^e_{Ox'y'z'}=[K']\{\delta\}^e_{Ox'y'z'} \tag{4.74}$$

其中，$\{F\}$，$\{Q\}$ 分别是节点力和载荷在节点处的等效节点力；$'$ 的含义并非导算子，而是坐标系 $Ox'y'z'$ 中的记号。

假设投影矩阵算子 $[T]$ 是已知的，满足

$$\{R\}^e=[T]\{R'\}^e \tag{4.75}$$

和

$$\{\delta\}^e=[T]\{\delta'\}^e \tag{4.76}$$

其中，$[T]$ 矩阵是由分块矩阵 $[t]$ 构成的，它们分别是

$$[T]=\begin{bmatrix}[t] & & & \\ & [t] & & \\ & & [t] & \\ & & & [t]\end{bmatrix} \tag{4.77}$$

和

$$[t]=\begin{bmatrix}l_1 & l_2 & l_3\\ m_1 & m_2 & m_3\\ n_1 & n_2 & n_3\end{bmatrix} \tag{4.78}$$

其中

$$\begin{cases}l_1=\cos\theta_{x'x}\\ l_2=\cos\theta_{y'x}\\ l_3=\cos\theta_{z'x}\end{cases},\quad \begin{cases}m_1=\cos\theta_{x'y}\\ m_2=\cos\theta_{y'y}\\ m_3=\cos\theta_{z'y}\end{cases},\quad \begin{cases}n_1=\cos\theta_{x'z}\\ n_2=\cos\theta_{y'z}\\ n_3=\cos\theta_{z'z}\end{cases} \tag{4.79}$$

如图 4-13 所示，根据式(4.78)和式(4.79)

$$[t]=\begin{bmatrix}\cos\alpha & \cos\left(\alpha+\dfrac{\pi}{2}\right) & \cos\dfrac{\pi}{2}\\ \cos\left(\dfrac{\pi}{2}-\alpha\right) & \cos\alpha & \cos\dfrac{\pi}{2}\\ \cos\dfrac{\pi}{2} & \cos\dfrac{\pi}{2} & \cos 0\end{bmatrix}=\begin{bmatrix}\cos\alpha & -\sin\alpha & 0\\ \sin\alpha & \cos\alpha & 0\\ 0 & 0 & 1\end{bmatrix} \tag{4.80}$$

利用投影矩阵 $[T]$，可以推导出两种坐标系内刚度矩阵之间的转化规律。

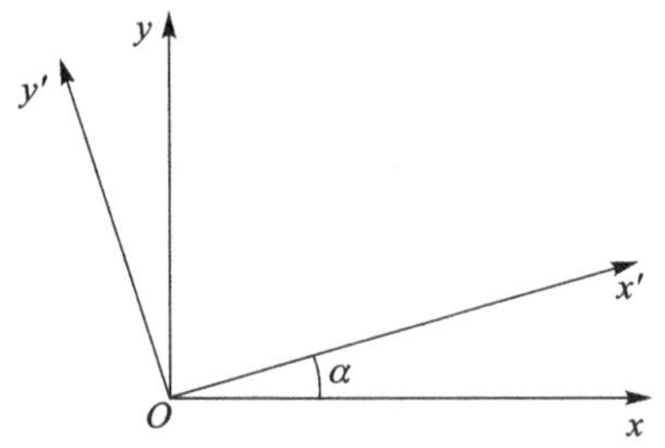


图 4－13　旋转坐标系示意图

例如，由式(4.75)和式(4.76)，得到

$$[T]\{R'\}=[K][T]\{\delta'\} \tag{4.81}$$

或

$$\{R'\}=[T]^{-1}[K][T]\{\delta'\} \tag{4.82}$$

因此，有

$$[K']=[T]^{-1}[K][T] \tag{4.83}$$

式(4.83)表明，若已知全局坐标系内的刚度矩阵，则局部坐标系内刚度矩阵的形式也就被唯一确定。

根据高等代数的知识，$[T]$矩阵的构成通常与数学问题中的特征向量有关，例如振动问题中模态空间控制方程解空间的全部特征列向量所构成的模态矩阵$[\Phi]$，即

$$\{x\}=[\Phi]\{q\}\overset{\text{def}}{=\!=}[T]\{q\} \tag{4.84}$$

其中，$\{x\}$为物理坐标系；$\{q\}$为模态坐标系。

反过来，若已知局部坐标系内的刚度矩阵，则全局坐标系内单元刚度矩阵的形式为

$$[K]=[T][K'][T]^{-1} \tag{4.85}$$

相比平面梁单元，空间梁单元向全局坐标系投影的过程较复杂。空间梁单元每个节点有6个自由度(3个线位移，3个角位移)，因此，刚度矩阵的阶次是$[K']\in\mathbf{R}^{12\times 12}$，坐标变换矩阵$[T]$的形式由式(4.77)和式(4.78)所决定，且有性质

$$[T]^{\mathrm{T}}=[T]^{-1} \tag{4.86}$$

其中，上标T的含义是矩阵转置。

为了便于理解和描述，一般将空间梁单元向全局坐标系的投影过程分成两个阶段，即

$$[T]=[T_2][T_1] \tag{4.87}$$

## 4.7.2　第一次坐标变换 $T_1$

局部坐标系和全局坐标系之间的相对位置，由它们相互对应的坐标轴之间的夹角所决定。为了刻画它们之间的关系，首先应建立绝对坐标系，如图4－14所示，$x$轴是飞行器翼展方向，$y$轴是来流方向，$z$轴是升力的反方向。

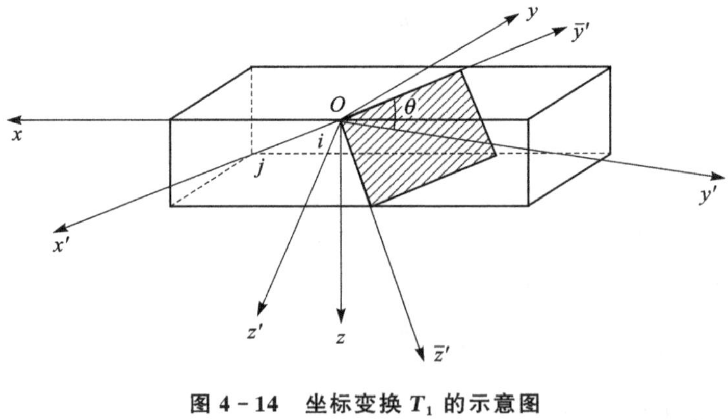


图 4－14　坐标变换 $T_1$ 的示意图

选取机翼板模型(图4－14中的六面体)中的一段(梁单元)进行考察。坐标原点放在梁单元的节点$i$处(图4－14中的$O$点)，节点$i$，$j$的方向作为$x$轴的正方向。当坐标轴发生转动时，节点$i$，$j$的方向变成了$x'$轴的正方向。

以经过节点 $i$ 且以 $x'$ 轴为法线的平面截取六面体(机翼板模型)的一个剖面(图 4-14 中阴影部分),经过节点 $i$ 的两条线分别称为 $\bar{y}'$ 轴和 $\bar{z}'$ 轴,其中记号-的含义是过渡坐标轴。当前节点 $i$,$j$ 的坐标设置为 $(x_i,y_i,z_i)_{Oxyz}$ 和 $(x_j,y_j,z_j)_{Oxyz}$。根据投影关系,$x'$ 轴与 $x$,$y$,$z$ 轴的方向余弦可分别表示为

$$l_1=\frac{x_j-x_i}{L},\quad m_1=\frac{y_j-y_i}{L},\quad n_1=\frac{z_j-z_i}{L} \tag{4.88}$$

其中,$L$ 是梁单元的长度。

如图 4-14 所示,$\bar{y}'$ 轴在 $Oxy$ 平面内,$\bar{y}'$ 轴分别与 $x'$ 轴和 $z$ 轴垂直,根据解析几何理论

$$\bar{\boldsymbol{e}}_2=\frac{z\times x'}{|z\times x'|}=\frac{\boldsymbol{e}_3\times\boldsymbol{e}'_1}{|\boldsymbol{e}_3\times\boldsymbol{e}'_1|} \tag{4.89}$$

其中,$\bar{\boldsymbol{e}}_2$,$\boldsymbol{e}_3$,$\boldsymbol{e}'_1$ 分别是坐标轴 $\bar{y}$,$z$,$x'$ 的单位矢量,具有如下形式

$$\boldsymbol{e}_3=\begin{pmatrix}0\\0\\1\end{pmatrix},\quad \boldsymbol{e}'_1=\begin{pmatrix}l_1\\m_1\\n_1\end{pmatrix},\quad \boldsymbol{e}_3\times\boldsymbol{e}'_1=\begin{vmatrix}i & j & k\\0 & 0 & 1\\l_1 & m_1 & n_1\end{vmatrix}=\begin{pmatrix}-m_1\\l_1\\0\end{pmatrix} \tag{4.90}$$

因此,有

$$\bar{\boldsymbol{e}}_2=\begin{pmatrix}\dfrac{-m_1}{\sqrt{m_1^2+l_1^2}}\\[2ex]\dfrac{l_1}{\sqrt{m_1^2+l_1^2}}\\[2ex]0\end{pmatrix} \tag{4.91}$$

即

$$\bar{l}_2=\frac{-m_1}{\sqrt{m_1^2+l_1^2}},\quad \bar{m}_2=\frac{l_1}{\sqrt{m_1^2+l_1^2}},\quad \bar{n}_2=0 \tag{4.92}$$

如图 4-14 所示,$\bar{z}'$ 轴分别与 $x'$ 轴和 $\bar{y}'$ 轴垂直,根据解析几何理论

$$\bar{\boldsymbol{e}}_3=\frac{x'\times\bar{y}'}{|x'\times\bar{y}'|}=\boldsymbol{e}'_1\times\bar{\boldsymbol{e}}_2 \tag{4.93}$$

其中,$\boldsymbol{e}'_1$,$\bar{\boldsymbol{e}}_2$,$\bar{\boldsymbol{e}}_3$ 构成了标准正交基,它们都是单位矢量,具有如下形式

$$\boldsymbol{e}'_1=\begin{pmatrix}l_1\\m_1\\n_1\end{pmatrix},\quad \bar{\boldsymbol{e}}_2=\begin{pmatrix}\dfrac{-m_1}{\sqrt{m_1^2+l_1^2}}\\[2ex]\dfrac{l_1}{\sqrt{m_1^2+l_1^2}}\\[2ex]0\end{pmatrix} \tag{4.94}$$

$$\bar{\boldsymbol{e}}_3=\boldsymbol{e}'_1\times\bar{\boldsymbol{e}}_2=\begin{vmatrix}i & j & k\\ l_1 & m_1 & n_1\\ \dfrac{-m_1}{\sqrt{m_1^2+l_1^2}} & \dfrac{l_1}{\sqrt{m_1^2+l_1^2}} & 0\end{vmatrix}=\begin{pmatrix}\dfrac{-n_1l_1}{\sqrt{m_1^2+l_1^2}}\\[2ex]\dfrac{-m_1n_1}{\sqrt{m_1^2+l_1^2}}\\[2ex]\sqrt{m_1^2+l_1^2}\end{pmatrix} \tag{4.95}$$

即

$$\bar{l}_3=\frac{-n_1l_1}{\sqrt{m_1^2+l_1^2}},\quad \bar{m}_3=\frac{-m_1n_1}{\sqrt{m_1^2+l_1^2}},\quad \bar{n}_3=\sqrt{m_1^2+l_1^2} \tag{4.96}$$

至此，完成了矩阵 $[T_1]$ 的推导，即

$$[T_1]=[\boldsymbol{e}_1' \quad \bar{\boldsymbol{e}}_2 \quad \bar{\boldsymbol{e}}_3]=\begin{bmatrix} l_1 & \dfrac{-m_1}{\sqrt{m_1^2+l_1^2}} & \dfrac{-n_1 l_1}{\sqrt{m_1^2+l_1^2}} \\ m_1 & \dfrac{l_1}{\sqrt{m_1^2+l_1^2}} & \dfrac{-m_1 n_1}{\sqrt{m_1^2+l_1^2}} \\ n_1 & 0 & \sqrt{m_1^2+l_1^2} \end{bmatrix} \tag{4.97}$$

即

$$\begin{Bmatrix} x \\ y \\ z \end{Bmatrix}=\begin{bmatrix} l_1 & \dfrac{-m_1}{\sqrt{m_1^2+l_1^2}} & \dfrac{-n_1 l_1}{\sqrt{m_1^2+l_1^2}} \\ m_1 & \dfrac{l_1}{\sqrt{m_1^2+l_1^2}} & \dfrac{-m_1 n_1}{\sqrt{m_1^2+l_1^2}} \\ n_1 & 0 & \sqrt{m_1^2+l_1^2} \end{bmatrix}\begin{Bmatrix} x' \\ \bar{y}' \\ \bar{z}' \end{Bmatrix} \tag{4.98}$$

## 4.7.3　第二次坐标变换 $\boldsymbol{T}_2$

如图 4-15 所示，$\pi$ 平面的法线就是 $x'$ 轴，这意味着 $Oy'z'$ 和 $O\bar{y}'\bar{z}'$ 是重合的。换句话说，坐标系 $O\bar{y}'\bar{z}'$ 可看作坐标系 $Oy'z'$ 经过旋转变换的结果，即

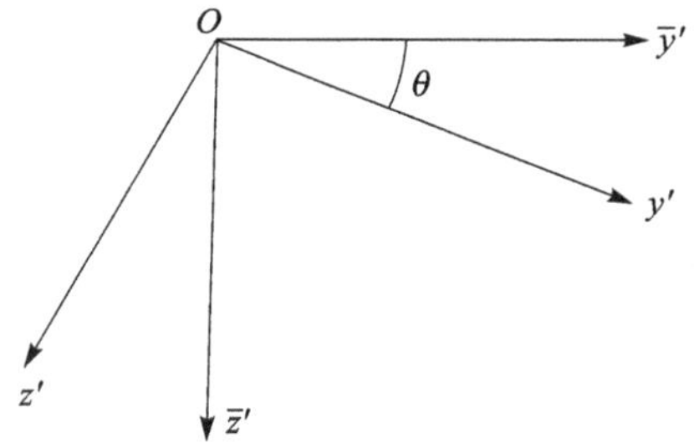


**图 4-15　第二次坐标变换 $T_2$ 示意图**

$$\begin{Bmatrix} x' \\ \bar{y}' \\ \bar{z}' \end{Bmatrix}=[T_2]\begin{Bmatrix} x' \\ y' \\ z' \end{Bmatrix} \tag{4.99}$$

将式(4.99)代入式(4.98)，有

$$\begin{Bmatrix} x \\ y \\ z \end{Bmatrix}=[T_1]\begin{Bmatrix} x' \\ \bar{y}' \\ \bar{z}' \end{Bmatrix}=[T_1]\;[T_2]\begin{Bmatrix} x' \\ y' \\ z' \end{Bmatrix} \tag{4.100}$$

根据投影原理，旋转变换矩阵 $[T_2]$ 的形式为

$$[T_2]=\begin{bmatrix} \cos 0 & \cos\dfrac{\pi}{2} & \cos\dfrac{\pi}{2} \\ \cos\dfrac{\pi}{2} & \cos\theta & \cos\left(\dfrac{\pi}{2}+\theta\right) \\ \cos\dfrac{\pi}{2} & \cos\left(\dfrac{\pi}{2}-\theta\right) & \cos\theta \end{bmatrix}=\begin{pmatrix} 1 & 0 & 0 \\ 0 & \cos\theta & -\sin\theta \\ 0 & \sin\theta & \cos\theta \end{pmatrix} \tag{4.101}$$

## 4.7.4　坐标变换矩阵$[\boldsymbol{T}]$

至此，可以得到完整的坐标变换公式为

$$\begin{Bmatrix} x \\ y \\ z \end{Bmatrix}=[T]\begin{Bmatrix} x' \\ y' \\ z' \end{Bmatrix} \tag{4.102}$$

其中

$$[T]=\begin{pmatrix} l_1 & \dfrac{-m_1}{\sqrt{m_1^2+l_1^2}} & \dfrac{-n_1l_1}{\sqrt{m_1^2+l_1^2}} \\ m_1 & \dfrac{l_1}{\sqrt{m_1^2+l_1^2}} & \dfrac{-m_1n_1}{\sqrt{m_1^2+l_1^2}} \\ n_1 & 0 & \sqrt{m_1^2+l_1^2} \end{pmatrix}\begin{pmatrix} 1 & 0 & 0 \\ 0 & \cos\theta & -\sin\theta \\ 0 & \sin\theta & \cos\theta \end{pmatrix}$$

$$=\begin{pmatrix} l_1 & -\left(\dfrac{m_1\cos\theta+n_1l_1\sin\theta}{\sqrt{m_1^2+l_1^2}}\right) & \dfrac{m_1\sin\theta-n_1l_1\cos\theta}{\sqrt{m_1^2+l_1^2}} \\ m_1 & \dfrac{l_1\cos\theta-m_1n_1\sin\theta}{\sqrt{m_1^2+l_1^2}} & -\left(\dfrac{l_1\sin\theta+m_1n_1\cos\theta}{\sqrt{m_1^2+l_1^2}}\right) \\ n_1 & \sqrt{m_1^2+l_1^2}\sin\theta & \sqrt{m_1^2+l_1^2}\cos\theta \end{pmatrix} \tag{4.103}$$

## 4.7.5 特殊情况

观察变换矩阵[$T$]的形式，要求$\sqrt{m_1^2+l_1^2}\neq 0$，即 $x'$轴与 $z$ 轴不允许共线。下面讨论两种特殊情况。

① $x'$轴与 $z$ 轴重合。

如图 4－16 所示，直接根据投影原则，坐标变换公式如下：

$$\begin{pmatrix} x \\ y \\ z \end{pmatrix}=[T]\begin{pmatrix} x' \\ y' \\ z' \end{pmatrix} \tag{4.104}$$

其中

$$[T]=\begin{pmatrix} 0 & \sin\theta & -\cos\theta \\ 0 & \cos\theta & +\sin\theta \\ +1 & 0 & 0 \end{pmatrix} \tag{4.105}$$

② $x'$轴与 $z$ 轴反向重合。

如图 4－17 所示，直接根据投影原则，坐标变换公式如下：

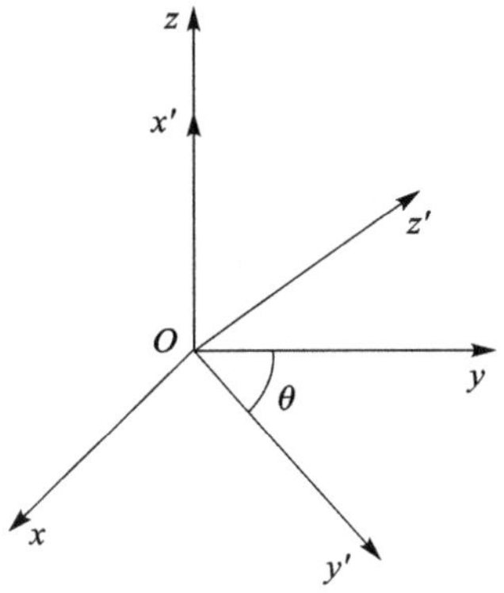


**图 4－16　$x'$轴与 $z$ 轴重合**

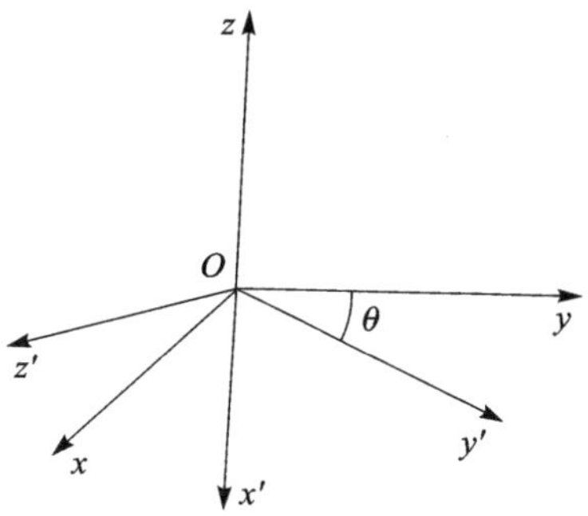


**图 4－17　$x'$轴与 $z$ 轴反向**

$$\begin{pmatrix} x \\ y \\ z \end{pmatrix} = [T] \begin{pmatrix} x' \\ y' \\ z' \end{pmatrix} \tag{4.106}$$

其中

$$[T] = \begin{pmatrix} 0 & \sin\theta & +\cos\theta \\ 0 & \cos\theta & -\sin\theta \\ -1 & 0 & 0 \end{pmatrix} \tag{4.107}$$

# 4.8　本章习题

如图 4 - 18 所示，中间有支撑的悬臂梁截面的弯曲刚度 $EI$ 是常数，梁的长度是 $2L$，右侧固定支撑。请计算：

① 刚度矩阵；

② 边界条件；

③ 端点处的挠度位移和角位移。

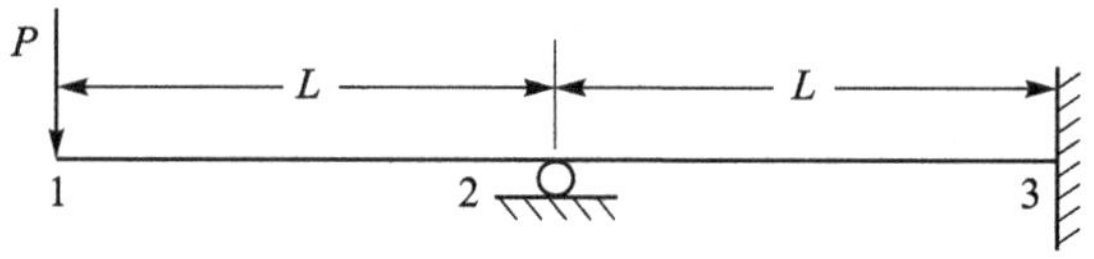


**图 4 - 18　有支撑的悬臂梁模型**

# 第 5 章　板单元的弯曲

当进行飞行器结构建模时，以薄板模型替代梁模型的有限元分析更为精确。如战斗机的升力主要来源于飞行速度的贡献，在高亚声速段和跨声速段飞行时，为了达到消减声阻，削弱翼尖涡流带来的飞行阻力，同时提升飞机的机动性能的目的，常采用切尖三角翼结构设计，且需要考虑截面内的剪切效应，故不宜采用梁模型。

板的弯曲变形源于受到横向载荷的作用，薄板单元一般不再是完全协调单元，但计算结果表明，解的收敛性和精度还是令人满意的。在板的有限元分析中，无论是薄板问题，还是厚板问题，应尽量采用协调单元，考虑横向剪切变形的影响。

为了简化模型，便于分析，本章仅讨论薄板小挠度问题，先介绍四边形单元，然后介绍三角形单元。

## 5.1　弹性薄板理论基本假设

弹性薄板理论的假设如下：

① 板的厚度相比板的其他两个方向的尺寸很小，板平面内的切应变 $\gamma_{xy} \neq 0$，与厚度有关的切应变 $\gamma_{xz} = \gamma_{yz} = 0$；

② 研究平板弯曲问题，板的厚度不影响法线方向的应变，与厚度有关的应变 $\varepsilon_z = 0$；

③ 法线方向的应力对板内的应变 $\varepsilon_x$，$\varepsilon_y$ 无实质影响，可以忽略不计；

④ 薄板中面内的点在弯曲过程中不产生轴向位移，即 $u(x,y,0) = v(x,y,0) = 0$。

四边形薄板的有限单元划分如图 5-1 所示。板单元在横向载荷的作用下发生弯曲变形，取其任意微元段进行分析，点 $P(x,y)$ 处的位移变化与挠度曲线的关系如图 5-2 所示，其中板的厚度是 $t$，挠度曲线 $w(x,y)$ 沿 $z$ 轴为正，$Oxy$ 所在的平面为中性面。

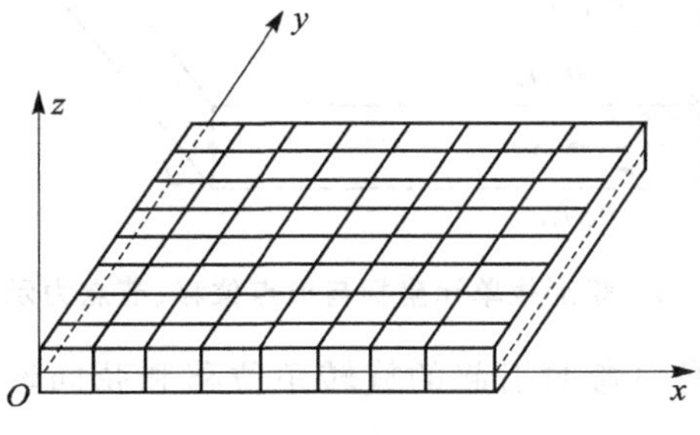


**图 5-1　四边形板单元划分示意图**

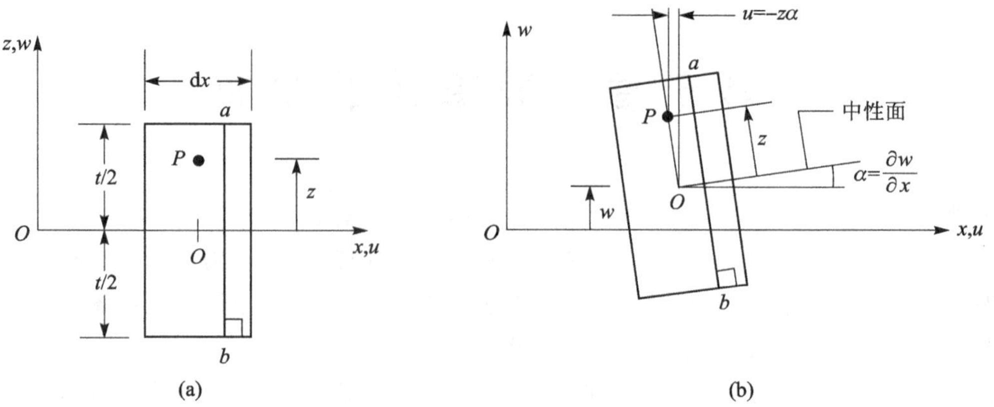


**图 5-2　薄板单元微元段弯曲变形示意图($x-z$ 剖面)**

# 5.2　薄板单元位移函数

## 5.2.1　节点位移

如图 5-3 所示，矩形板单元 4 个节点编号采用逆时针排序法，分别命名为 $i,j,m,n$。节点位移包括角位移和挠度位移，记作

$$\{\delta_i\}=\begin{Bmatrix} w_i \\ \theta_{ix} \\ \theta_{iy} \end{Bmatrix} \xlongequal{\text{def}} \begin{Bmatrix} w_i(x,y) \\ +\dfrac{\partial w_i(x,y)}{\partial y} \\ -\dfrac{\partial w_i(x,y)}{\partial x} \end{Bmatrix} \tag{5.1}$$

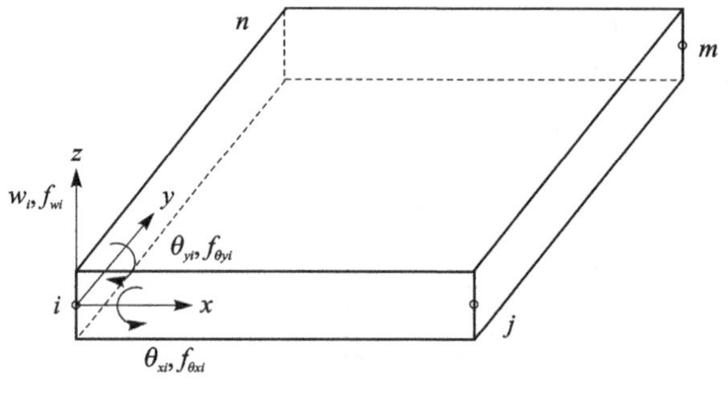


**图 5-3　矩形板单元坐标与节点位移、节点力示意图**

其中，$\theta_{ix}$，$\theta_{iy}$ 的物理意义是展向弯曲引起的旋转角位移和弦向弯曲引起的俯仰角位移，按照右手法则确定正负性质。

类似地，其他三个节点位移分别定义为

$$\{\delta_j\}=\begin{Bmatrix} w_j \\ \theta_{jx} \\ \theta_{jy} \end{Bmatrix} \overset{\text{def}}{=\!=} \begin{Bmatrix} w_j(x,y) \\ +\dfrac{\partial w_j(x,y)}{\partial y} \\ -\dfrac{\partial w_j(x,y)}{\partial x} \end{Bmatrix} \tag{5.2}$$

$$\{\delta_m\}=\begin{Bmatrix} w_m \\ \theta_{mx} \\ \theta_{my} \end{Bmatrix} \overset{\text{def}}{=\!=} \begin{Bmatrix} w_m(x,y) \\ +\dfrac{\partial w_m(x,y)}{\partial y} \\ -\dfrac{\partial w_m(x,y)}{\partial x} \end{Bmatrix} \tag{5.3}$$

$$\{\delta_n\}=\begin{Bmatrix} w_n \\ \theta_{nx} \\ \theta_{ny} \end{Bmatrix} \overset{\text{def}}{=\!=} \begin{Bmatrix} w_n(x,y) \\ +\dfrac{\partial w_n(x,y)}{\partial y} \\ -\dfrac{\partial w_n(x,y)}{\partial x} \end{Bmatrix} \tag{5.4}$$

因此，矩形板单元节点位移共有 12 个分量，即

$$\{\delta\}=[\{\delta_i\}^{\mathrm{T}}\quad \{\delta_j\}^{\mathrm{T}}\quad \{\delta_m\}^{\mathrm{T}}\quad \{\delta_n\}^{\mathrm{T}}]^{\mathrm{T}}=\begin{Bmatrix} \{\delta_i\} \\ \{\delta_j\} \\ \{\delta_m\} \\ \{\delta_n\} \end{Bmatrix} \tag{5.5}$$

它所对应的节点力列矩阵为

$$\{F\}=\left[\begin{Bmatrix} W_i \\ M_{ix} \\ M_{iy} \end{Bmatrix}^{\mathrm{T}} \quad \begin{Bmatrix} W_j \\ M_{jx} \\ M_{jy} \end{Bmatrix}^{\mathrm{T}} \quad \begin{Bmatrix} W_m \\ M_{mx} \\ M_{my} \end{Bmatrix}^{\mathrm{T}} \quad \begin{Bmatrix} W_n \\ M_{nx} \\ M_{ny} \end{Bmatrix}^{\mathrm{T}}\right]^{\mathrm{T}}=\begin{Bmatrix} \{F_i\} \\ \{F_j\} \\ \{F_m\} \\ \{F_n\} \end{Bmatrix} \tag{5.6}$$

其中，节点力矩 $M_{ix},M_{iy},\cdots,M_{nx},M_{ny}$ 的方向与转角 $\theta_{ix},\theta_{iy},\cdots,\theta_{nx},\theta_{ny}$ 的方向一致，它们遵循右手旋转法则；节点挠度位移 $w_i,\cdots,w_n$ 和节点力 $W_i,\cdots,W_n$ 的正方向与 $z$ 轴一致。

## 5.2.2　多项式位移表达法

根据泰勒展式理论，考虑到节点位移分量的数目，矩形板单元的位移函数表达式建议选用 12 项基函数作为近似，即

$$\{\delta\}=\begin{Bmatrix} w(x,y) \\ \dfrac{\partial w(x,y)}{\partial y} \\ -\dfrac{\partial w(x,y)}{\partial x} \end{Bmatrix}=[A]\begin{Bmatrix} a_1 \\ a_2 \\ a_3 \\ \vdots \\ a_{12} \end{Bmatrix} \tag{5.7}$$

其中，多项式矩阵 $[A]$ 的定义为

$$[A]=\begin{bmatrix} 1 & x & y & x^2 & xy & y^2 & x^3 & x^2y & xy^2 & y^3 & x^3y & xy^3 \\ 0 & 0 & 1 & 0 & x & 2y & 0 & x^2 & 2xy & 3y^2 & x^3 & 3xy^2 \\ 0 & -1 & 0 & -2x & -y & 0 & -3x^2 & -2xy & -y^2 & 0 & -3x^2y & -y^3 \end{bmatrix} \tag{5.8}$$

由式(5.8)可知,描述板单元弯曲变形的挠度位移具有非线性的特点,其中高于四阶的非线性项被忽略了,部分四阶非线性项被保留,如 $x^3y, xy^3$,共凑成了 12 个参数。放弃选择 $x^4$, $y^4$ 的理由是它们的偏导数计算结果中缺失了另外一个变量的信息。

## 5.2.3 形函数位移表达法

根据有限元理论,单元内部的点位移表达式可以借助形函数以加权节点位移的形式来描述,即形函数插值位移法,简称形函数法。

形函数位移表达法和多项式位移表达法是一致的,可以相互转化。首先,利用多项式位移表达法分别构造 4 个节点位移函数表达式,即

$$\{\delta_i\}=[A_i]\begin{Bmatrix}a_1\\a_2\\a_3\\\vdots\\a_{12}\end{Bmatrix},\quad \{\delta_j\}=[A_j]\begin{Bmatrix}a_1\\a_2\\a_3\\\vdots\\a_{12}\end{Bmatrix},\quad \{\delta_m\}=[A_m]\begin{Bmatrix}a_1\\a_2\\a_3\\\vdots\\a_{12}\end{Bmatrix},\quad \{\delta_n\}=[A_n]\begin{Bmatrix}a_1\\a_2\\a_3\\\vdots\\a_{12}\end{Bmatrix} \tag{5.9}$$

其中,节点位置多项式系数矩阵 $[A_i]$,$[A_j]$,$[A_m]$,$[A_n]$ 分别为

$$[A_i]=\begin{bmatrix}1 & x_i & y_i & x_i^2 & x_iy_i & y_i^2 & x_i^3 & x_i^2y_i & x_iy_i^2 & y_i^3 & x_i^3y_i & x_iy_i^3\\0 & 0 & 1 & 0 & x_i & 2y_i & 0 & x_i^2 & 2x_iy_i & 3y_i^2 & x_i^3 & 3x_iy_i^2\\0 & -1 & 0 & -2x_i & -y_i & 0 & -3x_i^2 & -2x_iy_i & -y_i^2 & 0 & -3x_i^2y_i & -y_i^3\end{bmatrix} \tag{5.10}$$

$$[A_j]=\begin{bmatrix}1 & x_j & y_j & x_j^2 & x_jy_j & y_j^2 & x_j^3 & x_j^2y_j & x_jy_j^2 & y_j^3 & x_j^3y_j & x_jy_j^3\\0 & 0 & 1 & 0 & x_j & 2y_j & 0 & x_j^2 & 2x_jy_j & 3y_j^2 & x_j^3 & 3x_jy_j^2\\0 & -1 & 0 & -2x_j & -y_j & 0 & -3x_j^2 & -2x_jy_j & -y_j^2 & 0 & -3x_j^2y_j & -y_j^3\end{bmatrix} \tag{5.11}$$

$$[A_m]=\begin{bmatrix}1 & x_m & y_m & x_m^2 & x_my_m & y_m^2 & x_m^3 & x_m^2y_m & x_my_m^2 & y_m^3 & x_m^3y_m & x_my_m^3\\0 & 0 & 1 & 0 & x_m & 2y_m & 0 & x_m^2 & 2x_my_m & 3y_m^2 & x_m^3 & 3x_my_m^2\\0 & -1 & 0 & -2x_m & -y_m & 0 & -3x_m^2 & -2x_my_m & -y_m^2 & 0 & -3x_m^2y_m & -y_m^3\end{bmatrix} \tag{5.12}$$

$$[A_n]=\begin{bmatrix}1 & x_n & y_n & x_n^2 & x_ny_n & y_n^2 & x_n^3 & x_n^2y_n & x_ny_n^2 & y_n^3 & x_n^3y_n & x_ny_n^3\\0 & 0 & 1 & 0 & x_n & 2y_n & 0 & x_n^2 & 2x_ny_n & 3y_n^2 & x_n^3 & 3x_ny_n^2\\0 & -1 & 0 & -2x_n & -y_n & 0 & -3x_n^2 & -2x_ny_n & -y_n^2 & 0 & -3x_n^2y_n & -y_n^3\end{bmatrix} \tag{5.13}$$

合并整理之后,有

$$\begin{Bmatrix}\{\delta_i\}\\\{\delta_j\}\\\{\delta_m\}\\\{\delta_m\}\end{Bmatrix}_{12\times1}=[A_{ijmn}]_{12\times12}\begin{Bmatrix}a_1\\a_2\\a_3\\\vdots\\a_{12}\end{Bmatrix}_{12\times1} \tag{5.14}$$

或

$$\begin{Bmatrix} a_1 \\ a_2 \\ a_3 \\ \vdots \\ a_{12} \end{Bmatrix}_{12\times 1} = [A_{ijmn}]^{-1}_{12\times 12} \begin{Bmatrix} \{\delta_i\} \\ \{\delta_j\} \\ \{\delta_m\} \\ \{\delta_m\} \end{Bmatrix}_{12\times 1} \tag{5.15}$$

其中,常数矩阵 $[A_{ijmn}]$ 的定义为

$$[A_{ijmn}] = \begin{bmatrix} [A_i] \\ [A_j] \\ [A_m] \\ [A_n] \end{bmatrix}_{12\times 12} \tag{5.16}$$

将式(5.15)代入式(5.7)之后,得到形函数位移表达式为

$$\begin{Bmatrix} w \\ \dfrac{\partial w}{\partial y} \\ -\dfrac{\partial w}{\partial x} \end{Bmatrix} = [A]\ [A_{ijmn}]^{-1}_{1} \begin{Bmatrix} \{\delta_i\} \\ \{\delta_j\} \\ \{\delta_m\} \\ \{\delta_m\} \end{Bmatrix} = [\Phi] \begin{Bmatrix} \{\delta_i\} \\ \{\delta_j\} \\ \{\delta_m\} \\ \{\delta_m\} \end{Bmatrix} \tag{5.17}$$

其中,$[\Phi]=[[\phi_i]\quad[\phi_j]\quad[\phi_m]\quad[\phi_n]]$ 为形函数矩阵,形式为

$$[\Phi] = \begin{bmatrix} 1 & x & y & x^2 & xy & y^2 & x^3 & x^2y & xy^2 & y^3 & x^3y & xy^3 \\ 0 & 0 & 1 & 0 & x & 2y & 0 & x^2 & 2xy & 3y^2 & x^3 & 3xy^2 \\ 0 & -1 & 0 & -2x & -y & 0 & -3x^2 & -2xy & -y^2 & 0 & -3x^2y & -y^3 \end{bmatrix} \begin{bmatrix} [A_i] \\ [A_j] \\ [A_m] \\ [A_n] \end{bmatrix}^{-1} \tag{5.18}$$

在有些教科书中,形函数矩阵也写作 $[N]=[[N_i]\quad[N_j]\quad[N_m]\quad[N_n]]$。

### 5.2.4　多项式系数的物理意义

采用多项式基函数描述板单元的位移函数,有必要弄清楚待定系数的物理意义。

根据前文,含 12 个待定系数的薄板挠度函数的表达式为

$$w(x,y) = [1\quad x\quad y\quad x^2\quad xy\quad y^2\quad x^3\quad x^2y\quad xy^2\quad y^3\quad x^3y\quad xy^3] \begin{Bmatrix} a_1 \\ a_2 \\ a_3 \\ \vdots \\ a_{12} \end{Bmatrix} \tag{5.19}$$

板单元任意点处的位移(角位移和挠度位移)表达式为

$$\{\delta\} = \begin{Bmatrix} w \\ \theta_x \\ \theta_y \end{Bmatrix} \stackrel{\text{def}}{=\!=} \begin{Bmatrix} w \\ +\dfrac{\partial w}{\partial y} \\ -\dfrac{\partial w}{\partial x} \end{Bmatrix} \tag{5.20}$$

对比分析式(5.19)和式(5.20),$a_1$ 的物理含义为 $z$ 轴方向上的刚体运动位移,板单元内

部所有的点位移都有此项；$-a_2$，$a_3$ 分别代表绕 $y$ 轴和绕 $x$ 轴的刚体角位移。

进一步分析，考虑板单元边界(靠近 $x$ 轴)的情况，即 $y=0$

$$\begin{cases} w(x,0)=a_1+a_2x+a_4x^2+a_7x^3 \\ \dfrac{\partial w(x,0)}{\partial x}=a_2+2a_4x+3a_7x^2 \end{cases} \tag{5.21}$$

式(5.21)表明，边界处的弯曲变形和梁单元的情形类似，构造的挠度函数有 4 个待定系数，而边界处的节点位移恰好提供了 4 个边界条件，即两个挠度位移，两个角位移。因此，多项式表达式中的参数变量 $a_1$，$a_2$，$a_4$，$a_7$ 可以由节点位移确定，也就是说，板单元在这个方向上的基函数簇是完备的。

分析挠度曲线和绕 $x$ 轴的角位移情况，根据式(5.19)，有

$$\begin{cases} w(x,0)=a_1+a_2x+a_4x^2+a_7x^3 \\ \dfrac{\partial w(x,0)}{\partial y}=a_3+a_5x+a_8x^2+a_{11}x^3 \end{cases} \tag{5.22}$$

根据节点边界条件 $w_i$，$w_j$，$\theta_{ix}$，$\theta_{jx}$，观察式(5.22)，$a_3$，$a_5$，$a_8$，$a_{11}$ 无法被唯一确定，所对应的物理问题在位移偏导数方向上是不定的(非 $C^1$ 连续)，即角位移在单元边界处不满足连续性条件。

根据应变与位移的几何关系，参考图 5-2，有

$$\begin{Bmatrix} \varepsilon_x \\ \varepsilon_y \\ \gamma_{xy} \end{Bmatrix}=\begin{Bmatrix} -z\dfrac{\partial^2 w}{\partial x^2} \\ -z\dfrac{\partial^2 w}{\partial y^2} \\ -2z\dfrac{\partial^2 w}{\partial x\partial y} \end{Bmatrix} \tag{5.23}$$

根据挠度曲线及其偏导数关系式

$$\begin{Bmatrix} w \\ \dfrac{\partial w}{\partial y} \\ -\dfrac{\partial w}{\partial x} \end{Bmatrix}=\begin{bmatrix} 1 & x & y & x^2 & xy & y^2 & x^3 & x^2y & xy^2 & y^3 & x^3y & xy^3 \\ 0 & 0 & 1 & 0 & x & 2y & 0 & x^2 & 2xy & 3y^2 & x^3 & 3xy^2 \\ 0 & -1 & 0 & -2x & -y & 0 & -3x^2 & -2xy & -y^2 & 0 & -3x^2y & -y^3 \end{bmatrix}\begin{Bmatrix} a_1 \\ a_2 \\ a_3 \\ \vdots \\ a_{12} \end{Bmatrix} \tag{5.24}$$

式(5.23)的右端可以进一步简化为

$$\begin{Bmatrix} \dfrac{\partial^2 w}{\partial y^2} \\ \dfrac{\partial^2 w}{\partial x^2} \\ \dfrac{\partial^2 w}{\partial y\partial x} \end{Bmatrix}=\begin{bmatrix} 0 & 0 & 0 & 0 & 0 & 2 & 0 & 0 & 2x & 6y & 0 & 6xy \\ 0 & 0 & 0 & 2 & 0 & 0 & 6x & 2y & 0 & 0 & 6xy & 0 \\ 0 & 0 & 0 & 0 & 1 & 0 & 0 & 2x & 2y & 0 & 3x^2 & 3y^2 \end{bmatrix}\begin{Bmatrix} a_1 \\ a_2 \\ a_3 \\ \vdots \\ a_{12} \end{Bmatrix} \tag{5.25}$$

基于式(5.25)，可以判定挠度曲线表达式中的 $a_4$，$a_5$，$a_6$ 表征了板单元的常应变特性。

综上所述，基于多项式函数的位移表达式，待定系数 $a_1$，$a_2$，$a_3$ 表征的是薄板单元的刚体线位移和角位移，待定系数 $a_4$，$a_5$，$a_6$ 表征的是薄板单元的常应变特性。由于板单元的应变和应力是挠度位移的二阶导数，这意味着板单元在边界处应满足斜率(偏导数)的连续性。然而，

根据对式(5.22)的分析判断,薄板单元在公共边界处的偏导数的方向不能唯一确定,即矩形板单元本质上是非协调单元,由此可能带来计算上的误差。研究表明,采用非协调单元的有限元方法建模,其计算结果的精度通常仍是可接受的。

# 5.3 薄板单元基本公式

基于薄板理论的前提假设,平板弯曲问题被简化为二维问题,也就是说,薄板平面内的应力和应变分布规律可以利用板的中面挠度 $W(x,y)$ 的偏导数来表达。

## 5.3.1 几何方程

如图 5-2 所示,它是薄板的一个切片(微元段)。$P$ 是中性层上方的任意点,它在中性层内投影点为 $O$。考虑微元段 $x-z$ 平面内因为弯曲而产生的转角位移和线位移,有

$$\alpha=\frac{\partial w(x,y)}{\partial x} \tag{5.26}$$

和

$$u=-z\cdot\alpha \tag{5.27}$$

当微元段在 $y-z$ 平面内发生转动位移时,有

$$\beta=\frac{\partial w(x,y)}{\partial y} \tag{5.28}$$

和

$$v=-z\cdot\beta \tag{5.29}$$

综上所述,微元段位移分量可概括为

$$\begin{cases} u=-z\dfrac{\partial w(x,y)}{\partial x} \\ v=-z\dfrac{\partial w(x,y)}{\partial y} \end{cases} \tag{5.30}$$

根据应变与位移的几何关系,弯曲挠度和弯曲应变之间的关系为

$$\{\varepsilon\}=\begin{Bmatrix}\varepsilon_x\\ \varepsilon_y\\ \gamma_{xy}\end{Bmatrix}=\begin{Bmatrix}\dfrac{\partial u}{\mathrm{d}x}\\ \dfrac{\partial v}{\mathrm{d}y}\\ \dfrac{\partial u}{\mathrm{d}x}+\dfrac{\partial v}{\mathrm{d}y}\end{Bmatrix}=\begin{Bmatrix}-z\dfrac{\mathrm{d}^2w}{\mathrm{d}x^2}\\ -z\dfrac{\mathrm{d}^2w}{\mathrm{d}y^2}\\ -2z\dfrac{\partial^2 w}{\partial x\partial y}\end{Bmatrix} \tag{5.31}$$

其中,板的中面由 $x$ 轴和 $y$ 轴所确定。

## 5.3.2 薄板单元应力与内力分布规律

薄板理论认为法线方向的应力和应变可忽略不计,且 $x-z$ 平面、$y-z$ 平面内的切应变也可以忽略不计,其他方向的应力分布规律如图 5-4 所示。

为了便于理解上述假设,相应的本构关系式列举如下:

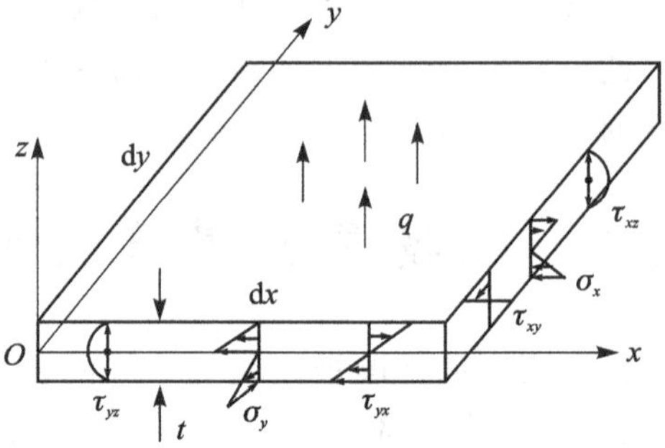


**图 5-4　弹性薄板的应力分布示意图**

$$
\begin{cases}
\sigma_z = \dfrac{E}{(1+\mu)(1-2\mu)}[(1-\mu)\varepsilon_z + \mu(\varepsilon_x + \varepsilon_y)] \\
\varepsilon_z = \dfrac{1}{E}[\sigma_z - \mu(\sigma_x + \sigma_y)],\ G \overset{\text{def}}{=\!=} \dfrac{E}{2(1+\mu)} \\
\tau_{xz} = G \cdot \gamma_{xz} \\
\tau_{yz} = G \cdot \gamma_{yz}
\end{cases}
\tag{5.32}
$$

其中，$\mu$ 是泊松比。

薄板单元 4 个截面内的内力分布如图 5-5 所示。根据薄板理论假设，中面内的点在板的弯曲过程中位移为零(无拉伸)，板单元横截面内与板中面垂直距离越远的位置变形越大，应力也越大，应力与应变之间存在线性关系，如图 5-4 所示。主应力 $\sigma_x$，$\sigma_y$ 引起的弯曲力矩分别为 $M_x$，$M_y$。$\tau_{xy}$ 和 $\tau_{yx}$ 是剪切应力，第一个下标代表剖面的位置，第 2 个下标与应力的方向有关。剪切应力 $\tau_{xy}$，$\tau_{yx}$ 引起扭转力矩 $M_{xy}$，$M_{yx}$。剪切力 $Q_x$，$Q_y$ 在外边界剖面内，方向与外载荷的方向一致，在近坐标轴处的剖面内取反方向。

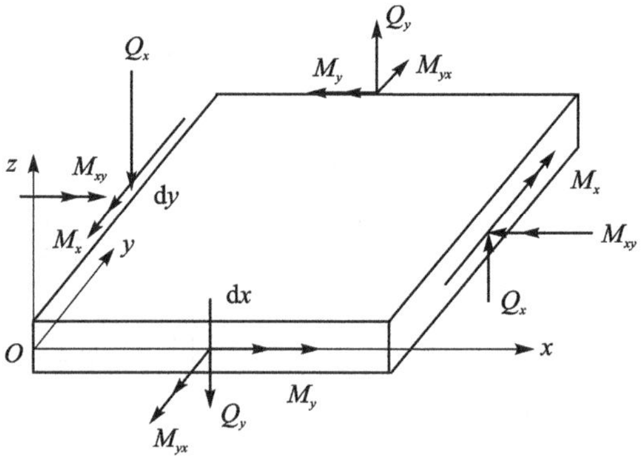


**图 5-5　弹性薄板内力分布示意图**

## 5.3.3　应力和应变关系

根据各向同性材料力学理论，应力与应变之间满足关系式

$$\begin{cases}\sigma_x = \dfrac{E}{1-\mu^2}(\varepsilon_x + \mu\varepsilon_y) \\ \sigma_y = \dfrac{E}{1-\mu^2}(\varepsilon_y + \mu\varepsilon_x),G \overset{\text{def}}{=\!=} \dfrac{E}{2(1+\mu)} \\ \tau_{xy} = G \cdot \gamma_{xy}\end{cases} \tag{5.33}$$

其中,$\mu$ 是材料的泊松比。

注意:泊松比是指材料在单向受拉或受压时,横向正应变与轴向正应变的绝对值的比值,也叫横向变形系数,它是反映材料横向变形的弹性常数,例如铸钢 $\mu=0.3$,合金钢 $\mu=0.25\sim0.3$。

矩阵形式的应力和应变关系式为

$$\{\sigma\} = \begin{Bmatrix}\sigma_x \\ \sigma_y \\ \tau_{xy}\end{Bmatrix} = [D]\begin{Bmatrix}\varepsilon_x \\ \varepsilon_y \\ \gamma_{xy}\end{Bmatrix} = [D]\{\varepsilon\} \tag{5.34}$$

其中,$[D]$ 是弹性矩阵,其定义为

$$[D] = \frac{E}{1-\mu^2}\begin{bmatrix}1 & \mu & 0 \\ \mu & 1 & 0 \\ 0 & 0 & \dfrac{1-\mu}{2}\end{bmatrix} \tag{5.35}$$

将几何方程式(5.31)代入式(5.34)中,有

$$\{\sigma\} = \begin{Bmatrix}\sigma_x \\ \sigma_y \\ \tau_{xy}\end{Bmatrix} = z \cdot [D]\begin{Bmatrix}-\dfrac{\mathrm{d}^2 w}{\mathrm{d}x^2} \\ -\dfrac{\mathrm{d}^2 w}{\mathrm{d}y^2} \\ -2\dfrac{\partial^2 w}{\partial x \partial y}\end{Bmatrix} = z \cdot [D]\begin{Bmatrix}K_x \\ K_y \\ K_{xy}\end{Bmatrix} \tag{5.36}$$

其中,$K_x$,$K_y$,$K_{xy}$ 是薄板弯曲变形各方向上的曲率。

### 5.3.4 剪切力、弯曲力矩与扭转力矩

如图 5-4 所示,板厚度为 $t$,微元立方体的体积为 $t\mathrm{d}x\mathrm{d}y$。考察弯曲力矩 $M_x$,下标代表剖面的位置,它是截面主应力所引起的弯曲力矩,因此有

$$\begin{aligned}M_x &= \int_{-t/2}^{t/2} z\sigma_x \mathrm{d}z = \int_{-t/2}^{t/2} z\left[\frac{E}{1-\mu^2}(\varepsilon_x + \mu\varepsilon_y)\right]\mathrm{d}z \\ &= \int_{-t/2}^{t/2} z\left[\frac{E}{1-\mu^2}(z \cdot K_x)\right]\mathrm{d}z + \int_{-t/2}^{t/2} z\left[\frac{E}{1-\mu^2}(z \cdot K_y)\mu\right]\mathrm{d}z \\ &= \int_{-t/2}^{t/2} z^2\left[\frac{E}{1-\mu^2}K_x\right]\mathrm{d}z + \int_{-t/2}^{t/2} z^2\left[\frac{E}{1-\mu^2}K_y \cdot \mu\right]\mathrm{d}z \\ &= \frac{E \cdot t^3}{12(1-\mu^2)}K_x + \frac{E \cdot t^3}{12(1-\mu^2)}\mu \cdot K_y \\ &\overset{\text{def}}{=\!=} D(K_x + \mu K_y)\end{aligned} \tag{5.37}$$

其中,$D$ 是薄板的弯曲刚度;$K_x$,$K_y$ 是薄板弯曲之后的曲率,即

$$D=\frac{E\cdot t^{3}}{12(1-\mu^{2})} \tag{5.38}$$

$$\begin{cases}K_x=-\dfrac{\partial w^2(x,y)}{\partial x^2}\\[2ex] K_y=-\dfrac{\partial w^2(x,y)}{\partial y^2}\end{cases} \tag{5.39}$$

类似地，可以得到

$$\begin{aligned}M_y&=\int_{-t/2}^{t/2} z\sigma_y\,\mathrm{d}z\\&=\int_{-t/2}^{t/2} z\left[\frac{E}{1-\mu^2}(\varepsilon_y+\mu\varepsilon_x)\right]\mathrm{d}z\\&=D(K_y+\mu K_x)\end{aligned} \tag{5.40}$$

和

$$\begin{aligned}M_{xy}&=\int_{-t/2}^{t/2} z\tau_{xy}\,\mathrm{d}z=\int_{-t/2}^{t/2} z\left[\frac{E}{2(1+\mu)}\cdot\gamma_{xy}\right]\mathrm{d}z\\&=\int_{-t/2}^{t/2} z^2\left[\frac{E}{2(1+\mu)}\cdot K_{xy}\right]\mathrm{d}z\\&=\frac{t^3}{12}\left[\frac{E}{2(1+\mu)}\cdot K_{xy}\right]\\&=\frac{E\cdot t^3}{12(1-\mu^2)}\left[\frac{1-\mu^2}{2(1+\mu)}\right]\cdot K_{xy}\\&=D\left[\frac{1-\mu}{2}\right]K_{xy}\end{aligned} \tag{5.41}$$

其中，$K_{xy}$ 是薄板扭转变形之后的曲率，即

$$K_{xy}=-2\,\frac{\partial w^2(x,y)}{\partial x\partial y} \tag{5.42}$$

综上所述，应力列矩阵为

$$\{\sigma\}=\begin{Bmatrix}\sigma_x\\\sigma_y\\\tau_{xy}\end{Bmatrix}=[D]\begin{Bmatrix}\varepsilon_x\\\varepsilon_y\\\gamma_{xy}\end{Bmatrix}=z\cdot[D]\begin{Bmatrix}-\dfrac{\mathrm{d}^2w}{\mathrm{d}x^2}\\[2ex]-\dfrac{\mathrm{d}^2w}{\mathrm{d}y^2}\\[2ex]-2\,\dfrac{\partial^2w}{\partial x\partial y}\end{Bmatrix} \tag{5.43}$$

内力矩阵为

$$\begin{Bmatrix}M_x\\M_y\\M_{xy}\end{Bmatrix}=\frac{t^3\cdot E}{12(1-\mu^2)}\begin{bmatrix}1&\mu&0\\\mu&1&0\\0&0&\dfrac{1-\mu}{2}\end{bmatrix}\begin{Bmatrix}K_x\\K_y\\K_{xy}\end{Bmatrix}=\frac{t^3}{12}[D]\begin{Bmatrix}-\dfrac{\mathrm{d}^2w}{\mathrm{d}x^2}\\[2ex]-\dfrac{\mathrm{d}^2w}{\mathrm{d}y^2}\\[2ex]-2\,\dfrac{\partial^2w}{\partial x\partial y}\end{Bmatrix} \tag{5.44}$$

由此得到薄板内力与应力之间的关系式为

$$\frac{t^3}{12}\begin{Bmatrix}\sigma_x\\ \sigma_y\\ \tau_{xy}\end{Bmatrix}^e = z\begin{Bmatrix}M_x\\ M_y\\ M_{xy}\end{Bmatrix} \tag{5.45}$$

或

$$\{\sigma\}^e = \frac{12z}{t^3}\{M\} \tag{5.46}$$

式(5.46)表明，薄板应力最大的点位于上下表面处，即

$$Max\{\sigma\}^e = \pm\frac{6}{t^2}\{M\} \tag{5.47}$$

$\{M\}$的值取决于板的中面挠度曲线 $w(x,y)$，它是唯一的未知变量。

注意：挠度曲线经求解获得，利用几何方程得到应变，利用物理方程得到应力。利用应力和内力之间的关系，或者利用内力与挠度之间的关系，可以计算薄板内力。

此外，注意区分平板的弹性矩阵$[D]$、弯曲刚度 $D$，以及剪切刚度 $G$ 之间的差别：

$$D = \frac{t^3 \cdot E}{12(1-\mu^2)},\quad [D] = \frac{E}{1-\mu^2}\begin{bmatrix}1 & \mu & 0\\ \mu & 1 & 0\\ 0 & 0 & \frac{1-\mu}{2}\end{bmatrix},$$

$$G = \frac{E}{1-\mu^2}\times\frac{1-\mu}{2} = \frac{E}{2(1+\mu)} \tag{5.48}$$

## 5.3.5　力的平衡方程

观察图 5-4 和图 5-5 外载荷 $q\mathrm{d}x\mathrm{d}y$ 作用于薄板单元，使之发生向上弯曲，考虑到惯性的缘故，靠近坐标轴的剖面剪力向下，远端剖面剪力向上。根据泰勒展式定理，远离坐标轴的侧面剪切力相对于靠近坐标轴的侧面剪切力有一个增量，即

$$\begin{aligned}(Q_x)_{\text{Right}}\cdot\mathrm{d}y &= \left[(Q_x)_{Left} + \frac{\partial Q_x}{\partial x}\mathrm{d}x\right]\cdot\mathrm{d}y\\ (Q_y)_{\text{Top}}\cdot\mathrm{d}x &= \left[(Q_y)_{\text{Bottom}} + \frac{\partial Q_y}{\partial y}\mathrm{d}y\right]\cdot\mathrm{d}x\end{aligned} \tag{5.49}$$

根据力的平衡条件，内外力的代数和等于零，即

$$\frac{\partial Q_x}{\partial x}\mathrm{d}x\mathrm{d}y + \frac{\partial Q_y}{\partial y}\mathrm{d}y\mathrm{d}x + q\mathrm{d}x\mathrm{d}y = 0 \tag{5.50}$$

化简之后，有

$$\frac{\partial Q_x}{\partial x} + \frac{\partial Q_y}{\partial y} + q = 0 \tag{5.51}$$

类似地，关于 $y$ 轴的转动力矩平衡条件为

$$(-M_x)_{\text{Left}} + \left(M_x + \frac{\partial M_x}{\partial x}\mathrm{d}x\right)_{\text{Right}} + (-M_{yx})_{\text{Bottom}} + \left(M_{xy} + \frac{\partial M_{yx}}{\partial y}\mathrm{d}x\right)_{\text{Top}} - Q_x\mathrm{d}x = 0 \tag{5.52}$$

化简之后，有

$$\frac{\partial M_x}{\partial x} + \frac{\partial M_{yx}}{\partial y} - Q_x = 0 \tag{5.53}$$

关于 $x$ 轴的转动力矩平衡条件为

$$(-M_y)_{\text{Bottom}}+\left(M_y+\frac{\partial M_y}{\partial y}\mathrm{d}y\right)_{\text{Top}}+(-M_{xy})_{\text{Left}}+\left(M_{xy}+\frac{\partial M_{xy}}{\partial x}\mathrm{d}y\right)_{\text{Right}}-Q_y\mathrm{d}y=0$$
(5.54)

化简之后，有
$$\frac{\partial M_y}{\partial y}+\frac{\partial M_{xy}}{\partial x}-Q_y=0 \tag{5.55}$$

综上所述，剪力和力矩表达式可概括为

$$\begin{cases}\dfrac{\partial Q_x}{\partial x}+\dfrac{\partial Q_y}{\partial y}+q=0\\ \dfrac{\partial M_x}{\partial x}+\dfrac{\partial M_{yx}}{\partial y}-Q_x=0\\ \dfrac{\partial M_y}{\partial y}+\dfrac{\partial M_{xy}}{\partial x}-Q_y=0\end{cases} \tag{5.56}$$

其中，力矩是关于板中面挠度函数 $w(x,y)$ 的表达式，见式(5.44)。

利用式(5.56)，消除中间变量 $Q_x$，$Q_y$，有

$$\frac{\partial}{\partial x}\left(\frac{\partial M_x}{\partial x}+\frac{\partial M_{yx}}{\partial y}\right)+\frac{\partial}{\partial y}\left(\frac{\partial M_y}{\partial y}+\frac{\partial M_{xy}}{\partial x}\right)+q=0 \tag{5.57}$$

整理之后，有

$$\left(\frac{\partial^2}{\partial x^2}M_x+\frac{\partial^2}{\partial x\partial y}M_{xy}\right)+\left(\frac{\partial^2 M_y}{\partial y^2}+\frac{\partial^2}{\partial y\partial x}M_{yx}\right)+q=0 \tag{5.58}$$

将力矩与挠度函数之间的关系式代入式(5.58)

$$-D\cdot\frac{\partial^2}{\partial x^2}\left(\frac{\partial^2 w}{\partial x^2}+\mu\frac{\partial^2 w}{\partial y^2}\right)-4\cdot D\cdot\frac{\partial^2}{\partial x\partial y}\left[\left(\frac{1-\mu}{2}\right)\frac{\partial^2 w}{\partial x\partial y}\right]-$$
$$D\cdot\frac{\partial^2}{\partial y^2}\left(\mu\frac{\partial^2 w}{\partial x^2}+\frac{\partial^2 w}{\partial y^2}\right)+q=0 \tag{5.59}$$

经过计算与化简，有

$$\frac{\partial^4 w}{\partial x^4}+\mu\frac{\partial^4 w}{\partial x^2 y^2}+2(1-\mu)\frac{\partial^4 w}{\partial x^2\partial y^2}+\mu\frac{\partial^4 w}{\partial x^2\partial y^2}+\frac{\partial^4 w}{\partial y^4}=\frac{q}{D} \tag{5.60}$$

最后的结果为

$$\frac{\partial^4 w}{\partial x^4}+2\frac{\partial^4 w}{\partial^2 x\partial^2 y}+\frac{\partial^4 w}{\partial y^4}=\frac{q}{D} \tag{5.61}$$

其中，$D=\dfrac{t^3\cdot E}{12(1-\mu^2)}$，见式(5.48)。

## 5.4 板单元的势能

板的势能函数为

$$U=\frac{1}{2}\int_V(\sigma_x\varepsilon_x+\sigma_y\varepsilon_y+\tau_{xy}\gamma_{xy})\,\mathrm{dV} \tag{5.62}$$

注意到

$$\begin{Bmatrix}\sigma_x\\ \sigma_y\\ \tau_{xy}\end{Bmatrix}=\frac{E}{1-\mu^2}\begin{bmatrix}1&\mu&0\\ \mu&1&0\\ 0&0&\dfrac{1-\mu}{2}\end{bmatrix}\begin{Bmatrix}\varepsilon_x\\ \varepsilon_y\\ \tau_{xy}\end{Bmatrix} \tag{5.63}$$

$$\begin{Bmatrix} \varepsilon_x \\ \varepsilon_y \\ \gamma_{xy} \end{Bmatrix} = \begin{Bmatrix} -z\dfrac{\mathrm{d}^2 w}{\mathrm{d}x^2} \\ -z\dfrac{\mathrm{d}^2 w}{\mathrm{d}y^2} \\ -2z\dfrac{\partial^2 w}{\partial x\partial y} \end{Bmatrix} \tag{5.64}$$

$$\begin{Bmatrix} \sigma_x \\ \sigma_y \\ \tau_{xy} \end{Bmatrix} = \frac{12z}{t^3}\begin{Bmatrix} M_x \\ M_y \\ M_{xy} \end{Bmatrix} \tag{5.65}$$

将式(5.63)～式(5.65)代入式(5.62)

$$U = \frac{1}{2}\int_V \frac{12z}{t^3}[M_x \quad M_y \quad M_{xy}]\begin{Bmatrix} -z\dfrac{\mathrm{d}^2 w}{\mathrm{d}x^2} \\ -z\dfrac{\mathrm{d}^2 w}{\mathrm{d}y^2} \\ -2z\dfrac{\partial^2 w}{\partial x\partial y} \end{Bmatrix}\mathrm{d}V \tag{5.66}$$

按照薄板的厚度方向进行积分与化简之后，结果为

$$U = \frac{1}{2}\int_A [M_x \quad M_y \quad M_{xy}]\begin{Bmatrix} K_x \\ K_y \\ K_{xy} \end{Bmatrix}\mathrm{d}A \tag{5.67}$$

其中，$A$ 是薄板单元的面积；板的力矩和弹性矩阵分别由下式给出：

$$\begin{Bmatrix} M_x \\ M_y \\ M_{xy} \end{Bmatrix} = \frac{t^3}{12}[D]\begin{Bmatrix} K_x \\ K_y \\ K_{xy} \end{Bmatrix} \tag{5.68}$$

$$[D] = \frac{E}{1-\mu^2}\begin{bmatrix} 1 & \mu & 0 \\ \mu & 1 & 0 \\ 0 & 0 & \dfrac{1-\mu}{2} \end{bmatrix} \tag{5.69}$$

## 5.5　曲率矩阵、梯度矩阵与应力/应变本构矩阵

薄板曲率矩阵的定义为

$$\{K\} = \begin{Bmatrix} K_x \\ K_y \\ K_{xy} \end{Bmatrix} = \begin{Bmatrix} -\dfrac{\mathrm{d}^2 w}{\mathrm{d}x^2} \\ -\dfrac{\mathrm{d}^2 w}{\mathrm{d}y^2} \\ -2\dfrac{\partial^2 w}{\partial x\partial y} \end{Bmatrix} \tag{5.70}$$

曲率矩阵的重要性在于

$$\{\sigma\} = [D]\{\varepsilon\} = z\cdot[D]\{K\} \tag{5.71}$$

$$\{M\}=\frac{t^3}{12}[D]\{K\}=[D^*]\{K\} \tag{5.72}$$

其中，$[D^*]$为应力/应变本构矩阵，定义为

$$[D^*]=\frac{t^3\cdot E}{12(1-\mu^2)}\begin{bmatrix}1 & \mu & 0\\ \mu & 1 & 0\\ 0 & 0 & \frac{1-\mu}{2}\end{bmatrix} \tag{5.73}$$

根据式(5.15)和式(5.25)，有

$$\begin{Bmatrix}\frac{\partial^2 w}{\partial y^2}\\ \frac{\partial^2 w}{\partial x^2}\\ 2\frac{\partial^2 w}{\partial y\partial x}\end{Bmatrix}=\begin{bmatrix}0 & 0 & 0 & 0 & 0 & 2 & 0 & 0 & 2x & 6y & 0 & 6xy\\ 0 & 0 & 0 & 2 & 0 & 0 & 6x & 2y & 0 & 0 & 6xy & 0\\ 0 & 0 & 0 & 0 & 2 & 0 & 0 & 4x & 4y & 0 & 6x^2 & 6y^2\end{bmatrix}[A_{ijmn}]_{12\times12}^{-1}\begin{Bmatrix}\{\delta_i\}\\ \{\delta_j\}\\ \{\delta_m\}\\ \{\delta_n\}\end{Bmatrix} \tag{5.74}$$

将式(5.74)代入薄板曲率矩阵表达式，得到

$$\{K\}=[B]\{\delta\} \tag{5.75}$$

其中，$[B]$是梯度矩阵

$$[B]=(-1)\times\begin{bmatrix}0 & 0 & 0 & 0 & 0 & 2 & 0 & 0 & 2x & 6y & 0 & 6xy\\ 0 & 0 & 0 & 2 & 0 & 0 & 6x & 2y & 0 & 0 & 6xy & 0\\ 0 & 0 & 0 & 0 & 2 & 0 & 0 & 4x & 4y & 0 & 6x^2 & 6y^2\end{bmatrix}[A_{ijmn}]_{12\times12}^{-1} \tag{5.76}$$

注意：式(5.75)中的$[B]$矩阵为平板弯曲问题的梯度矩阵，而式(3.38)中的$[B]$矩阵为平面问题中的应变矩阵。

## 5.6 薄板刚度矩阵

矩形板的势函数为

$$U=\frac{1}{2}\int_A[M_x\quad M_y\quad M_{xy}]\begin{Bmatrix}-\frac{\mathrm{d}^2 w}{\mathrm{d}x^2}\\ -\frac{\mathrm{d}^2 w}{\mathrm{d}y^2}\\ -2\frac{\partial^2 w}{\partial x\partial y}\end{Bmatrix}\mathrm{d}A=\frac{1}{2}\int_A[M]\{K\}\mathrm{d}A \tag{5.77}$$

将力矩矩阵和曲率矩阵代入式(5.77)，有

$$\begin{aligned}U&=\frac{1}{2}\int_A([D^*][B]\{\delta\})^{\mathrm{T}}[B]\{\delta\}\mathrm{d}A\\ &=\frac{1}{2}[\{\delta_i\}^{\mathrm{T}}\{\delta_j\}^{\mathrm{T}}\{\delta_m\}^{\mathrm{T}}\{\delta_n\}^{\mathrm{T}}]\left(\iint_A[B]^{\mathrm{T}}[D^*][B]\mathrm{d}x\mathrm{d}y\right)\begin{Bmatrix}\{\delta_i\}\\ \{\delta_j\}\\ \{\delta_m\}\\ \{\delta_n\}\end{Bmatrix}\end{aligned} \tag{5.78}$$

另一方面，节点力做功

$$[\{\delta_i\}^{\mathrm{T}}\{\delta_j\}^{\mathrm{T}}\{\delta_m\}^{\mathrm{T}}\{\delta_n\}^{\mathrm{T}}]\{F\}=[\{\delta_i\}^{\mathrm{T}}\{\delta_j\}^{\mathrm{T}}\{\delta_m\}^{\mathrm{T}}\{\delta_n\}^{\mathrm{T}}]\begin{Bmatrix}\{F_i\}\\\{F_j\}\\\{F_m\}\\\{F_n\}\end{Bmatrix} \tag{5.79}$$

根据能量守恒定律，有

$$U=\frac{1}{2}[\{\delta_i\}^{\mathrm{T}}\{\delta_j\}^{\mathrm{T}}\{\delta_m\}^{\mathrm{T}}\{\delta_n\}^{\mathrm{T}}]\iint_A[B]^{\mathrm{T}}[D^*][B]\,\mathrm{d}x\,\mathrm{d}y\begin{Bmatrix}\{\delta_i\}\\\{\delta_j\}\\\{\delta_m\}\\\{\delta_n\}\end{Bmatrix}$$

$$=[\{\delta_i\}^{\mathrm{T}}\{\delta_j\}^{\mathrm{T}}\{\delta_m\}^{\mathrm{T}}\{\delta_n\}^{\mathrm{T}}]\begin{Bmatrix}\{F_i\}\\\{F_j\}\\\{F_m\}\\\{F_n\}\end{Bmatrix} \tag{5.80}$$

两边同时对$\{\delta\}=\begin{Bmatrix}\{\delta_i\}\\\{\delta_j\}\\\{\delta_m\}\\\{\delta_n\}\end{Bmatrix}$求导数，有

$$\iint_A[B]^{\mathrm{T}}[D^*][B]\,\mathrm{d}x\,\mathrm{d}y\begin{Bmatrix}\{\delta_i\}\\\{\delta_j\}\\\{\delta_m\}\\\{\delta_n\}\end{Bmatrix}=\begin{Bmatrix}\{F_i\}\\\{F_j\}\\\{F_m\}\\\{F_n\}\end{Bmatrix} \tag{5.81}$$

则刚度矩阵表达式为

$$[K]=\iint_A[B]^{\mathrm{T}}[D^*][B]\,\mathrm{d}x\,\mathrm{d}y \tag{5.82}$$

注意：曲率列矩阵的$\{K\}\in\mathbf{R}^{3\times1}$，而刚度矩阵$[K]\in\mathbf{R}^{12\times12}$。

## 5.7　等效节点力

有限元理论认为，节点力矩阵是真实系统外载荷的等效形式，如分布力载荷应借助形函数(插值)将其转化为等效节点载荷，即

$$\{F_s\}=\iint_A[N_s]^{\mathrm{T}}q\,\mathrm{d}x\,\mathrm{d}y \tag{5.83}$$

其中，$\{F_s\}$是等效之后的表面力插值列矩阵；$[N_s]$是插值形函数；$q$ 是 $z$ 轴方向的分布载荷，即单位面积表面力。

以均匀分布载荷 $q_0$ 为例

$$\vec{q}^{\mathrm{T}}=[q_0\quad 0\quad 0\quad q_0\quad 0\quad 0\quad q_0\quad 0\quad 0\quad q_0\quad 0\quad 0] \tag{5.84}$$

假设板单元宽度($x$ 轴)和长度($y$ 轴)分别是 $c$ 和 $L$，则 4 个节点位置的坐标分别是 $A(0,0)$，$B(c,0)$，$C(c,L)$，$D(0,L)$。将坐标代入式(5.18)，计算得到形函数$[\Phi]^{\mathrm{T}}=[N_s]^{\mathrm{T}}\in$

$\mathbf{R}^{12\times 3}$ 的具体形式，然后再利用式(5.83)计算分布载荷的等效节点力。计算结果分别为

$$\{F_i\}=\begin{Bmatrix} W_i \\ M_{ix} \\ M_{iy} \end{Bmatrix}=Lcq_0\begin{Bmatrix} \frac{1}{4} \\ +\frac{L}{24} \\ -\frac{c}{24} \end{Bmatrix} \tag{5.85}$$

$$\{F_j\}=\begin{Bmatrix} W_j \\ M_{jx} \\ M_{jy} \end{Bmatrix}=Lcq_0\begin{Bmatrix} \frac{1}{4} \\ +\frac{L}{24} \\ +\frac{c}{24} \end{Bmatrix} \tag{5.86}$$

$$\{F_m\}=\begin{Bmatrix} W_m \\ M_{mx} \\ M_{my} \end{Bmatrix}=Lcq_0\begin{Bmatrix} \frac{1}{4} \\ -\frac{L}{24} \\ +\frac{c}{24} \end{Bmatrix} \tag{5.87}$$

$$\{F_n\}=\begin{Bmatrix} W_n \\ M_{nx} \\ M_{ny} \end{Bmatrix}=Lcq_0\begin{Bmatrix} \frac{1}{4} \\ -\frac{L}{24} \\ -\frac{c}{24} \end{Bmatrix} \tag{5.88}$$

为了便于读者验证，这里基于 Maple 程序给出形函数第一行的数据供大家参考：

$$\Phi^{\mathrm{T}}[1][1]=\frac{L^3c^3-3L^3cx^2+2L^3x^3-L^2c^2xy+3L^2cx^2y-2L^2x^3y-3Lc^3y^2+3Lc^2xy^2+2c^3y^3-2c^2xy^3}{L^3c^3} \tag{5.89}$$

$$\Phi^{\mathrm{T}}[2][1]=\frac{y(L^2c-L^2x-2Lcy+2Lxy+cy^2-xy^2)}{L^2c} \tag{5.90}$$

$$\Phi^{\mathrm{T}}[3][1]=\frac{-x(Lc^2-2Lcx+Lx^2-c^2y+2cxy-x^2y)}{Lc^2} \tag{5.91}$$

$$\Phi^{\mathrm{T}}[4][1]=\frac{x(3L^3cx-2L^3x^2+L^2c^2y-3L^2cxy+2L^2x^2y-3Lc^2y^2+2c^2y^3)}{L^3c^3} \tag{5.92}$$

$$\Phi^{\mathrm{T}}[5][1]=\frac{xy(L^2-2Ly+y^2)}{cL^2} \tag{5.93}$$

$$\Phi^{\mathrm{T}}[6][1]=\frac{x^2(Lc-Lx-cy+xy)}{Lc^2} \tag{5.94}$$

$$\Phi^{\mathrm{T}}[7][1]=\frac{-xy(L^2c^2-3L^2cx+2L^2x^2-3Lc^2y+2c^2y^2)}{L^3c^3} \tag{5.95}$$

$$\Phi^{\mathrm{T}}[8][1]=\frac{-xy^2(L-y)}{cL^2} \tag{5.96}$$

$$\Phi^{\mathrm{T}}[9][1]=\frac{x^2y(c-x)}{Lc^2} \tag{5.97}$$

$$\Phi^{\mathrm{T}}[10][1]=\frac{y(L^2c^2x-3L^2cx^2+2L^2x^3+3Lc^3y-3Lc^2xy-2c^3y^2+2c^2xy^2)}{L^3c^3} \tag{5.98}$$

$$\Phi^{\mathrm{T}}[11][1]=\frac{-y^2(Lc-Lx-cy+xy)}{cL^2} \tag{5.99}$$

$$\Phi^{\mathrm{T}}[12][1]=\frac{-xy(c^2-2cx+x^2)}{Lc^2} \tag{5.100}$$

其中，$c$ 代表弦长，$L$ 代表展长。

读者可以结合直观的感受来判断各个截面等效力矩的方向，判断结果与计算结果是否相吻合？

# 5.8　本章习题

四边固支的矩形薄板几何尺寸如图 5－6 所示，形心处受到垂直向下的集中载荷的作用。试求：板的最大变形量。

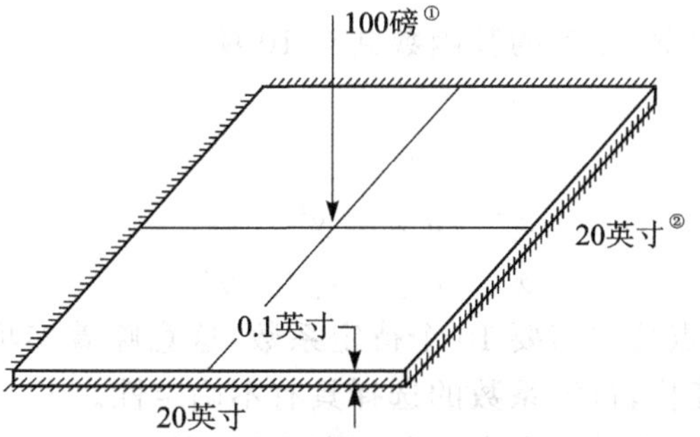


注：① 1磅约等于0.454 kg；② 1英寸等于25.4 mm。

**图 5－6　四边固支的矩形薄板**

# 第 6 章　三角形板单元的弯曲

## 6.1　面积坐标系

如图 6－1 所示，三角形薄板单元含有 3 个节点，每个节点有 3 个自由度（一个线位移和两个弯曲引起的角位移），能提供 9 个约束条件。

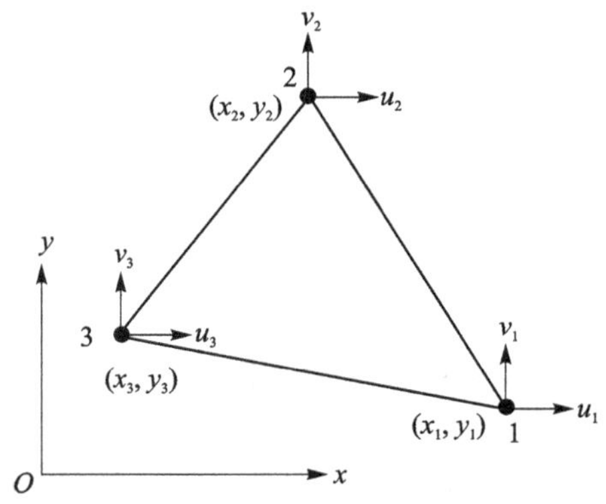


**图 6－1　三角形单元**

观察多项式基函数的情况，完备的基函数共有 10 项

$$\begin{array}{cccc} 1 & & & \\ x & y & & \\ x^2 & xy & y^2 & \\ x^3 & x^2y & xy^2 & y^3 \end{array} \tag{6.1}$$

也就是说，描述单元内部的点位移需要 10 个待定系数，这意味着多项位移表达式和形函数表达式之间没有确切的矩阵变换，待定系数的选择具有不确定性。

回忆前文知识，已知三角形单元存在一种面积坐标，即

$$L_1(x,y)=\frac{S_{\Delta PBC}}{S_{\Delta ABC}}=\frac{1}{2\Delta}\begin{vmatrix} 1 & x & y \\ 1 & x_j & y_j \\ 1 & x_k & y_k \end{vmatrix} \tag{6.2}$$

$$L_2(x,y)=\frac{S_{\Delta APC}}{S_{\Delta ABC}}=\frac{1}{2\Delta}\begin{vmatrix} 1 & x & y \\ 1 & x_k & y_k \\ 1 & x_i & y_i \end{vmatrix} \tag{6.3}$$

$$L_3(x,y)=\frac{S_{\Delta ABP}}{S_{\Delta ABC}}=\frac{1}{2\Delta}\begin{vmatrix} 1 & x & y \\ 1 & x_i & y_i \\ 1 & x_j & y_j \end{vmatrix} \tag{6.4}$$

其中，$S_{\Delta ABC}=\Delta$ 代表三角形单元的面积；下标 $i$，$j$，$k$ 分别对应节点编号 $A$，$B$，$C$。

若采用数字下标，整理之后有

$$
\begin{cases}
L_1(x,y)=\dfrac{1}{2\Delta}[(x_2y_3-x_3y_2)+(y_2-y_3)x-(x_2-x_3)y] \\
L_2(x,y)=\dfrac{1}{2\Delta}[(x_3y_1-x_1y_3)+(y_3-y_1)x-(x_3-x_1)y] \\
L_3(x,y)=\dfrac{1}{2\Delta}[(x_1y_2-x_2y_1)+(y_1-y_2)x-(x_1-x_2)y]
\end{cases} \tag{6.5}
$$

不难验证

$$
L_1(x,y)+L_2(x,y)+L_3(x,y)=\frac{1}{2\Delta}\begin{vmatrix}1 & x_1 & y_1\\ 1 & x_2 & y_2\\ 1 & x_3 & y_3\end{vmatrix}=1 \tag{6.6}
$$

无论采用何种坐标系描述三角形单元内部任意一点的状态，都应该是彼此等价的。不难看出，面积坐标系和直角坐标系之间存在下述关系

$$
\begin{cases}
x=L_1(x_1-x_3)+L_2(x_2-x_3)+x_3 \\
y=L_1(y_1-y_3)+L_2(y_2-y_3)+y_3
\end{cases} \tag{6.7}
$$

当 $x\to x_3$ 时，有

$$
L_1=0,\quad L_2=0,\quad L_3=1 \tag{6.8}
$$

这说明面积坐标法就是形函数坐标法。

如图 6－2 所示，，$\mathrm{Rt}\Delta=\begin{cases}A(0,1)=A(x_1,y_1)\\ B(0,0)=B(x_2,y_2)\\ C(1,0)=C(x_3,y_3)\end{cases}$，面积 $\Delta=\dfrac{1}{2}$，$P_{Oxy}(x,y)$是内部任意点。

利用式(6.5)，基于面积坐标法的描述为

$$
P(L_1,L_2,L_3)=P_{OL_1L_2L_3}(y,1-x-y,x) \tag{6.9}
$$

且

$$
\begin{cases}
A(L_1,L_2,L_3)=A_{OL_1L_2L_3}(1,0,0) \\
B(L_1,L_2,L_3)=B_{OL_1L_2L_3}(0,1,0) \\
C(L_1,L_2,L_3)=C_{OL_1L_2L_3}(0,0,1)
\end{cases} \tag{6.10}
$$

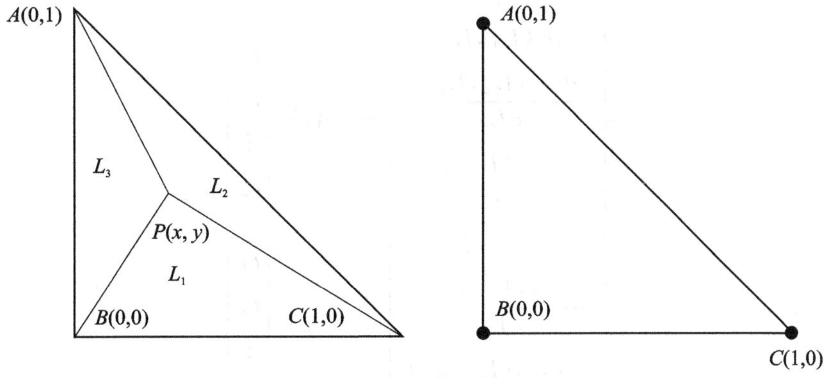


**图 6－2　直角三角形的面积坐标示意图**

# 6.2　多项式位移表达法

在面积坐标系内，可选择如下形式的多项式基函数(舍弃了 $L_1L_2L_3$ 项)：

$$\begin{array}{ccc} L_1 & L_2 & L_3 \\ L_2L_3 & L_3L_1 & L_1L_2 \\ L_2(L_3)^2-L_3(L_2)^2 & L_3(L_1)^2-L_1(L_3)^2 & L_1(L_2)^2-L_2(L_1)^2 \end{array} \tag{6.11}$$

仔细观察式(6.11)，它包含 9 个基函数，且满足对称性质。虽然没有选择全部的基函数，但满足有限单元必要的刚体运动和常应变等性质，是一种较为理想的基函数选择法。值得注意的是，它不是协调的三角形单元，因为单元之间交界面处的高阶导数未必满足连续性条件。

利用式(6.11)，构造三角形单元内任意点 $P$ 的挠度位移表达式

$$w(L_1,L_2)=(L_1\quad L_2\quad L_3\quad L_2L_3\quad L_3L_1\quad L_1L_2\quad L_2L_3^2-L_3L_2^2\quad L_3L_1^2-L_1L_3^2\quad L_1L_2^2-L_2L_1^2)\begin{bmatrix} t_1 \\ t_2 \\ \vdots \\ t_9 \end{bmatrix} \tag{6.12}$$

其中，$L_3=1-L_1-L_2$。

# 6.3　形函数位移表达法

利用节点位移的信息描述三角形单元内部点的位移，称为形函数插值位移法。

类似于式(5.1)，利用面积坐标系描述弯曲变形的表达式为

$$\begin{Bmatrix} w(L_1,L_2) \\ \theta_{L_1} \\ \theta_{L_2} \end{Bmatrix}=\begin{Bmatrix} w(L_1,L_2) \\ \dfrac{\partial w(L_1,L_2)}{\partial L_2} \\ -\dfrac{\partial w(L_1,L_2)}{\partial L_1} \end{Bmatrix}=[A]\begin{bmatrix} t_1 \\ t_2 \\ \vdots \\ t_9 \end{bmatrix} \tag{6.13}$$

$$\begin{Bmatrix} w_1(L_1,L_2) \\ \dfrac{\partial w_1(L_1,L_2)}{\partial L_2} \\ -\dfrac{\partial w_1(L_1,L_2)}{\partial L_1} \end{Bmatrix}=[A_1]\begin{bmatrix} t_1 \\ t_2 \\ \vdots \\ t_9 \end{bmatrix} \tag{6.14}$$

$$\begin{Bmatrix} w_2(L_1,L_2) \\ \dfrac{\partial w_2(L_1,L_2)}{\partial L_2} \\ -\dfrac{\partial w_2(L_1,L_2)}{\partial L_1} \end{Bmatrix}=[A_2]\begin{bmatrix} t_1 \\ t_2 \\ \vdots \\ t_9 \end{bmatrix} \tag{6.15}$$

$$\left\{\begin{array}{c} w_3(L_1,L_2) \\ \dfrac{\partial w_3(L_1,L_2)}{\partial L_2} \\ -\dfrac{\partial w_3(L_1,L_2)}{\partial L_1} \end{array}\right\} = [A_3]\begin{bmatrix} t_1 \\ t_2 \\ \vdots \\ t_9 \end{bmatrix} \tag{6.16}$$

其中，$[A]$，$[A_1]$，$[A_2]$，$[A_3] \in \mathbf{R}^{3\times 9}$。

注意：对于飞机而言，$x$ 轴是气流的方向，$y$ 轴是右侧机翼的伸展方向，$z$ 轴根据右手法则垂直向上为正。关于 $x$ 轴的偏导数（正值时）产生绕 $y$ 轴的低头效应（转角为负值）。

综上所述，有

$$\left\{\begin{array}{c} w_1(L_1,L_2) \\ \dfrac{\partial w_1(L_1,L_2)}{\partial L_2} \\ -\dfrac{\partial w_1(L_1,L_2)}{\partial L_1} \\ \vdots \\ w_3(L_1,L_2) \\ \dfrac{\partial w_3(L_1,L_2)}{\partial L_2} \\ -\dfrac{\partial w_3(L_1,L_2)}{\partial L_1} \end{array}\right\} = \begin{pmatrix} [A_1] \\ [A_2] \\ [A_3] \end{pmatrix}\begin{bmatrix} t_1 \\ t_2 \\ \vdots \\ t_9 \end{bmatrix} \tag{6.17}$$

或

$$\begin{pmatrix} [A_1] \\ [A_2] \\ [A_3] \end{pmatrix}^{-1}\left\{\begin{array}{c} w_1(L_1,L_2) \\ \dfrac{\partial w_1(L_1,L_2)}{\partial L_2} \\ -\dfrac{\partial w_1(L_1,L_2)}{\partial L_1} \\ \vdots \\ w_3(L_1,L_2) \\ \dfrac{\partial w_3(L_1,L_2)}{\partial L_2} \\ -\dfrac{\partial w_3(L_1,L_2)}{\partial L_1} \end{array}\right\} = \begin{bmatrix} t_1 \\ t_2 \\ \vdots \\ t_9 \end{bmatrix} \tag{6.18}$$

将式(6.18)代入式(6.13)，得到

$$\begin{Bmatrix} w(L_1,L_2) \\ \dfrac{\partial w(L_1,L_2)}{\partial L_2} \\ -\dfrac{\partial w(L_1,L_2)}{\partial L_1} \end{Bmatrix} = [\Phi(L_1,L_2)] \begin{Bmatrix} w_1(L_1,L_2) \\ \dfrac{\partial w_1(L_1,L_2)}{\partial L_2} \\ -\dfrac{\partial w_1(L_1,L_2)}{\partial L_1} \\ \vdots \\ w_3(L_1,L_2) \\ \dfrac{\partial w_3(L_1,L_2)}{\partial L_2} \\ -\dfrac{\partial w_3(L_1,L_2)}{\partial L_1} \end{Bmatrix} \tag{6.19}$$

其中，$[\Phi(L_1,L_2)]$是形函数矩阵，它的定义为

$$[\Phi(L_1,L_2)] = [A]\begin{pmatrix} [A_1] \\ [A_2] \\ [A_3] \end{pmatrix}^{-1} \tag{6.20}$$

## 6.4　偏导数

形函数代表了一种插值分配方式，即向节点位置分配的位移或载荷的权重，它不依赖于坐标系的选择。但是，当遇到求导运算时，还是要注意自变量所在的坐标系。

式(6.20)所代表的形函数既可看作关于 $L_1$，$L_2$ 的函数，也可以看作关于 $x$，$y$ 的复合函数。根据复合函数的链式求导法则，有

$$\frac{\partial \Phi(L_1,L_2)}{\partial x} = \frac{\partial \Phi(L_1,L_2)}{\partial L_1}\cdot\frac{\partial L_1(x,y)}{\partial x} + \frac{\partial \Phi(L_1,L_2)}{\partial L_2}\cdot\frac{\partial L_2(x,y)}{\partial x} \tag{6.21}$$

$$\frac{\partial \Phi(L_1,L_2)}{\partial y} = \frac{\partial \Phi(L_1,L_2)}{\partial L_1}\cdot\frac{\partial L_1(x,y)}{\partial y} + \frac{\partial \Phi(L_1,L_2)}{\partial L_2}\cdot\frac{\partial L_2(x,y)}{\partial y} \tag{6.22}$$

关于挠度函数，也有类似的结果。

考虑如图 6-2 所示的 Rt$\Delta ABC$，三角形单元内部任意点 $P$ 的坐标有两种表达形式

$$P_{Oxy}(x,y) = P_{OL_1L_2L_3}(L_1,L_2,L_3) \tag{6.23}$$

其中，就本例而言

$$\begin{cases} L_1 = y \\ L_2 = 1 - x - y \\ L_3 = x \end{cases} \tag{6.24}$$

将式(6.24)代入式(6.12)，有

$$\begin{aligned} \bar{w}(x,y) = {} & y\{t_1\} + (1-x-y)\{t_2\} + x\{t_3\} + \\ & x(1-x-y)\{t_4\} + xy\{t_5\} + y(1-x-y)\{t_6\} + \\ & [x^2(1-x-y) - x(1-x-y)^2]\{t_7\} + \\ & [xy^2 - x^2y]\{t_8\} + [y(1-x-y)^2 - y^2(1-x-y)]\{t_9\} \end{aligned} \tag{6.25}$$

基于式(6.12)，利用式(6.21)、(6.22)计算偏导数，得到

$$\begin{aligned}\frac{\partial w(L_1,L_2)}{\partial L_1}=&(+1)\{t_1\}+0\{t_2\}+(-1)\{t_3\}+\\&(x+y-1)\{t_4\}+(x-y)\{t_5\}+(1-x-y)\{t_6\}+\\&(3x^2+4xy+y^2-4x-2y+1)\{t_7\}+\\&(4xy-x^2-y^2)\{t_8\}+(x^2+4xy+3y^2-2x-4y+1)\{t_9\}\end{aligned} \tag{6.26}$$

$$\begin{aligned}\frac{\partial w(L_1,L_2)}{\partial L_2}=&0\{t_1\}+(+1)\{t_2\}+(-1)\{t_3\}+\\&(2x+y-1)\{t_4\}+(-y)\{t_5\}+y\{t_6\}+\\&(6x^2+6xy+y^2-6x-2y+1)\{t_7\}+\\&(2xy-y^2)\{t_8\}+(2y-2xy-3y^2)\{t_9\}\end{aligned} \tag{6.27}$$

根据式(6.25)，计算偏导数

$$\begin{aligned}\frac{\partial \bar{w}(x,y)}{\partial x}=&0\{t_1\}+(-1)\{t_2\}+(+1)\{t_3\}+\\&[1-2x-y]\{t_4\}+y\{t_5\}+(-y)\{t_6\}+\\&[-6x^2-6xy-y^2+6x+2y-1]\{t_7\}+\\&[y^2-2xy]\{t_8\}+[3y^2-2y+2xy]\{t_9\}\end{aligned} \tag{6.28}$$

和

$$\begin{aligned}\frac{\partial \bar{w}(x,y)}{\partial y}=&(+1)\{t_1\}+(-1)\{t_2\}+0\{t_3\}+\\&(-x)\{t_4\}+x\{t_5\}+(1-x-2y)\{t_6\}+\\&[2x-2xy-3x^2]\{t_7\}+\\&[2xy-x^2]\{t_8\}+[x^2+6xy+6y^2-2x-6y+1]\{t_9\}\end{aligned} \tag{6.29}$$

读者可以自行验证，上述偏导数之间满足链式法则，即

$$\begin{cases}\dfrac{\partial w(L_1,L_2)}{\partial L_1}=\dfrac{\partial \bar{w}(x,y)}{\partial x}\dfrac{\partial x}{\partial L_1}+\dfrac{\partial \bar{w}(x,y)}{\partial y}\dfrac{\partial y}{\partial L_1}=(-\theta_y)\dfrac{\partial x}{\partial L_1}+\theta_x\dfrac{\partial y}{\partial L_1}\\[2ex]\dfrac{\partial w(L_1,L_2)}{\partial L_2}=\dfrac{\partial \bar{w}(x,y)}{\partial x}\dfrac{\partial x}{\partial L_2}+\dfrac{\partial \bar{w}(x,y)}{\partial y}\dfrac{\partial y}{\partial L_2}=(-\theta_y)\dfrac{\partial x}{\partial L_2}+\theta_x\dfrac{\partial y}{\partial L_2}\end{cases} \tag{6.30}$$

其中

$$\begin{cases}x=1-L_1-L_2\\y=L_1\end{cases} \tag{6.31}$$

最后的结果是

$$\begin{cases}\dfrac{\partial w(L_1,L_2)}{\partial L_2}=\theta_y\\[2ex]-\dfrac{\partial w(L_1,L_2)}{\partial L_1}=-\theta_x-\theta_y\end{cases} \tag{6.32}$$

写成矩阵形式为

$$\begin{Bmatrix} \dfrac{\partial w}{\partial L_2} \\ -\dfrac{\partial w}{\partial L_1} \end{Bmatrix} = \begin{bmatrix} 0 & 1 \\ -1 & -1 \end{bmatrix} \begin{Bmatrix} \theta_x \\ \theta_y \end{Bmatrix} \tag{6.33}$$

相比式(6.31)，更加一般的情况是

$$\begin{cases} x = L_1 x_1 - L_1 x_3 + L_2 x_2 - L_2 x_3 + x_3 \\ y = L_1 y_1 - L_1 y_3 + L_2 y_2 - L_2 y_3 + y_3 \end{cases} \tag{6.34}$$

计算偏导数的结果为

$$\begin{cases} \dfrac{\partial x}{\partial L_1} = x_1 - x_3 \\ \dfrac{\partial y}{\partial L_1} = y_1 - y_3 \end{cases} \tag{6.35}$$

$$\begin{cases} \dfrac{\partial x}{\partial L_2} = x_2 - x_3 \\ \dfrac{\partial y}{\partial L_2} = y_2 - y_3 \end{cases} \tag{6.36}$$

根据式(6.30)，得到相比式(6.32)更为一般的基本公式为

$$\begin{cases} \dfrac{\partial w(L_1,L_2)}{\partial L_1} = (-\theta_y)\dfrac{\partial x}{\partial L_1} + \theta_x \dfrac{\partial y}{\partial L_1} = (-\theta_y)(x_1 - x_3) + \theta_x (y_1 - y_3) \\ \dfrac{\partial w(L_1,L_2)}{\partial L_2} = (-\theta_y)\dfrac{\partial x}{\partial L_2} + \theta_x \dfrac{\partial y}{\partial L_2} = (-\theta_y)(x_2 - x_3) + \theta_x (y_2 - y_3) \end{cases} \tag{6.37}$$

整理之后，得到

$$\begin{cases} \dfrac{\partial w(L_1,L_2)}{\partial L_2} = (-\theta_y)(x_2 - x_3) + \theta_x (y_2 - y_3) \\ -\dfrac{\partial w(L_1,L_2)}{\partial L_1} = \theta_y (x_1 - x_3) + (-\theta_x)(y_1 - y_3) \end{cases} \tag{6.38}$$

或

$$\begin{Bmatrix} \dfrac{\partial w}{\partial L_2} \\ -\dfrac{\partial w}{\partial L_1} \end{Bmatrix} = \begin{bmatrix} +(y_2 - y_3) & -(x_2 - x_3) \\ -(y_1 - y_3) & +(x_1 - x_3) \end{bmatrix} \begin{Bmatrix} \theta_x \\ \theta_y \end{Bmatrix} \tag{6.39}$$

代入已知条件

$$\mathrm{Rt}\Delta = \begin{cases} A(0,1) = A(x_1, y_1) \\ B(0,0) = B(x_2, y_2) \\ C(1,0) = C(x_3, y_3) \end{cases} \tag{6.40}$$

则重新得到了式(6.33)的结论。

## 6.5　形函数的计算

本节计算如图 6－2 所示的等腰直角三角形单元的形函数。

根据式(6.40)，目标是获得如下形式的表达式：

$$\begin{Bmatrix} \bar{w}(x,y) \\ \theta_y \\ -\theta_x \end{Bmatrix} = [\bar{\Phi}(L_1,L_2)] \begin{Bmatrix} \bar{w}(x_1,y_1) \\ \theta_{x_1} \\ -\theta_{y_1} \\ \vdots \\ \bar{w}(x_2,y_2) \\ \theta_{x_2} \\ -\theta_{y_2} \end{Bmatrix} \tag{6.41}$$

其中，$\bar{w}(x,y)$上方的横杠意味着它是物理坐标系中的函数。

首先，利用

$$\Phi(L_1,L_2) = [A] \begin{Bmatrix} [A_1] \\ [A_2] \\ [A_3] \end{Bmatrix}^{-1} \tag{6.42}$$

计算关于变量 $x$ 与 $y$ 的 $\bar{\Phi}(x,y)$。

依据已知条件，利用式(6.12)、式(6.13)，写出矩阵$[A]$的形式为

$$[A]^{\mathrm{T}} = \begin{bmatrix} L_1 & 0 & -1 \\ L_2 & +1 & 0 \\ L_3 & -1 & +1 \\ L_2L_3 & +1-L_1-2L_2 & +L_2 \\ L_3L_1 & -L_1 & +2L_1-1+L_2 \\ L_1L_2 & +L_1 & -L_2 \\ L_2L_3^2-L_3L_2^2 & +L_3^2-4L_2L_3+L_2^2 & +2L_2L_3-L_2^2 \\ L_3L_1^2-L_1L_3^2 & -L_1^2+2L_1L_3 & +L_1^2-4L_1L_3+L_3^2 \\ L_1L_2^2-L_2L_1^2 & +2L_1L_2-L_1^2 & -L_2^2+2L_2L_1 \end{bmatrix} \tag{6.43}$$

其中

$$\begin{cases} L_1 = y \\ L_2 = 1-x-y \\ L_3 = x \end{cases} \tag{6.44}$$

将式(6.41)代入式(6.40)，$[A]^{\mathrm{T}}$ 变为

$$[A]^{\mathrm{T}} = \begin{bmatrix} y & 0 & -1 \\ 1-x-y & +1 & 0 \\ x & -1 & 1 \\ x(1-x-y) & +y+2x-1 & 1-x-y \\ xy & -y & y-x \\ y(1-x-y) & +y & x+y-1 \\ x^2(1-x-y)-x(1-x-y)^2 & x^2-4x(1-x-y)+(1-x-y)2 & 2x(1-x-y)-(1-x-y)2 \\ -x^2y+xy^2 & 2xy-y^2 & x^2-4xy+y^2 \\ -y^2(1-x-y)+y(1-x-y)2 & -y^2+2y(1-x-y) & 2y(1-x-y)-(1-x-y)2 \end{bmatrix} \tag{6.45}$$

对于$[A_1]$,$[A_2]$,$[A_3]$矩阵,代入式(6.40),结果为

$$[A_1]^{\mathrm{T}}=\begin{bmatrix}1 & 0 & -1\\0 & +1 & 0\\0 & -1 & +1\\0 & 0 & 0\\0 & -1 & +1\\0 & +1 & 0\\0 & 0 & 0\\0 & -1 & +1\\0 & -1 & 0\end{bmatrix} \tag{6.46}$$

$$[A_2]^{\mathrm{T}}=\begin{bmatrix}0 & 0 & -1\\1 & +1 & 0\\0 & -1 & +1\\0 & -1 & +1\\0 & 0 & 0\\0 & 0 & -1\\0 & +1 & -1\\0 & 0 & 0\\0 & 0 & -1\end{bmatrix} \tag{6.47}$$

$$[A_3]^{\mathrm{T}}=\begin{bmatrix}0 & 0 & -1\\0 & +1 & 0\\1 & -1 & +1\\0 & +1 & 0\\0 & 0 & -1\\0 & 0 & 0\\0 & +1 & 0\\0 & 0 & +1\\0 & 0 & 0\end{bmatrix} \tag{6.48}$$

合并式(6.43)～式(6.45),得到

$$\begin{Bmatrix}A_1\\A_2\\A_3\end{Bmatrix}=\begin{bmatrix}1 & 0 & 0 & 0 & 0 & 0 & 0 & 0 & 0\\0 & 1 & -1 & 0 & -1 & 1 & 0 & -1 & -1\\-1 & 0 & 1 & 0 & 1 & 0 & 0 & 1 & 0\\0 & 1 & 0 & 0 & 0 & 0 & 0 & 0 & 0\\0 & 1 & -1 & -1 & 0 & 0 & 1 & 0 & 0\\-1 & 0 & 1 & 1 & 0 & -1 & -1 & 0 & -1\\0 & 0 & 1 & 0 & 0 & 0 & 0 & 0 & 0\\0 & 1 & -1 & 1 & 0 & 0 & 1 & 0 & 0\\-1 & 0 & 1 & 0 & -1 & 0 & 0 & 1 & 0\end{bmatrix} \tag{6.49}$$

它的逆矩阵形式为

$$\begin{Bmatrix} A_1 \\ A_2 \\ A_3 \end{Bmatrix}^{-1} = \begin{bmatrix} 1 & 0 & 0 & 0 & 0 & 0 & 0 & 0 & 0 \\ 0 & 0 & 0 & 1 & 0 & 0 & 0 & 0 & 0 \\ 0 & 0 & 0 & 0 & 0 & 0 & 1 & 0 & 0 \\ 0 & 0 & 0 & 0 & -0.5 & 0 & 0 & 0.5 & 0 \\ 0 & 0 & 0.5 & 0 & 0 & 0 & 0 & 0 & -0.5 \\ 0 & 0.5 & 0.5 & 0 & -0.5 & -0.5 & 0 & 0 & 0 \\ 0 & 0 & 0 & -1 & 0.5 & 0 & 1 & 0.5 & 0 \\ 1 & 0 & 0.5 & 0 & 0 & 0 & -1 & 0 & 0.5 \\ -1 & -0.5 & -0.5 & 1 & -0.5 & -0.5 & 0 & 0 & 0 \end{bmatrix} \tag{6.50}$$

考虑到物理问题与坐标系选择的无关性，有

$$\bar{w}(x,y) = w(L_1,L_2) \tag{6.51}$$

利用式(6.39)和式(6.40)，得到

$$\begin{Bmatrix} w(L_1,L_2) \\ \dfrac{\partial w}{\partial L_2} \\ -\dfrac{\partial w}{\partial L_1} \end{Bmatrix} = \begin{bmatrix} 1 & 0 & 0 \\ 0 & 0 & 1 \\ 0 & -1 & -1 \end{bmatrix} \begin{Bmatrix} \bar{w}(x,y) \\ \theta_x \\ \theta_y \end{Bmatrix} \tag{6.52}$$

最后，根据面积坐标系内的形函数位移表达法

$$\begin{Bmatrix} w(L_1,L_2) \\ \dfrac{\partial w(L_1,L_2)}{\partial L_2} \\ -\dfrac{\partial w(L_1,L_2)}{\partial L_1} \end{Bmatrix} = [\Phi(L_1,L_2)] \begin{Bmatrix} w_1(L_1,L_2) \\ \dfrac{\partial w_1(L_1,L_2)}{\partial L_2} \\ -\dfrac{\partial w_1(L_1,L_2)}{\partial L_1} \\ \vdots \\ w_3(L_1,L_2) \\ \dfrac{\partial w_3(L_1,L_2)}{\partial L_2} \\ -\dfrac{\partial w_3(L_1,L_2)}{\partial L_1} \end{Bmatrix} \tag{6.53}$$

将式(6.52)代入式(6.53)，得到

$$\begin{Bmatrix} w(L_1,L_2) \\ \dfrac{\partial w}{\partial L_2} \\ -\dfrac{\partial w}{\partial L_1} \end{Bmatrix} =$$

$$
[\Phi(L_1,L_2)]\begin{pmatrix}\begin{bmatrix}1&0&0\\0&0&1\\0&-1&-1\end{bmatrix}&&\\&\begin{bmatrix}1&0&0\\0&0&1\\0&-1&-1\end{bmatrix}&\\&&\begin{bmatrix}1&0&0\\0&0&1\\0&-1&-1\end{bmatrix}\end{pmatrix}\begin{Bmatrix}\bar{w}_1(x,y)\\\bar{\theta}_{1x}\\\bar{\theta}_{1y}\\\bar{w}_2(x,y)\\\bar{\theta}_{2x}\\\bar{\theta}_{2y}\\\bar{w}_3(x,y)\\\bar{\theta}_{3x}\bar{\theta}_{3y}\end{Bmatrix}
\tag{6.54}
$$

定义

$\bar{\Phi}(x,y)=$

$$
\begin{bmatrix}1&0&0\\0&0&1\\0&-1&-1\end{bmatrix}^{-1}[A(x,y)]\begin{Bmatrix}[A_1]\\ [A_2]\\ [A_3]\end{Bmatrix}^{-1}\begin{pmatrix}\begin{bmatrix}1&0&0\\0&0&1\\0&-1&-1\end{bmatrix}&&\\&\begin{bmatrix}1&0&0\\0&0&1\\0&-1&-1\end{bmatrix}&\\&&\begin{bmatrix}1&0&0\\0&0&1\\0&-1&-1\end{bmatrix}\end{pmatrix}
\tag{6.55}
$$

其中,$A(x,y)$由式(6.42)～式(6.44)决定,即

$$
[A(x,y)]=[\Phi(L_1(x,y),L_2(x,y))]\begin{bmatrix}A_1\\A_2\\A_3\end{bmatrix}
\tag{6.56}
$$

最后的结论为

$$
\begin{Bmatrix}\bar{w}(x,y)\\\theta_x\\\theta_y\end{Bmatrix}=\bar{\Phi}(x,y)\begin{Bmatrix}\bar{w}_1(x,y)\\\bar{\theta}_{1x}\\\bar{\theta}_{1y}\\\bar{w}_2(x,y)\\\bar{\theta}_{2x}\\\bar{\theta}_{2y}\\\bar{w}_3(x,y)\\\bar{\theta}_{3x}\\\bar{\theta}_{3y}\end{Bmatrix}
\tag{6.57}
$$

# 6.6 本章习题

假设薄板法向位移的解析解为

$$w=(1-6x^2+5x^4)(5-6y^2+y^4)$$

三角形单元的节点坐标形式为

$$\mathrm{Rt}\Delta=\begin{cases}A(0,1)=A(x_1,y_1)\\B(0,0)=B(x_2,y_2)\\C(1,0)=C(x_3,y_3)\end{cases}$$

请利用符号计算机软件，确认位移表达式

$$\begin{Bmatrix}w_1(L_1,L_2)\\ \dfrac{\partial w_1(L_1,L_2)}{\partial L_2}\\ -\dfrac{\partial w_1(L_1,L_2)}{\partial L_1}\\ w_2(L_1,L_2)\\ \dfrac{\partial w_2(L_1,L_2)}{\partial L_2}\\ -\dfrac{\partial w_2(L_1,L_2)}{\partial L_1}\\ w_3(L_1,L_2)\\ \dfrac{\partial w_3(L_1,L_2)}{\partial L_2}\\ -\dfrac{\partial w_3(L_1,L_2)}{\partial L_1}\end{Bmatrix}=\begin{pmatrix}[A_1]\\ [A_2]\\ [A_3]\end{pmatrix}\begin{bmatrix}t_1\\ t_2\\ \vdots\\ t_9\end{bmatrix}$$

中的参数矩阵 $[t]\overset{\text{def}}{=}\begin{bmatrix}t_1\\ t_2\\ \vdots\\ t_9\end{bmatrix}$ 的值。

# 第 7 章　等参数单元

前面的章节讨论的是规则几何形状的结构体有限元模型，如三角形单元、矩形板单元，它们拥有线性边界条件。对于曲面边界的几何体，如图 7－1 所示，仍可以将其划分为四边形单元或三角形单元。

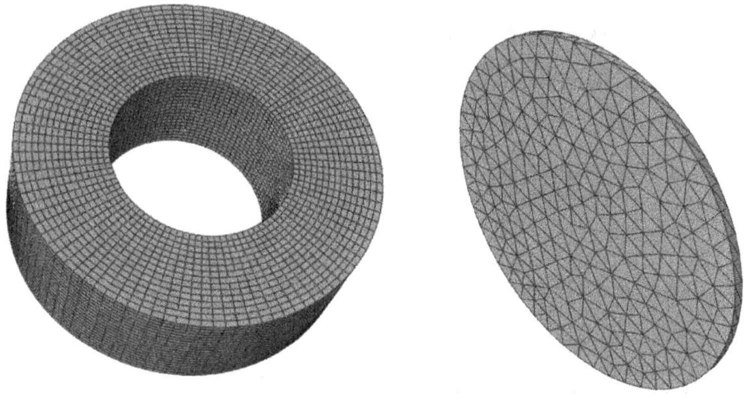

图 7－1　曲面边界有限单元的划分

常应变三角形单元是完备的协调单元，根据微积分理论，在单元尺寸充分小的情况下，离散型有限元矩阵方程的数值解必定收敛到真实的物理解。但是，常应变三角形各单元内部的应变之间存在跳跃性，若单元内部有集中力的作用，或单元划分稀疏时，常应变的假设将导致计算误差的显著上升。此外，靠近曲线边界的三角形单元的划分应该更加细致，否则精度也会降低。类似的问题，如曲边四边形单元，为避免计算精度的损失，可考虑将其变换到拓扑同胚的几何空间，将不规则的几何形状映射成规则的几何形状进行处理。拓扑同胚映射保证了参数数目的不变性，生成的新单元称为等参数单元。

在直角坐标系内，当单元的位移模式及单元划分数目确定了之后，如常应变三角形单元，按照既定的公式可以推导出单元的刚度矩阵方程，将其扩展合并后可以得到整体刚度矩阵方程，从而数值求解的精度也随之确定了。对于曲边三角形单元或曲边四变形单元而言，若能够保证参数的数目不变，将其映射成为规则的三角形新单元或规则的四边形新单元，则数值求解的精度将显著上升。

注意：平面内的曲线运动是一维问题，在拓扑同胚映射变换的作用下，质点运动的轨迹可变换成为直线，换句话说，曲线上任意点的位移和速度矢量在直线上存在影像，二者之间的区别仅仅在于坐标系的不同，但描述的却是同一个物理问题，因此，坐标系之间是彼此等价的，一般来说，拓扑同胚映射是一种非线性坐标变换。

# 7.1　杆件系统的等参数单元

如图 7-2 所示，两套坐标系统描述的是同一杆件单元，图(a)是直角坐标系统，1 号节点是坐标原点，图(b)是自然坐标系(贴体坐标系，局部坐标系)，坐标原点在杆件的中间，采用的是无量纲形式的单位长度。注意，局部坐标系中的 $s$ 轴未必平行于 $x$ 轴。

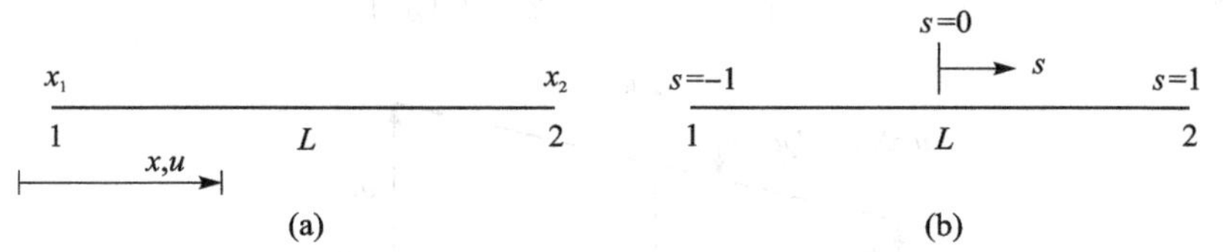


**图 7-2　杆单元的等参数单元示意图**

不妨设 $\begin{cases} x_1 = 0 \\ x_2 = L \end{cases}$，不难发现

$$\begin{cases} x = x_c + \dfrac{L}{2}s = \dfrac{L}{2}(1+s) \\ x_c = \dfrac{x_1 + x_2}{2} = \dfrac{L}{2} \end{cases} \Leftrightarrow s = \frac{2}{L}x - 1 \tag{7.1}$$

其中，$x_c$ 是杆件中心位置直角坐标系内的横坐标；$L$ 是单元的长度。

根据第 1 章的内容，已知杆件单元的形函数为

$$[\phi] = [N_1 \quad N_2] = \left[1 - \frac{x}{L} \quad \frac{x}{L}\right] \tag{7.2}$$

借助形函数，杆件单元内部的点坐标可以描述为

$$x = \left[1 - \frac{x}{L} \quad \frac{x}{L}\right] \begin{Bmatrix} 0 \\ L \end{Bmatrix} \tag{7.3}$$

假设自然坐标系内的形函数为

$$[\bar{\phi}] = [\bar{N}_1(s) \quad \bar{N}_2(s)] = \left[1 - \frac{x(s)}{L} \quad \frac{x(s)}{L}\right] \tag{7.4}$$

根据式(7.1)，得到

$$\begin{cases} \bar{N}_1 = \dfrac{1-s}{2} \\ \bar{N}_2 = \dfrac{1+s}{2} \end{cases} \tag{7.5}$$

局部坐标系内单元内部点坐标的表达式为

$$s = [\bar{N}_1(s) \quad \bar{N}_2(s)] \begin{Bmatrix} s_1 \\ s_2 \end{Bmatrix} \tag{7.6}$$

即

$$s = \left[\frac{1-s}{2} \quad \frac{1+s}{2}\right] \begin{Bmatrix} -1 \\ +1 \end{Bmatrix} \tag{7.7}$$

结论：① 等参数单元之间的坐标变换不会实质改变单元内部点坐标的插值规律，也就是说，在各自的坐标系内，单元内部点坐标表达式都是节点坐标的插值形式。

② 局部坐标系是无量纲的坐标系统，具有对称性，因此形函数具有特别简单的形式，而且

不同单元内部的形函数是相同的，利用计算机编程技术可以快速批量生成子单元矩阵。

### 7.1.1 节点位移表达式

如图 7-3 所示，在局部坐标系的 $t$ 轴方向上有一个位移分量，利用插值形函数构造单元内部点位移表达式为

$$u=\begin{bmatrix}\frac{1-s}{2} & \frac{1+s}{2}\end{bmatrix}\begin{Bmatrix}u_1\\u_2\end{Bmatrix} \tag{7.8}$$

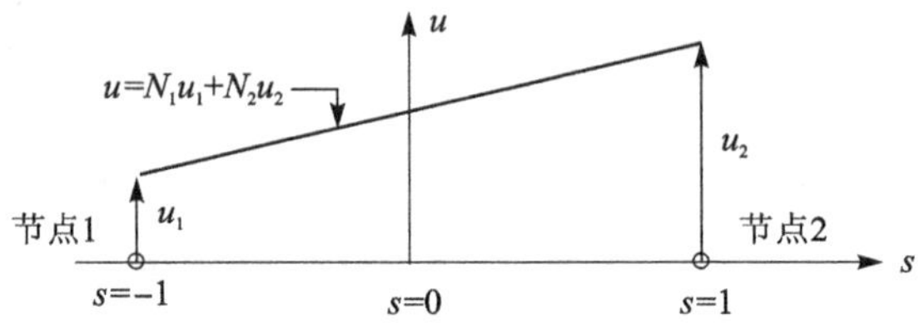


图 7-3　形函数位移插值示意图

注意到局部坐标系和全局坐标系之间的关系

$$s=\frac{2}{L}x-1 \tag{7.9}$$

有

$$u=\begin{bmatrix}1-\frac{x}{L} & \frac{x}{L}\end{bmatrix}\begin{Bmatrix}u_1\\u_2\end{Bmatrix} \tag{7.10}$$

这说明，在拓扑同胚坐标变换的作用下，形函数的插值功能仍然有效，也就是说，单元内部点的坐标或位移都可以利用节点坐标或位移通过形函数插值的方式得到。

### 7.1.2 应力与应变表达式

根据应变是位移的偏导数关系，有

$$\varepsilon=\begin{bmatrix}-\frac{1}{L} & \frac{1}{L}\end{bmatrix}\begin{Bmatrix}u_1\\u_2\end{Bmatrix}=[B]\begin{Bmatrix}u_1\\u_2\end{Bmatrix} \tag{7.11}$$

其中，$[B]$是应变矩阵。

若利用式(7.8)，则需要考虑微积分的链式法则

$$\varepsilon=\frac{\partial u}{\partial s}\cdot\frac{\partial s}{\partial x}=\begin{bmatrix}\frac{-1}{2}\cdot\frac{\partial s}{\partial x} & \frac{+1}{2}\cdot\frac{\partial s}{\partial x}\end{bmatrix}\begin{Bmatrix}u_1\\u_2\end{Bmatrix} \tag{7.12}$$

再利用式(7.9)，有

$$\frac{\partial s}{\partial x}=\frac{2}{L} \tag{7.13}$$

在局部坐标系下，单元内部点的应变表达式为

$$\varepsilon=\begin{bmatrix}-\frac{1}{L} & \frac{1}{L}\end{bmatrix}\begin{Bmatrix}u_1\\u_2\end{Bmatrix}=[B]\begin{Bmatrix}u_1\\u_2\end{Bmatrix} \tag{7.14}$$

杆单元内部的应力表达式为

$$\sigma=E\varepsilon=E\cdot[B]\begin{Bmatrix}u_1\\u_2\end{Bmatrix} \tag{7.15}$$

这说明，在拓扑同胚的坐标变换之下，单元内部的应变计算既可以在直角坐标系内完成，也可以在自然坐标系内完成，并且结果是完全一致的，从而可以得到单元内部的应力表达式。

注意：物理量在本质上与坐标系的选择无关，因此计算结果的一致并不令人意外。

## 7.1.3 刚度矩阵表达式

根据前面章节的结论，在直角坐标系内单元刚度的矩阵形式为

$$[K]=\iiint [B]^{\mathrm{T}}[D][B]\,\mathrm{d}V=\int_0^L [B]^{\mathrm{T}}[D][B]\cdot A\,\mathrm{d}x \tag{7.16}$$

其中，矩阵 $[B]$ 应看作关于 $x$ 的函数矩阵，且 $x=x(s)$；$A$ 是横截面积。

利用雅可比矩阵 $[J]$ 可以转化线积分的形式，如

$$\int_0^L F(x)\,\mathrm{d}x=\int_{-1}^1 F[x(s)]\cdot\|J\|\,\mathrm{d}s \tag{7.17}$$

其中

$$\|J\|=\frac{\mathrm{d}x(s)}{\mathrm{d}s}=\frac{L}{2} \tag{7.18}$$

注意到，在杆件系统中

$$\begin{cases}[B]=\begin{bmatrix}-\dfrac{1}{L} & \dfrac{1}{L}\end{bmatrix}\\ [D]=E\end{cases} \tag{7.19}$$

将式(7.19)代入式(7.16)，有

$$[K]=\frac{EA}{L}\begin{bmatrix}+1 & -1\\ -1 & +1\end{bmatrix} \tag{7.20}$$

## 7.1.4 体积力

利用形函数将外力载荷分配到节点之上，有

$$\{f_b\}=\iiint[\phi]^{\mathrm{T}}\cdot G_b\cdot\mathrm{d}V=\int_0^L\begin{bmatrix}1-\dfrac{x}{L}\\ \dfrac{x}{L}\end{bmatrix}G_b\cdot A\cdot\mathrm{d}x \tag{7.21}$$

或

$$\{f_b\}=\int_{-1}^1\begin{bmatrix}1-\dfrac{x(s)}{L}\\ \dfrac{x(s)}{L}\end{bmatrix}G_b\cdot\|J\|\cdot A\cdot\mathrm{d}s \tag{7.22}$$

其中，下标 $b$ 的含义是体积力；$G_b$ 代表了 $x$ 方向单位长度的体积力。

注意到

$$x=\frac{L}{2}(1+s),\quad \|J\|=\frac{\mathrm{d}x(s)}{\mathrm{d}s}=\frac{L}{2} \tag{7.23}$$

式(7.22)变为

$$\{f_b\}=\frac{ALG_b}{2}\cdot\int_{-1}^1\begin{bmatrix}\dfrac{1-s}{2}\\ \dfrac{1+s}{2}\end{bmatrix}\mathrm{d}s=\frac{ALG_b}{2}\cdot\begin{bmatrix}1\\1\end{bmatrix}\overset{\mathrm{def}}{=\!=}\frac{G}{2}\cdot\begin{bmatrix}1\\1\end{bmatrix} \tag{7.24}$$

其中，$G$ 代表了杆件轴向体积力的总量，它被平均分摊到两个节点处。

### 7.1.5　表面力

利用形函数将外力载荷分配到节点之上，有

$$\{f_s\}=\iint_S[\phi]^{\mathrm{T}}\cdot T_s\mathrm{d}S=\int_0^L\begin{bmatrix}1-\dfrac{x}{L}\\ \dfrac{x}{L}\end{bmatrix}\cdot T_s\cdot\mathrm{d}x \tag{7.25}$$

其中，下标 $s$ 代表的是表面力；$T_s=T_s(x)$是沿着 $x$ 轴方向单位长度的表面分布力，这里假设它是一个常数；等截面积假设为 $\mathrm{d}S=\mathrm{d}x$。

利用雅可比矩阵$[J]$，式(7.24)转化为

$$\{f_s\}=\int_{-1}^1\begin{bmatrix}\dfrac{1-s}{2}\\ \dfrac{1+s}{2}\end{bmatrix}\cdot T_s\cdot\|J\|\mathrm{d}x \tag{7.26}$$

注意到$\|J\|=\dfrac{L}{2}$，简化之后的形式为

$$\{f_s\}=\frac{T_s\cdot L}{2}\begin{bmatrix}1\\1\end{bmatrix}\overset{\mathrm{def}}{=\!=}\frac{T}{2}\begin{bmatrix}1\\1\end{bmatrix} \tag{7.27}$$

式(7.27)说明，轴向分布的表面力的总量 $T$ 被平均分配到两个节点。

## 7.2　四边形等参数单元

在拓扑同胚映射的作用下，直角坐标系 $Oxy$ 被转化为无量纲的局部坐标系统 $Ost$，在局部坐标系下的新单元具有规则的几何形状，如图 7-4 所示。值得注意的是，映射之后的 $Ost$ 坐标系允许坐标轴之间非正交。

在映射之前的直角坐标系(全局坐标系)中，板单元的几何形状完全由真实的节点坐标所决定，如图 7-5 所示，四边形单元的边界既可以是直线段，也可以是非直线段。

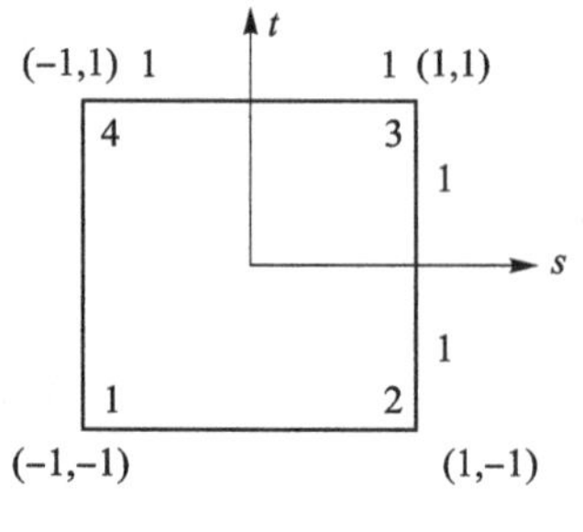


图 7-4　局部坐标系内的矩形单元

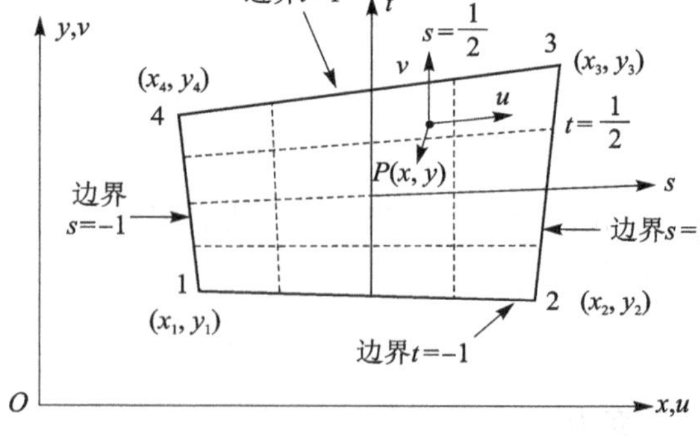


图 7-5　直角坐标系下的实际单元(线性映射的情况)

## 7.2.1　形函数表达式

特殊的情况，坐标变换前后的坐标轴之间满足平行关系$\begin{cases} s /\!/ x \\ t /\!/ y \end{cases}$，如

$$\begin{Bmatrix} x \\ y \end{Bmatrix} = \begin{bmatrix} x_c & b & 0 \\ y_c & 0 & h \end{bmatrix} \begin{Bmatrix} 1 \\ s \\ t \end{Bmatrix} \tag{7.28}$$

其中，$(x_c, y_c)$ 代表板单元几何中心位置处的坐标；$b$ 和 $h$ 分别代表板单元坐标轴方向上的宽度和高度的一半。

更加一般的情况，坐标变换采用多项式的形式，即

$$\begin{Bmatrix} x \\ y \end{Bmatrix} = \begin{bmatrix} a_1 & a_2 & a_3 & a_4 \\ b_1 & b_2 & b_3 & b_4 \end{bmatrix} \begin{Bmatrix} 1 \\ s \\ t \\ st \end{Bmatrix} \tag{7.29}$$

或写为

$$\begin{Bmatrix} x \\ y \end{Bmatrix} = \begin{bmatrix} 1 & s & t & st & 0 & 0 & 0 & 0 \\ 0 & 0 & 0 & 0 & 1 & s & t & st \end{bmatrix} \begin{bmatrix} a_1 \\ a_2 \\ a_3 \\ a_4 \\ b_1 \\ b_2 \\ b_3 \\ b_4 \end{bmatrix} \tag{7.30}$$

注意：目前讨论的是平面内 4 节点 8 自由度问题，因此式(7.30)中的 8 个待定系数恰好可以由节点坐标信息唯一确定。

在 4 个节点位置处，利用式(7.30)，有

$$\begin{Bmatrix} x_i \\ y_i \\ x_j \\ y_j \\ x_m \\ y_m \\ x_n \\ y_n \end{Bmatrix} = \begin{bmatrix} 1 & s[i] & t[i] & s[i]\cdot t[i] & 0 & 0 & 0 & 0 \\ 0 & 0 & 0 & 0 & 1 & s[i] & t[i] & s[i]\cdot t[i] \\ 1 & s[j] & t[j] & s[j]\cdot t[j] & 0 & 0 & 0 & 0 \\ 0 & 0 & 0 & 0 & 1 & s[j] & t[j] & s[j]\cdot t[j] \\ 1 & s[j] & t[j] & s[j]\cdot t[j] & 0 & 0 & 0 & 0 \\ 0 & 0 & 0 & 0 & 1 & s[m] & t[m] & s[m]\cdot t[m] \\ 1 & s[n] & t[n] & s[n]\cdot t[n] & 0 & 0 & 0 & 0 \\ 0 & 0 & 0 & 0 & 1 & s[n] & t[n] & s[n]\cdot t[n] \end{bmatrix} \begin{Bmatrix} a_1 \\ a_2 \\ a_3 \\ a_4 \\ b_1 \\ b_2 \\ b_3 \\ b_4 \end{Bmatrix} \xlongequal{\text{def}} [A_{ijmn}] \begin{Bmatrix} a_1 \\ a_2 \\ a_3 \\ a_4 \\ b_1 \\ b_2 \\ b_3 \\ b_4 \end{Bmatrix} \tag{7.31}$$

代入具体的数值，更换数字下标之后的结果为

$$
\begin{Bmatrix} \begin{Bmatrix} x_1 \\ y_1 \end{Bmatrix} \\ \begin{Bmatrix} x_2 \\ y_2 \end{Bmatrix} \\ \begin{Bmatrix} x_3 \\ y_3 \end{Bmatrix} \\ \begin{Bmatrix} x_4 \\ y_4 \end{Bmatrix} \end{Bmatrix} = \begin{bmatrix} \begin{bmatrix} 1 & -1 & -1 & 1 & 0 & 0 & 0 & 0 \\ 0 & 0 & 0 & 0 & 1 & -1 & -1 & 1 \end{bmatrix} \\ \begin{bmatrix} 1 & 1 & -1 & -1 & 0 & 0 & 0 & 0 \\ 0 & 0 & 0 & 0 & 1 & 1 & -1 & -1 \end{bmatrix} \\ \begin{bmatrix} 1 & 1 & 1 & 1 & 0 & 0 & 0 & 0 \\ 0 & 0 & 0 & 0 & 1 & 1 & 1 & 1 \end{bmatrix} \\ \begin{bmatrix} 1 & -1 & 1 & -1 & 0 & 0 & 0 & 0 \\ 0 & 0 & 0 & 0 & 1 & -1 & 1 & -1 \end{bmatrix} \end{bmatrix} \begin{bmatrix} a_1 \\ a_2 \\ a_3 \\ a_4 \\ b_1 \\ b_2 \\ b_3 \\ b_4 \end{bmatrix} \overset{\text{def}}{=\!=} [A_{ijmn}] \begin{bmatrix} a_1 \\ a_2 \\ a_3 \\ a_4 \\ b_1 \\ b_2 \\ b_3 \\ b_4 \end{bmatrix} \tag{7.32}
$$

其中，$[A_{ijmn}]$是由节点坐标构成的矩阵。

因此，式(7.30)可转化为

$$
\begin{Bmatrix} x \\ y \end{Bmatrix} = \begin{bmatrix} 1 & s & t & st & 0 & 0 & 0 & 0 \\ 0 & 0 & 0 & 0 & 1 & s & t & st \end{bmatrix} [A_{ijmn}]^{-1} \begin{Bmatrix} x_1 \\ y_1 \\ x_2 \\ y_2 \\ x_3 \\ y_3 \\ x_4 \\ y_4 \end{Bmatrix} \overset{\text{def}}{=\!=} [\phi] \begin{Bmatrix} x_1 \\ y_1 \\ x_2 \\ y_2 \\ x_3 \\ y_3 \\ x_4 \\ y_4 \end{Bmatrix} \tag{7.33}
$$

式(7.33)意味着板单元内部的点坐标完全由节点坐标所决定，联结两者的传递矩阵称为形函数矩阵$[\phi]$，它的定义为

$$
\begin{aligned}
[\phi] &= \begin{bmatrix} N_1 & 0 & N_2 & 0 & N_3 & 0 & N_4 & 0 \\ 0 & N_1 & 0 & N_2 & 0 & N_3 & 0 & N_4 \end{bmatrix} \\
&= \begin{bmatrix} 1 & s & t & st & 0 & 0 & 0 & 0 \\ 0 & 0 & 0 & 0 & 1 & s & t & st \end{bmatrix} [A_{ijmn}]^{-1}
\end{aligned} \tag{7.34}
$$

其中

$$
[A_{ijmn}]^{-1} = \frac{1}{4} \begin{bmatrix} +1 & 0 & +1 & 0 & +1 & 0 & +1 & 0 \\ -1 & 0 & +1 & 0 & +1 & 0 & -1 & 0 \\ -1 & 0 & -1 & 0 & +1 & 0 & +1 & 0 \\ +1 & 0 & -1 & 0 & +1 & 0 & -1 & 0 \\ 0 & +1 & 0 & +1 & 0 & +1 & 0 & +1 \\ 0 & -1 & 0 & +1 & 0 & +1 & 0 & -1 \\ 0 & -1 & 0 & -1 & 0 & +1 & 0 & +1 \\ 0 & +1 & 0 & -1 & 0 & +1 & 0 & -1 \end{bmatrix} \tag{7.35}
$$

将式(7.35)代入式(7.34)，经过简单的矩阵计算与比较之后，有

$$\begin{cases} N_1 = \dfrac{(1-s)(1-t)}{4} \\ N_2 = \dfrac{(1+s)(1-t)}{4} \\ N_3 = \dfrac{(1+s)(1+t)}{4} \\ N_4 = \dfrac{(1-s)(1+t)}{4} \end{cases} \tag{7.36}$$

观察式(7.36),局部坐标系下的形函数具有非常清晰的规律性,如 1 号节点的形函数为

$$\begin{cases} N_1 = 1 \\ N_2 = 0 \\ N_3 = 0 \\ N_4 = 0 \end{cases}, \quad 1(s,t) = (-1,-1) \tag{7.37}$$

在其他的节点处,有类似式(7.37)的结论。利用该规律,可以容易地构造出 $Ost$ 坐标系下的形函数,其结果和借助计算机软件计算的结果完全一致。

## 7.2.2　位移表达式

7.2.1 节中采用 8 系数的多项式坐标变换,利用 4 节点坐标的信息推导了板单元内部点坐标与节点坐标之间的插值形函数关系式。本节利用已经获得的形函数来构造板单元内部点位移和节点位移之间的联系,即形函数插值位移表示法为

$$\begin{Bmatrix} u \\ v \end{Bmatrix} = \begin{bmatrix} N_i & 0 & N_j & 0 & N_m & 0 & N_n & 0 \\ 0 & N_i & 0 & N_j & 0 & N_m & 0 & N_n \end{bmatrix} \begin{Bmatrix} u_i \\ v_i \\ u_j \\ v_j \\ u_m \\ v_m \\ u_n \\ v_n \end{Bmatrix} \tag{7.38}$$

其中,$u_i,v_i,\cdots,u_n,v_n$ 分别代表 4 个节点位移在 $x$ 轴和 $y$ 轴上的投影分量。

注意:这里采用了字母下标表示法,也可以采用数字下标表示法。

## 7.2.3　应变与位移关系式

应变是位移的偏导数,即

$$\begin{Bmatrix} \varepsilon_x \\ \varepsilon_y \\ \gamma_{xy} \end{Bmatrix} = \begin{bmatrix} \dfrac{\partial(\ )}{\partial x} & 0 \\ 0 & \dfrac{\partial(\ )}{\partial y} \\ \dfrac{\partial(\ )}{\partial y} & \dfrac{\partial(\ )}{\partial x} \end{bmatrix} \begin{Bmatrix} u \\ v \end{Bmatrix} = [B] \begin{Bmatrix} u_i \\ v_i \\ u_j \\ v_j \\ u_m \\ v_m \\ u_n \\ v_n \end{Bmatrix} \tag{7.39}$$

其中，$[B]$是应变矩阵。

首先讨论$\dfrac{\partial \bar{N}_i(x)}{\partial x} \xlongequal{\text{def}} \dfrac{\partial}{\partial x} N_i(s(x))$的计算问题，根据微积分的链式法则，有

$$\begin{cases} \dfrac{\partial N_i}{\partial s} = \dfrac{\partial \bar{N}_i}{\partial x} \cdot \dfrac{\partial x}{\partial s} + \dfrac{\partial \bar{N}_i}{\partial y} \dfrac{\partial y}{\partial s} \\ \dfrac{\partial N_i}{\partial t} = \dfrac{\partial \bar{N}_i}{\partial x} \cdot \dfrac{\partial x}{\partial t} + \dfrac{\partial \bar{N}_i}{\partial y} \dfrac{\partial y}{\partial t} \end{cases} \tag{7.40}$$

其中，$\dfrac{\partial N_i}{\partial s}$，$\dfrac{\partial N_i}{\partial t}$可根据式(7.36)计算；$\dfrac{\partial x}{\partial s}$，$\dfrac{\partial x}{\partial t}$，$\dfrac{\partial y}{\partial s}$，$\dfrac{\partial y}{\partial t}$可根据式(7.33)计算。

把式(7.40)看作线性方程组进行求解，按照克莱姆法则，有

$$\frac{\partial \bar{N}_i}{\partial x} = \frac{\begin{vmatrix} \dfrac{\partial N_i}{\partial s} & \dfrac{\partial y}{\partial s} \\ \dfrac{\partial N_i}{\partial t} & \dfrac{\partial y}{\partial t} \end{vmatrix}}{\begin{vmatrix} \dfrac{\partial x}{\partial s} & \dfrac{\partial y}{\partial s} \\ \dfrac{\partial x}{\partial t} & \dfrac{\partial y}{\partial t} \end{vmatrix}}, \quad \frac{\partial \bar{N}_i}{\partial y} = \frac{\begin{vmatrix} \dfrac{\partial x}{\partial s} & \dfrac{\partial N_i}{\partial s} \\ \dfrac{\partial x}{\partial t} & \dfrac{\partial N_i}{\partial t} \end{vmatrix}}{\begin{vmatrix} \dfrac{\partial x}{\partial s} & \dfrac{\partial y}{\partial s} \\ \dfrac{\partial x}{\partial t} & \dfrac{\partial y}{\partial t} \end{vmatrix}} \tag{7.41}$$

其中，分子中的行列式称为雅克比行列式，即

$$|J| \xlongequal{\text{def}} \begin{vmatrix} \dfrac{\partial x}{\partial s} & \dfrac{\partial y}{\partial s} \\ \dfrac{\partial x}{\partial t} & \dfrac{\partial y}{\partial t} \end{vmatrix} \tag{7.42}$$

类似地，可以计算$\dfrac{\partial \bar{N}_j}{\partial x}$，$\dfrac{\partial \bar{N}_m}{\partial x}$，$\dfrac{\partial \bar{N}_n}{\partial x}$，以及$\dfrac{\partial \bar{N}_j}{\partial y}$，$\dfrac{\partial \bar{N}_m}{\partial y}$，$\dfrac{\partial \bar{N}_n}{\partial y}$的值。

利用微积分的链式法则，两种坐标系之间的导数矩阵关系式为

$$\begin{Bmatrix} \dfrac{\partial}{\partial s} \\ \dfrac{\partial}{\partial t} \end{Bmatrix} = \begin{bmatrix} \dfrac{\partial x}{\partial s} & \dfrac{\partial y}{\partial s} \\ \dfrac{\partial x}{\partial t} & \dfrac{\partial y}{\partial t} \end{bmatrix} \begin{Bmatrix} \dfrac{\partial}{\partial x} \\ \dfrac{\partial}{\partial y} \end{Bmatrix} \xlongequal{\text{def}} [J] \begin{Bmatrix} \dfrac{\partial}{\partial x} \\ \dfrac{\partial}{\partial y} \end{Bmatrix} \quad \text{（自然坐标系）} \tag{7.43}$$

$$\begin{Bmatrix} \dfrac{\partial}{\partial x} \\ \dfrac{\partial}{\partial y} \end{Bmatrix} = [J]^{-1} \begin{Bmatrix} \dfrac{\partial}{\partial s} \\ \dfrac{\partial}{\partial t} \end{Bmatrix} = \frac{1}{|[J]|} \cdot \begin{bmatrix} \dfrac{\partial y}{\partial t} & -\dfrac{\partial y}{\partial s} \\ -\dfrac{\partial x}{\partial t} & \dfrac{\partial x}{\partial s} \end{bmatrix} \begin{Bmatrix} \dfrac{\partial}{\partial s} \\ \dfrac{\partial}{\partial t} \end{Bmatrix} \quad \text{（物理坐标系）} \tag{7.44}$$

其中，$[J]$可由式(7.42)得到。

利用式(7.44)的结果计算式(7.38)中的$\dfrac{\partial u}{\partial x}$，$\dfrac{\partial u}{\partial y}$，$\dfrac{\partial v}{\partial x}$，$\dfrac{\partial v}{\partial y}$，即

$$\begin{Bmatrix} \dfrac{\partial u}{\partial x} \\ \dfrac{\partial v}{\partial x} \end{Bmatrix} = \begin{bmatrix} \dfrac{\partial \bar{N}_i}{\partial x} & 0 & \dfrac{\partial \bar{N}_j}{\partial x} & 0 & \dfrac{\partial \bar{N}_m}{\partial x} & 0 \\ 0 & \dfrac{\partial \bar{N}_i}{\partial x} & 0 & \dfrac{\partial \bar{N}_j}{\partial x} & 0 & \dfrac{\partial \bar{N}_m}{\partial x} \end{bmatrix} \begin{Bmatrix} u_i \\ v_i \\ u_j \\ v_j \\ u_m \\ v_m \\ u_n \\ v_n \end{Bmatrix} \tag{7.45}$$

和

$$\begin{Bmatrix} \dfrac{\partial u}{\partial y} \\ \dfrac{\partial v}{\partial y} \end{Bmatrix} = \begin{bmatrix} \dfrac{\partial \bar{N}_i}{\partial y} & 0 & \dfrac{\partial \bar{N}_j}{\partial y} & 0 & \dfrac{\partial \bar{N}_m}{\partial y} & 0 \\ 0 & \dfrac{\partial \bar{N}_i}{\partial y} & 0 & \dfrac{\partial \bar{N}_j}{\partial y} & 0 & \dfrac{\partial \bar{N}_m}{\partial y} \end{bmatrix} \begin{Bmatrix} u_i \\ v_i \\ u_j \\ v_j \\ u_m \\ v_m \\ u_n \\ v_n \end{Bmatrix} \tag{7.46}$$

最后得到应变矩阵 $[B]$ 的具体形式为

$$\begin{Bmatrix} \varepsilon_x \\ \varepsilon_y \\ \gamma_{xy} \end{Bmatrix} = \frac{1}{|[J]|} \begin{bmatrix} \dfrac{\partial y}{\partial t}\dfrac{\partial(\ )}{\partial s} - \dfrac{\partial y}{\partial s}\dfrac{\partial(\ )}{\partial t} & 0 \\ 0 & \dfrac{\partial x}{\partial s}\dfrac{\partial(\ )}{\partial t} - \dfrac{\partial x}{\partial t}\dfrac{\partial(\ )}{\partial s} \\ \dfrac{\partial x}{\partial s}\dfrac{\partial(\ )}{\partial t} - \dfrac{\partial x}{\partial t}\dfrac{\partial(\ )}{\partial s} & \dfrac{\partial y}{\partial t}\dfrac{\partial(\ )}{\partial s} - \dfrac{\partial y}{\partial s}\dfrac{\partial(\ )}{\partial t} \end{bmatrix} \begin{Bmatrix} u \\ v \end{Bmatrix}$$

$$\overset{\text{def}}{=\!=} [D'][\phi] \begin{Bmatrix} u_i \\ v_i \\ u_j \\ v_j \\ u_m \\ v_m \\ u_n \\ v_n \end{Bmatrix} = [B] \begin{Bmatrix} u_i \\ v_i \\ u_j \\ v_j \\ u_m \\ v_m \\ u_n \\ v_n \end{Bmatrix} \tag{7.47}$$

其中，$[D'] \in \mathbf{R}^{3\times 2}$ 是导算子矩阵；$[\phi] \in \mathbf{R}^{2\times 8}$ 是插值形函数矩阵；$[B] \in \mathbf{R}^{3\times 8}$ 是应变矩阵。

基于 Maple 软件，计算雅可比矩阵行列式的结果为

$$|[J]| \overset{\text{def}}{=\!=} \frac{1}{8}[x_1, x_2, x_3, x_4] \begin{bmatrix} 0 & 1-t & t-s & s-1 \\ t-1 & 0 & s+1 & -t-s \\ s-t & -1-s & 0 & t+1 \\ 1-s & s+t & -t-1 & 0 \end{bmatrix} \begin{Bmatrix} y_1 \\ y_2 \\ y_3 \\ y_4 \end{Bmatrix} \tag{7.48}$$

基于式(7.47)编制计算机程序，能够高效地完成应变矩阵 $[B]$ 的计算。

注意：根据式(7.47)，$[B]$是一个关于 $s$ 和 $t$ 的函数矩阵。

### 7.2.4 应力与应变关系式

应力与应变的关系式为

$$\{\sigma\}^e = [D]\,[B]\,\{\delta\}^e \tag{7.49}$$

例如，平面应力问题

$$\begin{Bmatrix} \sigma_x \\ \sigma_y \\ \tau_{xy} \end{Bmatrix}^e = [S]\begin{Bmatrix} u_i \\ v_i \\ u_j \\ v_j \\ u_m \\ v_m \\ u_n \\ v_n \end{Bmatrix}^e = [D]\,[B]\begin{Bmatrix} u_i \\ v_i \\ u_j \\ v_j \\ u_m \\ v_m \\ u_n \\ v_n \end{Bmatrix}^e \tag{7.50}$$

其中，$[S]=[D]\,[B]$是应力矩阵。

注意：由于应变矩阵是关于 $s,t$ 的函数，因此应力矩阵也是关于 $s,t$ 的函数。

### 7.2.5 刚度矩阵表达式

在物理坐标系内，刚度矩阵的定义为

$$[\bar{K}] = \iint_A [\bar{B}]^{\mathrm{T}}\,[\bar{D}]\,[\bar{B}]\,h\,\mathrm{d}x\,\mathrm{d}y \tag{7.51}$$

其中，板的厚度用 $h$ 表示。

根据微积分理论中的二重积分换元法，得到刚度矩阵表达式为

$$[K] = \int_{-1}^{+1}\int_{-1}^{+1} [B]^{\mathrm{T}}\,[D]\,[B]\,|\,[J]\,|\,h\,\mathrm{d}s\,\mathrm{d}t \tag{7.52}$$

其中，雅可比矩阵$[J]$的定义为

$$[J] \overset{\text{def}}{=\!=} \begin{bmatrix} \dfrac{\partial x}{\partial s} & \dfrac{\partial y}{\partial s} \\ \dfrac{\partial x}{\partial t} & \dfrac{\partial y}{\partial t} \end{bmatrix} \tag{7.53}$$

### 7.2.6 体积力与等效节点力

将物理坐标系内的体积力等效为局部坐标系内的等效节点力，即

$$\{f_b\} = \int_{-1}^{+1}\int_{-1}^{+1} [\phi]^{\mathrm{T}}\{G\}\,|\,[J]\,|\,h\,\mathrm{d}s\,\mathrm{d}t \tag{7.54}$$

其中，节点力列矩阵的形式为

$$\{f_b\} = \begin{Bmatrix} f_{b1s} \\ f_{b1t} \\ \vdots \\ f_{b4s} \\ f_{b4t} \end{Bmatrix} \in \mathbf{R}^{8\times 1} \tag{7.55}$$

形函数矩阵表达式为

$$[\phi]=\begin{bmatrix}N_1 & 0 & N_2 & 0 & N_3 & 0 & N_4 & 0\\ 0 & N_1 & 0 & N_2 & 0 & N_3 & 0 & N_4\end{bmatrix}\in\mathbf{R}^{2\times 8} \tag{7.56}$$

体积力表达式为

$$\{G\}=\begin{Bmatrix}G_s\\ G_t\end{Bmatrix}\in\mathbf{R}^{2\times 1} \tag{7.57}$$

注意：下标字母 $b$ 的含义是体积力。

## 7.2.7 表面力与等效节点力

如图 7-6 所示，板单元的上表面($t=1$)受到均匀载荷 $\vec{P}=\begin{pmatrix}P_s\\ P_s\end{pmatrix}$ 的作用之后，其等效节点力仅与线积分有关，即

$$\{f_s\}=\int_{-1}^{+1}[\phi]^{\mathrm{T}}\{T\}\frac{L}{2}h\,\mathrm{d}s \tag{7.58}$$

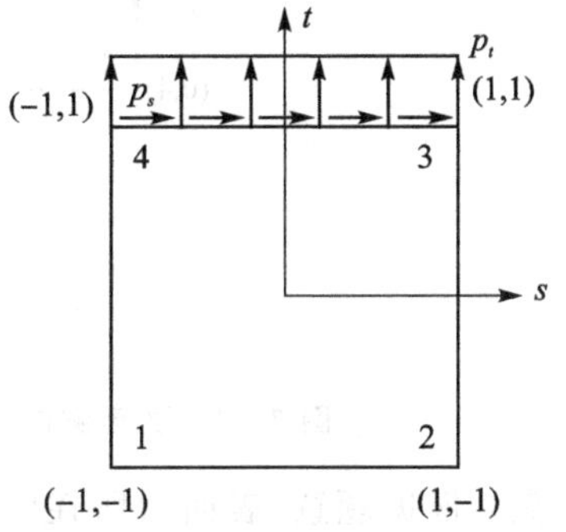


**图 7-6　板单元上表面受均匀载荷的作用**

其中，下标字母 $s$ 的含义是表面力；$L$ 是上表面的实际边长。如图 7-6 所示，板单元上表面受到表面的作用之后，其等效节点力只与 3 号和 4 号节点有关，这是因为

$$\begin{cases}N_i[s,t]\,|_{t=1}=\dfrac{(1-s)(1-t)}{4}=0\\[2ex] N_j[s,t]\,|_{t=1}=\dfrac{(1+s)(1-t)}{4}=0\\[2ex] N_m[s,t]\,|_{t=1}=\dfrac{(1+s)(1+t)}{4}=\dfrac{1+s}{2}\\[2ex] N_n[s,t]\,|_{t=1}=\dfrac{(1-s)(1+t)}{4}=\dfrac{1-s}{2}\end{cases} \tag{7.59}$$

这里，采用字母下标表示法，即 $m=3$，$n=4$。因此，形函数矩阵的形式为

$$[\phi]=\begin{bmatrix}0 & 0 & 0 & 0 & N_3 & 0 & N_4 & 0\\ 0 & 0 & 0 & 0 & 0 & N_3 & 0 & N_4\end{bmatrix}\in\mathbf{R}^{2\times 8} \tag{7.60}$$

节点力矩阵的形式为

$$\{f_s\}=\begin{Bmatrix}0\\0\\0\\0\\f_{b3s}\\f_{b3t}\\f_{b4s}\\f_{b4t}\end{Bmatrix}=\int_{-1}^{+1}\begin{bmatrix}0&0\\0&0\\0&0\\0&0\\N_3&0\\0&N_3\\N_4&0\\0&N_4\end{bmatrix}\begin{Bmatrix}p_s\\p_t\end{Bmatrix}\frac{L}{2}h\,\mathrm{d}s \tag{7.61}$$

如果其他边上存在分布力，只需重新定义式(7.60)中的形函数，这里不再举例。

## 7.2.8 单元刚度矩阵方程

利用前几节得到的基本公式，可以建立局部坐标系内的单元刚度矩阵方程，进而拓展出整体刚度矩阵。求解整体刚度矩阵方程，将获得所有节点的位移信息，进而获得节点位置处的应力、应变信息。利用形函数插值法可以得到结构体内部任意点处的受力或变形信息。

在局部坐标系内，节点力矩阵可根据式(7－54)、式(7－58)计算，单元刚度矩阵可根据式(7－52)计算，形函数表达式见式(7－59)。则单元刚度矩阵的形式为

$$\{F\}=[K]\{\delta\} \tag{7.62}$$

其中，节点力列阵$\{F\}$包括了集中力、分布力的等效节点力载荷与节点处的约束力。

**例**　如图7－7所示，请尝试分析四边形板单元受侧向分布力的情况，求出它的等效节点列矩阵。

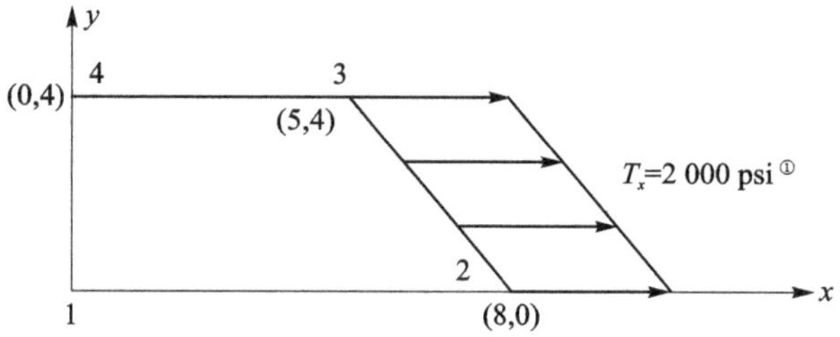


**图7－7　受到侧向分布力载荷作用的四边形板单元(板厚度0.1 inch②)**

**解：** 根据题意，表面力所在的位置相当于自然坐标系中侧边$s=1$，于是有

$$\begin{cases} N_i[s,t]\big|_{s=1}=\dfrac{(1-s)(1-t)}{4}=0 \\ N_j[s,t]\big|_{s=1}=\dfrac{(1+s)(1-t)}{4}=\dfrac{1-t}{2} \\ N_m[s,t]\big|_{s=1}=\dfrac{(1+s)(1+t)}{4}=\dfrac{1+t}{2} \\ N_n[s,t]\big|_{s=1}=\dfrac{(1-s)(1+t)}{4}=0 \end{cases} \tag{7.63}$$

根据式(7.58)，有

$$\{f_s\}=\begin{Bmatrix} 0 \\ 0 \\ f_{b2s} \\ f_{b2t} \\ f_{b3s} \\ f_{b3t} \\ 0 \\ 0 \end{Bmatrix}=\int_{-1}^{+1}\begin{bmatrix} 0 & 0 \\ 0 & 0 \\ N_2 & 0 \\ 0 & N_2 \\ N_3 & 0 \\ 0 & N_3 \\ 0 & 0 \\ 0 & 0 \end{bmatrix}\begin{Bmatrix} p_s \\ p_t \end{Bmatrix}\frac{L}{2}h\,\mathrm{d}t \tag{7.64}$$

---

注：① 1 psi≈6.895 kPa；② 1 inch＝2.54 cm。

其中

$$\{T\}=\begin{Bmatrix}p_s\\p_t\end{Bmatrix}=\begin{Bmatrix}2\ 000\\0\end{Bmatrix},\quad h=0.1 \tag{7.65}$$

如图 7－7 所示，2 号节点与 3 号节点之间的长度为

$$L_y=\sqrt{(8-5)^2+(0-4)^2}=5 \tag{7.66}$$

节点力矩阵为

$$\{f_s\}=\begin{Bmatrix}0\\0\\f_{s2s}\\f_{s2t}\\f_{s3s}\\f_{s3t}\\0\\0\end{Bmatrix}=\int_{-1}^{+1}\begin{bmatrix}0&0\\0&0\\\frac{1-t}{2}&0\\0&\frac{1-t}{2}\\\frac{1+t}{2}&0\\0&\frac{1+t}{2}\\0&0\\0&0\end{bmatrix}\begin{Bmatrix}200\\0\end{Bmatrix}\frac{L_y}{2}h\,\mathrm{d}t\qquad(s=1) \tag{7.67}$$

经过简单的计算之后，有

$$\{f_s\}=\begin{Bmatrix}0\\0\\f_{s2s}\\f_{s2t}\\f_{s3s}\\f_{s3t}\\0\\0\end{Bmatrix}=\begin{bmatrix}0\\0\\1\\0\\1\\0\\0\\0\end{bmatrix}\times200\times\frac{5}{2}\times0.1=\begin{bmatrix}0\\0\\50\\0\\50\\0\\0\\0\end{bmatrix} \tag{7.68}$$

## 7.3　本章习题

如图 7－5 所示的板单元，请尝试计算：

① 直角坐标系与自然坐标系之间的坐标变换表达式；

② 自然坐标系中的坐标原点在直角坐标系内的坐标形式；

③ 利用计算机软件，验证形函数表达式(7.36)的正确性；

④ 雅可比矩阵和雅可比矩阵的行列式；

# 第 8 章　非线性弹性力学基础

## 8.1　概　述

弹性力学是研究在外界载荷作用下弹性体内部的应力分布和变形规律的科学，是现代科学技术研究中结构强度、刚度，以及稳定性计算的理论基础。在小变形的假设前提下，线性弹性力学经历了 100 多年的发展，已经成为较为完善的线性弹性力学理论，即所有的数学方程式都是关于未知函数及其导数的线性描述，在工程实践中有着重要而广泛的应用。

随着科技技术的不断进步与发展，人们意识到材料的非线性本构关系普遍存在，某些柔性构件，如柔性齿轮、薄膜构件、橡皮构件等，它们的变形过程突破了人们对小变形的认知范围。从数学模型上看，描述位移和应变关系的几何方程可能是非线性的，导致力的平衡方程式也是非线性的，因为其中含有应变分量。在大变形的假设下，若应力与应变关系仍然遵循胡克定律，则称该类非线性问题为几何非线性问题。在小变形假设下，若因材料的本构关系导致的非线性，即材料的物理性质不遵循胡克定律，则称该类问题为物理非线性问题。

## 8.2　仿射空间与欧氏空间

### 8.2.1　仿射空间

$n$ 维仿射空间 $A^n$ 是点和向量的集合，满足如下 10 条公理：

① 集合中至少存在一个点；

② 给定一对有序的点 $A$ 和点 $B$，它们对应于唯一的向量 $\overrightarrow{AB}$；

③ 给定一个点 $A$ 和一个向量 $\vec{\alpha}$，则存在唯一的点 $B$，使得

$$\vec{\alpha}=\overline{AB} \tag{8.1}$$

④ 若有 $\overrightarrow{AB}/\!/\overrightarrow{CD}$，则必有 $\overrightarrow{AC}/\!/\overrightarrow{BD}$；

⑤ 给定一个向量 $\vec{\alpha}$ 和 $a\in P$，$P$ 是一个数域，它们对应于唯一的向量，记作 $a\cdot\vec{\alpha}$；

⑥ $1\cdot\vec{\alpha}=\vec{\alpha}$，$1\in P$；

⑦ $(a+b)\cdot\vec{\alpha}=a\cdot\vec{\alpha}+b\cdot\vec{\alpha}$，$a,b\in P$；

⑧ $a(\vec{\alpha}+\vec{\beta})\cdot=a\cdot\vec{\alpha}+a\cdot\vec{\beta}$，$a\in P$；

⑨ $a\cdot(b\vec{\alpha})=(ab)\vec{\alpha}$，$a,b\in P$；

⑩ 若存在 $n$ 个线性无关的向量，则任意 $n+1$ 个向量必线性相关。

仿射空间内的任意矢量 $\vec{\alpha}\in A^n$，称为自由向量，没有固定的原点。基于矢量的平移变换，可以将仿射空间内的任意向量 $\vec{\alpha}\in A^n$ 映射成为 $n$ 维实向量，即

$$\vec{\alpha}\in A^n\rightarrow\vec{\alpha}+\vec{b}\in\mathbf{R}^n,\quad \vec{b}\in\mathbf{R}^n \tag{8.2}$$

### 8.2.2　仿射空间的距离

在仿射空间内，任意两个向量之和没有意义，但是它们之差是一个 $n$ 维实向量，即

$$\begin{cases}\vec{\alpha} \in A^n \\ \vec{\beta} \in A^n\end{cases} \Rightarrow \vec{\alpha} + \vec{\beta} = \text{D. N. E} \qquad (\text{不存在}) \tag{8.3}$$

和

$$\begin{cases}\vec{\alpha} \in A^n \\ \vec{\beta} \in A^n\end{cases} \Rightarrow \vec{\alpha} - \vec{\beta} \in \mathbf{R}^n \tag{8.4}$$

利用式(8.4)，可以定义仿射空间矢量之间的距离

$$\rho(\vec{\alpha},\vec{\beta}) = \|\vec{\alpha} - \vec{\beta}\|_2 = \sqrt{\langle \vec{\alpha} - \vec{\beta}, \vec{\alpha} - \vec{\beta} \rangle} \tag{8.5}$$

其中，$\vec{\alpha},\vec{\beta} \in A^n$，$\vec{\alpha} - \vec{\beta} \in \mathbf{R}^n$；$\|\cdot\|_2$ 代表矢量的 2 -范数。

注意：① 矩阵可以看作特殊的矢量，因此也有 2 -范数。② 含有范数定义的线性空间称作赋范线性空间。③ 数学上的范数是抽象的定义，具体的形式有很多种，如 1 -范数、2 -范数、$p$ -范数、∞-范数等，但它们之间是相互等价的。

### 8.2.3 欧式空间

含有 2 -范数的仿射空间 $A^n$ 称为欧式空间，记作 $E^n$。

### 8.2.4 伽利略时空

宇宙是一个仿射空间 $A^4$，在平移变换的作用下，可以转化为矢量空间 $\mathbf{R}^4$，因此我们可以在地球上研究宇宙中的点或事件(矢量)。

时间是一维实函数，它是任意两个宇宙事件(矢量)差的函数，即

$$t: \mathbf{R}^4 \to \mathbf{R} \tag{8.6}$$

若事件 $a \in A^4$，$b \in A^4$ 是同时发生的，等价于

$$t(a - b) = 0 \tag{8.7}$$

通常 $A^4$ 空间被称为伽利略空间，它指出：

① 宇宙是一个四维仿射空间；

② 任意两个事件(矢量)之间存在时间差 $t(a-b)$；

③ 任意两个同步事件(时间差为零)之间存在距离 $\|a-b\|$。

### 8.2.5 伽利略变换

称 $\phi: A^4 \to A^4$ 是一个伽利略变换，设它既能保持时间间隔的不变性，又能保持同时发生的两个事件(矢量)之间的距离不变。

注意：① 不同时刻发生的两个事件，不允许同时出现在三维空间坐标系 $\mathbf{R}^3$ 之内。② 当我们谈论时空时，指的是 $t \in R$，$\vec{x} \in \mathbf{R}^3$。

下面给出伽利略变换的 3 个例子：

① 匀速运动

$$\phi_1: \vec{\alpha} = \left(t, \begin{Bmatrix} x \\ y \\ z \end{Bmatrix}\right) \to \vec{\beta} = \left(t, \begin{Bmatrix} x + v_x \cdot t \\ y + v_y \cdot t \\ z + v_z \cdot t \end{Bmatrix}\right) \tag{8.8}$$

② 坐标旋转

$$\phi_2:\vec{\alpha}=\left(t,\begin{Bmatrix}x\\y\\z\end{Bmatrix}\right)\rightarrow\vec{\beta}=\left(t,[G]\cdot\begin{Bmatrix}x\\y\\z\end{Bmatrix}\right)\tag{8.9}$$

其中，$[G]$是一个三维正交矩阵变换。

③ 坐标系平移

$$\phi_3:\vec{\alpha}=\left(t,\begin{Bmatrix}x\\y\\z\end{Bmatrix}\right)\rightarrow\vec{\beta}=\left(t+s,\begin{Bmatrix}x+x_s\\y+y_s\\z+z_s\end{Bmatrix}\right)\tag{8.10}$$

定理：空间 $\mathbf{R}\times\mathbf{R}^3$ 的任意伽利略变换都可以唯一地表示为旋转、平移和匀速运动的组合。所有伽利略变换得到的群的维数都是 10。

## 8.2.6　仿射坐标系

根据线性代数理论，$\mathbf{R}^n$ 空间内任意$(n+1)$组向量之间必定线性相关。

在仿射空间内也有类似的结论：任意向量 $\vec{x}$ 都可以唯一地表达为线性无关基向量组的线性组合，即

$$\vec{x}=a^1\vec{e}_1+a^2\vec{e}_2+\cdots+a^n\vec{e}_n\tag{8.11}$$

其中，$\vec{e}_i\in E^n,i=1,2,\cdots,n$ 称为基底矢量或标架矢量，$a^1,a^2,\cdots,a^n\in\mathbf{R}$ 是系数或坐标。

如果是单位正交坐标系，例如

$$\vec{e}_1=\begin{Bmatrix}1\\0\\0\end{Bmatrix},\quad \vec{e}_{=}=\begin{Bmatrix}0\\1\\0\end{Bmatrix},\quad \vec{e}_3=\begin{Bmatrix}0\\0\\1\end{Bmatrix}\tag{8.12}$$

则有

$$a^1=\langle\vec{x},\vec{e}_1\rangle,\quad a^2=\langle\vec{x},\vec{e}_2\rangle,\quad a^3=\langle\vec{x},\vec{e}_3\rangle\tag{8.13}$$

# 8.3　张量基础

## 8.3.1　张量的定义

物理学中的物理量不依赖于坐标系而存在，例如山的海拔高度，在所有坐标系内的计算结果都是一致的。

设球面山体 $P$ 处的海拔高度是 3 000 m，它在地面的投影坐标为 $x,y$，则

$$z=h(x,y)=3\ 000\tag{8.14}$$

如图 8-1 所示，在球坐标系内

$$\begin{cases}x=\rho\sin\psi\cos\theta\\y=\rho\sin\psi\sin\theta\\z=\rho\cos\psi=f(\rho,\psi)\end{cases}\tag{8.15}$$

其中，$\rho$ 是球面山体的半径；$\theta$ 是 $x-y$ 平面内投影线与 $x$ 轴之间的夹角；$\psi$ 是空间矢量 $\overrightarrow{OP}$ 与 $z$ 轴的夹角。

根据该点海拔高度的不变性，有

$$z=h(x,y)=f(\rho,\psi)\tag{8.16}$$

推广到一般的情况，有

$$z=h(x^1,x^2,\cdots,x^n)=f(y^1,y^2,\cdots,y^n) \tag{8.17}$$

其中，$x^1,x^2,\cdots,x^n$ 和 $y^1,y^2,\cdots,y^n$ 分别代表任意两种坐标系内的坐标分量。

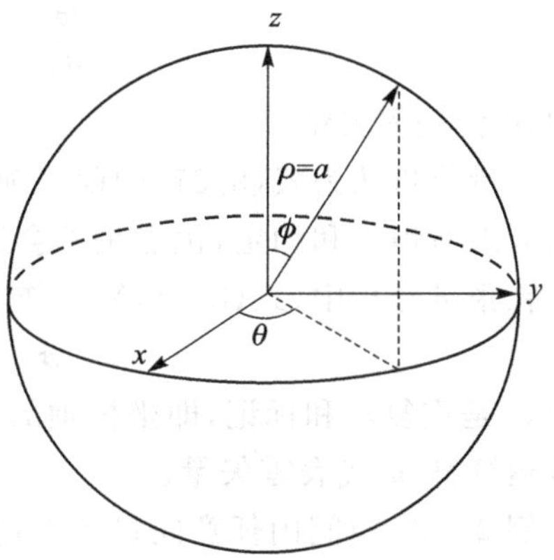


图 8-1　球坐标系

物理对象经过了坐标变换，其位置的坐标形式发生了变化，但物理对象的本质属性并不会随之改变，这样的物理量称为张量。例如空间中的矢量，它们在不同的坐标系内的投影分量不同，但是不同坐标之间存在相互转化的规律。

进一步分析，海拔高度是一个标量，它是三维空间变量的实函数，函数值的数目是 $1(3^0)$。空间中的力或位移矢量，含有 3 个投影分量 $(3^1)$。材料力学中的应力或应变矩阵，可以看作矢量的特殊形式，含有 9 个分量 $(3^2)$。

张量的阶次与张量分量数目的幂指数相对应，幂底是空间的维数。例如，标量是 0 阶张量，矢量是 1 阶张量，应变是 2 阶张量等。

## 8.3.2　求和约定与张量表达式

研究物理问题之前，首要的任务是数学建模，如建立微分形式或代数形式的方程组。

**例 1**　建立有限单元内部微元体受力分析的数学模型。

如图 8-2 所示，$x$ 轴记作 $e_1$，$y$ 轴记作 $e_2$，$z$ 轴记作 $e_3$。单元体外表面受到三个力的作用：垂直向外的正应力、沿坐标轴方向的 2 个切应力。

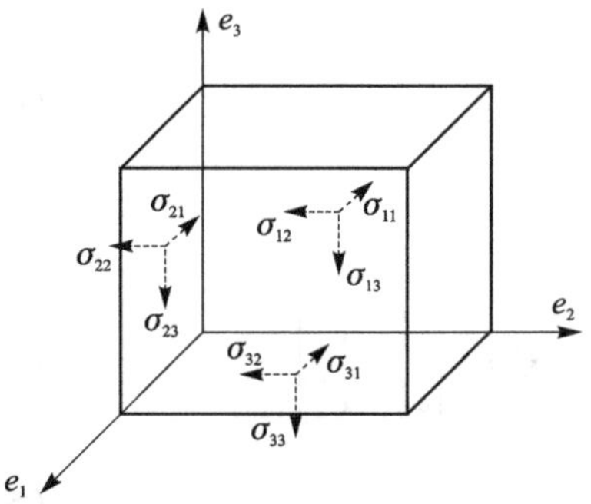


图 8-2　立方体单元底面应力及方向示意图

① 沿 $x$ 方向微元体前、后两个表面内的主应力代数和为

$$(-\sigma_x)+\left(\sigma_x+\frac{\partial\sigma_x}{\partial x}\right)=\frac{\partial\sigma_x}{\partial x} \tag{8.18}$$

其中，$\sigma_x=\sigma_{11}$，第 1 个下标是表面所在的位置，第 2 个下标是应力的方向。

② 沿 $x$ 方向微元体左、右两个表面内的切应力代数和为

$$(-\tau_{yx})+\left(\tau_{yx}+\frac{\partial\tau_{yx}}{\partial y}\right)=\frac{\partial\tau_{yx}}{\partial y} \tag{8.19}$$

其中，$\tau_{yx}=\sigma_{21}$，第 1 个下标是表面所在的位置，第2 个下标是应力的方向。

③ 沿 $x$ 方向微元体上、下两个表面内的切应力代数和为

$$(-\tau_{zx})+\left(\tau_{zx}+\frac{\partial\tau_{zx}}{\partial z}\right)=\frac{\partial\tau_{zx}}{\partial z} \tag{8.20}$$

其中，$\tau_{zx}=\sigma_{31}$，第 1 个下标是表面所在的位置，第 2 个下标是应力的方向。

综合上述情况，考虑到单元体 $x$ 方向单位体积力 $\boldsymbol{G}_x$，根据力的平衡条件，有

$$\frac{\partial \sigma_x}{\partial x}+\frac{\partial \tau_{yx}}{\partial y}+\frac{\partial \tau_{zx}}{\partial z}+\boldsymbol{G}_x=\boldsymbol{\theta} \tag{8.21}$$

其中，$\boldsymbol{\theta}$ 代表零矢量。

张量分析认为式(8.21)的前三项具有极大的相似性或重复性，它们都含有重复指标，建议采用爱因斯坦求和约定，优点是不会造成理解上的困难，而且有助于数学模型的简洁化和规律化。在张量分析中，式(8.21)简记作

$$\boldsymbol{\sigma}_{ij,i}+\boldsymbol{G}_j=\boldsymbol{\theta},\quad i=1,2,3 \tag{8.22}$$

其中，$i$ 是重复求和标记，即坐标轴的代号；$j$ 代表区别标，即矢量的方向；下标中的逗号代表偏导数运算符；$\boldsymbol{\theta}$ 代表零矢量。

**例 2**　$\mathbf{R}^3$ 空间内任意向量的表达为

$$\vec{r}=a^1\vec{e}_1+a^2\vec{e}_2+a^3\vec{e}_3 \tag{8.23}$$

其中，$(a^1\quad a^2\quad a^3)^{\mathrm{T}}$ 构成了系数向量。

基于张量表达式的求和观点，式(8.23)可简单表述为

$$\vec{r}=a^i\vec{e}_i,\quad i=1,2,3 \tag{8.24}$$

其中，$i$ 为重复求和标。

**例 3**　考虑任意两个矢量在三维空间内的表达式

$$\begin{cases}\vec{r}_1=a_1^1\vec{e}_1+a_1^2\vec{e}_2+a_1^3\vec{e}_3\\ \vec{r}_2=a_2^1\vec{e}_1+a_2^2\vec{e}_2+a_2^3\vec{e}_3\end{cases} \tag{8.25}$$

或

$$\begin{pmatrix}r_1\\ r_2\end{pmatrix}=\begin{bmatrix}a_1^1 & a_1^2 & a_1^3\\ a_2^1 & a_2^2 & a_2^3\end{bmatrix}\begin{pmatrix}\vec{e}_1\\ \vec{e}_2\\ \vec{e}_3\end{pmatrix} \tag{8.26}$$

基于张量表达式的求和观点，式(8.26)可简单表述为

$$\vec{r}_j=a_j^i\vec{e}_i,\quad i=1,2,3,\quad j=1,2 \tag{8.27}$$

其中，$i$ 为重复求和标；$j$ 为区别标，即方程组的行号。

**例 4**　设矩阵方程表达式为

$$\boldsymbol{A}=\begin{bmatrix}a_1^1 & a_1^2 & a_1^3\\ a_2^1 & a_2^2 & a_2^3\end{bmatrix},\quad \boldsymbol{B}=\begin{bmatrix}b_1^1 & b_1^2\\ b_2^1 & b_2^2\\ b_3^1 & b_3^2\end{bmatrix},\quad \boldsymbol{C}=\begin{bmatrix}c_1^1 & c_1^2\\ c_2^1 & c_2^2\end{bmatrix} \tag{8.28}$$

若

$$\boldsymbol{C}=\boldsymbol{A}\cdot\boldsymbol{B} \tag{8.29}$$

则有

$$c_i^j=a_i^k\cdot b_k^j,\quad k=1,2,3,\quad i=1,2,\quad j=1,2 \tag{8.30}$$

其中，$k$ 是重复求和标；$i,j$ 都是区别标，分别代表矩阵的行号和列号。

**例 5**　设方块矩阵表达式为

$$\boldsymbol{A}=\begin{bmatrix}a_1^1 & a_1^2 & a_1^3\\ a_2^1 & a_2^2 & a_2^3\\ a_3^1 & a_3^2 & a_3^3\end{bmatrix} \tag{8.31}$$

根据行列式的性质，式(8.31)的行列式可按照第 1 行元素进行展开

$$|A|=a_1^1\boldsymbol{A}_1^1+a_1^2\boldsymbol{A}_2^1+a_1^3\boldsymbol{A}_3^1=a_i^k\boldsymbol{A}_k^j,\quad i=j \tag{8.32}$$

其中，$k$ 是重复标；$i,j$ 是区别标；$\boldsymbol{A}_k^i$ 是元素 $a_i^k$ 对应的代数余子式，例如

$$\mathbf{A}_2^1 = (-1)^{1+2}\begin{bmatrix} a_2^1 & a_2^3 \\ a_3^1 & a_3^3 \end{bmatrix} \tag{8.33}$$

根据以德国科学家命名的克罗内克函数(Kronecker delta)可知

$$\delta_j^k = \begin{cases} 1, & k = j \\ 0, & k \neq j \end{cases} \tag{8.34}$$

矩阵行列式(8.32)可以写作

$$a_i^k \mathbf{A}_k^j = a \cdot \delta_k^j = \begin{cases} a, & j = k \\ 0, & j \neq k \end{cases} \tag{8.35}$$

其中，$a \overset{\text{def}}{=\!=} |A|$；$\delta_j^k$ 是克氏符号。

### 8.3.3 张量的协变规律和逆变规律

我们知道，物理量在向坐标系投影的过程中产生了一组坐标，如果还存在另外一个坐标系，那么两组坐标系之间必然存在一种等价关系，或者服从某种规律。

为了便于书写，下文中的标架矢量 $\vec{e}_i$ 简记为 $\boldsymbol{e}_i$。

例如，空间矢量 $\vec{x} \in \mathbf{R}^n$，它在两组坐标系内的表达式分别为

$$\vec{x} = [a^1 \quad a^2 \quad \cdots \quad a^n]\begin{Bmatrix} e_1 \\ e_2 \\ \vdots \\ e_n \end{Bmatrix} = a^i \boldsymbol{e}_i, \quad i = 1, 2, \cdots, n \tag{8.36}$$

$$\vec{x} = [a^{1'} \quad a^{2'} \quad \cdots \quad a^{n'}]\begin{Bmatrix} e_{1'} \\ e_{2'} \\ \vdots \\ e_{n'} \end{Bmatrix} = a^{j'} \boldsymbol{e}_{j'}, \quad j' = 1', 2', \cdots, n' \tag{8.37}$$

坐标变换规律为

$$\begin{Bmatrix} e_{1'} \\ e_{2'} \\ \vdots \\ e_{n'} \end{Bmatrix} = \begin{bmatrix} A_{1'}^1 & A_{1'}^2 & \cdots & A_{1'}^n \\ A_{2'}^1 & A_{2'}^2 & \cdots & A_{2'}^n \\ \vdots & \vdots & & \vdots \\ A_{n'}^1 & A_{n'}^2 & \cdots & A_{n'}^n \end{bmatrix}\begin{Bmatrix} e_1 \\ e_2 \\ \vdots \\ e_n \end{Bmatrix} \overset{\text{def}}{=\!=} [T]\begin{Bmatrix} e_1 \\ e_2 \\ \vdots \\ e_n \end{Bmatrix} \tag{8.38}$$

或

$$\boldsymbol{e}_{j'} = A_{j'}^i \boldsymbol{e}_i \tag{8.39}$$

将式(8.39)代入式(8.37)，并注意到式(8.36)，有

$$\begin{cases} \vec{x} = a^{j'} A_{j'}^i \boldsymbol{e}_i \\ \vec{x} = a^i \boldsymbol{e}_i \end{cases} \tag{8.40}$$

这意味着，对于每一个 $i$，有

$$a^i = A_{j'}^i a^{j'} \tag{8.41}$$

或者对于每一个 $j'$，有

$$a^{j'} = \bar{A}_i^{j'} a^i \tag{8.42}$$

其中，$[\bar{A}] = [A]^{-1}$。

观察式(8.39)和式(8.42)，分别将它们抽象为

$$B_{i'}=\frac{\partial x^{\alpha}}{\partial y^{i'}}A_{\alpha} \tag{8.43}$$

或

$$B^{i'}=\frac{\partial y^{i'}}{\partial x^{\alpha}}A^{\alpha} \tag{8.44}$$

其中，$\{A^{\alpha}\}$代表$X=\{e_i\}$系内的一组数；$\{B^{i'}\}$代表$Y=\{e_{i'}\}$系内的一组数；$\{A^{\alpha}\}$和$\{B^{i'}\}$是相同物理量在不同坐标系内的表现形式。

协变张量的定义：若同一物理量在任意两组坐标系（$X$ 和 $Y$）内的代表分别是$\{A_{\alpha}\}$和$\{B_{i'}\}$，且满足关系式

$$B_{i'}=\frac{\partial x^{\alpha}}{\partial y^{i'}}A_{\alpha} \tag{8.45}$$

则称该物理量是一阶协变张量。

若满足关系式

$$B_{i',j'}=\frac{\partial x^{\beta}}{\partial y^{j'}}\frac{\partial x^{\alpha}}{\partial y^{i'}}A_{\alpha,\beta} \tag{8.46}$$

则称该物理量是二阶协变张量。

逆变张量的定义：若同一物理量在任意两组坐标系（$X$ 和 $Y$）内的代表分别是$\{A^{\alpha}\}$和$\{B^{i'}\}$，且满足关系式

$$B^{i'}=\frac{\partial y^{i'}}{\partial x^{\alpha}}A^{\alpha} \tag{8.47}$$

则称该物理量是一阶逆变张量。

若满足关系式

$$B^{i',j'}=\frac{\partial y^{j'}}{\partial x^{\beta}}\frac{\partial y^{i'}}{\partial x^{\alpha}}A^{\alpha,\beta} \tag{8.48}$$

则称该物理量是二阶逆变张量。

此外，还有混合张量的定义，需要满足关系式

$$B_{i'}^{j'}=\frac{\partial y^{j'}}{\partial x^{\beta}}\frac{\partial x^{\alpha}}{\partial y^{i'}}A_{\alpha}^{\beta} \tag{8.49}$$

混合张量的例子有

$$\delta_i^j=\begin{cases}1, & i=j\\ 0, & i\neq j\end{cases} \tag{8.50}$$

此处证明略去。

### 8.3.4 协变张量举例——梯度函数

设山体的海拔为$f(x^1,x^2,x^3)=g(y^1,y^2,y^3)$，它在三个坐标方向上的梯度函数为

$$\nabla f=\begin{Bmatrix}\dfrac{\partial f}{\partial x^1}\\ \dfrac{\partial f}{\partial x^2}\\ \dfrac{\partial f}{\partial x^3}\end{Bmatrix} \tag{8.51}$$

若存在另外一个坐标系，且有

$$\begin{pmatrix} x^1 \\ x^2 \\ x^3 \end{pmatrix} = [T] \begin{pmatrix} y^1 \\ y^2 \\ y^3 \end{pmatrix} \tag{8.52}$$

或

$$\begin{pmatrix} y^1 \\ y^2 \\ y^3 \end{pmatrix} = [T]^{-1} \begin{pmatrix} x^1 \\ x^2 \\ x^3 \end{pmatrix} \tag{8.53}$$

其中,$[T]$是连续可微、非奇异变换矩阵。

在新的坐标系内的梯度函数为

$$\nabla g = \begin{pmatrix} \dfrac{\partial g}{\partial y^1} \\ \dfrac{\partial g}{\partial y^2} \\ \dfrac{\partial g}{\partial y^3} \end{pmatrix} \tag{8.54}$$

根据复合函数求导法则有

$$\frac{\partial g}{\partial y^j} = \frac{\partial x^\alpha}{\partial y^j} \frac{\partial f}{\partial x^\alpha}, \quad \alpha = 1,2,3 \tag{8.55}$$

抽象为

$$B_j = \frac{\partial x^\alpha}{\partial y^j} A_\alpha \tag{8.56}$$

这说明山体的梯度函数$\nabla f$ 满足一阶协变张量的定义。

## 8.3.5 逆变张量举例——位移矢量

空间质点在很短的时间内从 $P$ 点运动到$Q$ 点,位移矢量 $\overrightarrow{PQ}$ 为

$$\overrightarrow{PQ} = \begin{pmatrix} \mathrm{d}x^1 \\ \mathrm{d}x^2 \\ \mathrm{d}x^3 \end{pmatrix} = \begin{pmatrix} \mathrm{d}y^1 \\ \mathrm{d}y^2 \\ \mathrm{d}y^3 \end{pmatrix} \tag{8.57}$$

其中,坐标系之间存在可逆变换$[T]$,使得

$$\begin{pmatrix} x^1 \\ x^2 \\ x^3 \end{pmatrix} = [T] \begin{pmatrix} y^1 \\ y^2 \\ y^3 \end{pmatrix} \tag{8.58}$$

根据微分求导法则,有

$$\mathrm{d}y^j = \frac{\partial y^j}{\partial x^\alpha} \mathrm{d}x^\alpha \tag{8.59}$$

抽象为

$$B^j = \frac{\partial y^j}{\partial x^\alpha} A^\alpha \tag{8.60}$$

这说明,位移矢量 $\overrightarrow{PQ}$ 满足一阶逆变张量的定义。

# 8.4　几何变形理论基础

## 8.4.1　拉格朗日坐标系

假设全局坐标系(不变坐标系)为 $Oxy$,观测点为 $M(x,y)$,该处横向位移和纵向位移的表达式分别为

$$\begin{pmatrix} u \\ v \end{pmatrix} = \begin{pmatrix} u(x,y,t) \\ v(x,y,t) \end{pmatrix} \tag{8.61}$$

其中,$t$ 是当前时刻。

若变形导致 $M(x,y)$点的变化,则有

$$\begin{pmatrix} \xi \\ \eta \end{pmatrix} = \begin{pmatrix} x+u(x,y,t) \\ y+v(x,y,t) \end{pmatrix} \tag{8.62}$$

伴随着 $M$ 点的坐标变化,研究对象上的所有点(线)同时发生变化,如图 8-3 所示。由于坐标轴上的点也随着变化,故 $x$ 轴成了 $\xi$ 轴,$y$ 轴成了 $\eta$ 轴。

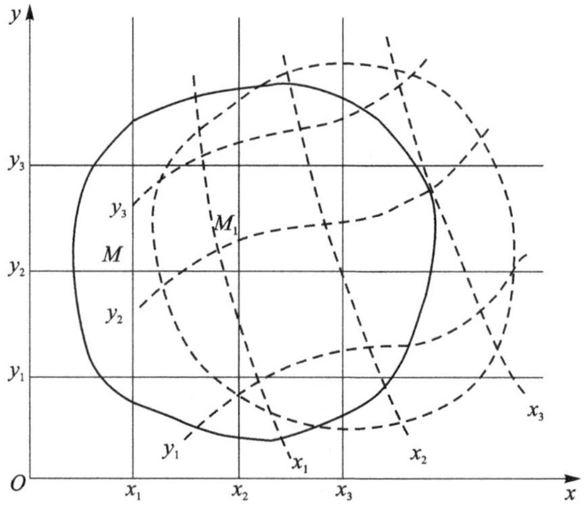


**图 8-3　几何变形示意图**

若全局坐标系内存在铅直垂线 Line$(x_1,y)$和水平线 Line$(x,y_2)$,它们分别被式(8.62)映射成为曲线 Curve_Line$(\xi,\eta)$,即

$$\begin{pmatrix} \xi \\ \eta \end{pmatrix} = \begin{pmatrix} x_1+u(x_1,y,t) \\ y+v(x_1,y,t) \end{pmatrix} \tag{8.63}$$

和

$$\begin{pmatrix} \xi \\ \eta \end{pmatrix} = \begin{pmatrix} x+u(x,y_2,t) \\ y_2+v(x,y_2,t) \end{pmatrix} \tag{8.64}$$

其中,式(8.63)中的 $y$ 和式(8.64)中的 $x$ 是参数变量。

拉格朗日坐标法:利用式(8.63)和式(8.64)分别建立新的坐标线,若变形之前的位置坐标为 $M(x_1,y_2)$,则变形之后的位置坐标 $M'(\xi,\eta)$由新坐标线的交点所决定。

例如碰碰车的游戏,车体被看作直线段,人坐在中间。车体被碰撞之后发生了扭曲变形,

人坐的位置也稍有变化，但仍在车中。因此，人的位置完全由车的位置所决定。

关于变形问题的描述，三维拉格朗日坐标法的形式为

$$\begin{pmatrix}\xi\\ \eta\\ \zeta\end{pmatrix}=\begin{pmatrix}x+u(x,y,z,t)\\ y+v(x,y,z,t)\\ z+w(x,y,z,t)\end{pmatrix}\tag{8.65}$$

## 8.4.2 欧拉坐标系

利用变形之后的坐标信息建立坐标系统

$$\begin{pmatrix}x\\ y\\ z\end{pmatrix}=\begin{pmatrix}\xi\\ \eta\\ \zeta\end{pmatrix}-\begin{pmatrix}u(\xi,\eta,\zeta,t)\\ v(\xi,\eta,\zeta,t)\\ w(\xi,\eta,\zeta,t)\end{pmatrix}\tag{8.66}$$

式(8.66)称作欧拉坐标法。

一般来说，依据欧拉坐标法推导出来的坐标信息未必是变形之前的真实位置，这是因为位移函数不仅是坐标 $\xi,\eta,\zeta$ 的函数，而且还是当前时刻 $t$ 的函数，利用式(8.64)，在不同的时刻将推导出不同的结果。例如，河水的流动是非定常的(随时间而变化)，在不同时刻进行拍照观察，过点 $M(\xi,\eta,\zeta)$ 的流线是不相同的。

欧拉坐标法也称空间坐标法，在流体力学中有着重要的应用。

## 8.4.3 线元长度

如图 8-4 所示，连续三维体 $B_0$ 所在的正交标架系统是 $Ox^1x^2x^3$，当前时刻为 $t=0$。若在某个时刻 $t$，连续三维体发生了变形，记作 $B$，描述它的正交标架系统为 $O'y^1y^2y^3$。

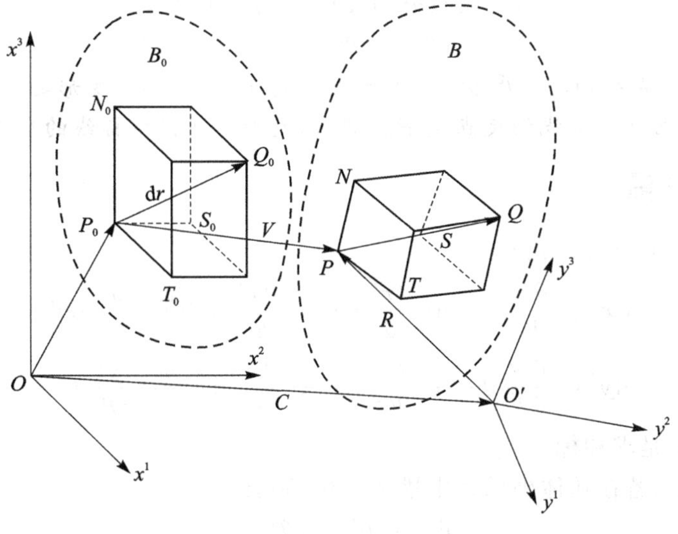


**图 8-4　三维连续体变形示意图**

$\forall P_0\in B_0$，有

$$\vec{r}=\overrightarrow{OP_0}=\begin{pmatrix}x^1\\ x^2\\ x^3\end{pmatrix}-\begin{pmatrix}0\\ 0\\ 0\end{pmatrix}=\begin{pmatrix}\mathrm{d}x^1\\ \mathrm{d}x^2\\ \mathrm{d}x^3\end{pmatrix}\tag{8.67}$$

和

$$\|\vec{r}\|_2=\sqrt{(\mathrm{d}x^1\quad \mathrm{d}x^2\quad \mathrm{d}x^3)\begin{pmatrix}\mathrm{d}x^1\\ \mathrm{d}x^2\\ \mathrm{d}x^3\end{pmatrix}}=\sqrt{\mathrm{d}x^\alpha\mathrm{d}x^\alpha},\quad \alpha=1,2,3 \tag{8.68}$$

其中，$\alpha$ 是求和指标。

变形之后，与 $P_0\in B_0$ 所对应的点记作 $P\in B$，它在新的坐标系内的描述为

$$\vec{R}=\overrightarrow{OP}=\begin{pmatrix}y^1\\ y^2\\ y^3\end{pmatrix}-\begin{pmatrix}0\\ 0\\ 0\end{pmatrix}=\begin{pmatrix}\mathrm{d}y^1\\ \mathrm{d}y^2\\ \mathrm{d}y^3\end{pmatrix} \tag{8.69}$$

和

$$\|\vec{R}\|_2=\sqrt{(\mathrm{d}y^1\quad \mathrm{d}y^2\quad \mathrm{d}y^3)\begin{pmatrix}\mathrm{d}y^1\\ \mathrm{d}y^2\\ \mathrm{d}y^3\end{pmatrix}}=\sqrt{\mathrm{d}y^\alpha\mathrm{d}y^\alpha},\quad \alpha=1,2,3 \tag{8.70}$$

其中，$\alpha$ 是求和指标。

如图 8-4 所示，不难发现

$$\overrightarrow{OP_0}+\overrightarrow{P_0P}=\overrightarrow{OO'}+\overrightarrow{O'P} \tag{8.71}$$

或

$$\vec{r}+\vec{V}=\vec{C}+\vec{R} \tag{8.72}$$

其中，$\vec{C}$ 是常矢量。

为了更加方便地讨论变形前后的位置情况，还可以建立一种随物体一起变形的坐标系统，记作 $\Theta(\theta^1,\theta^2,\theta^3)$，于是有

$$x^i=x^i(\theta^1,\theta^2,\theta^3),\quad i=1,2,3 \tag{8.73}$$

和

$$y^i=y^i(\theta^1,\theta^2,\theta^3,t),\quad i=1,2,3 \tag{8.74}$$

注意：即使坐标系统 $\Theta(\theta^1,\theta^2,\theta^3)$ 在变形之前是正交坐标系，变形之后也可能变成曲线坐标系。如果变形前网格坐标线的交点是 $P_0$，那么，变形后网格坐标线的交点就是 $P$。

### 8.4.4　应变张量

根据式(8.73)和式(8.74)，有

$$\mathrm{d}x^i=\frac{\partial x^i}{\partial\theta^1}\mathrm{d}\theta^1+\frac{\partial x^i}{\partial\theta^2}\mathrm{d}\theta^2+\frac{\partial x^i}{\partial\theta^3}\mathrm{d}\theta^3\overset{\text{def}}{=\!=}\frac{\partial x^i}{\partial\theta^j}\mathrm{d}\theta^j \tag{8.75}$$

$$\mathrm{d}y^i=\frac{\partial y^i}{\partial\theta^1}\mathrm{d}\theta^1+\frac{\partial y^i}{\partial\theta^2}\mathrm{d}\theta^2+\frac{\partial y^i}{\partial\theta^3}\mathrm{d}\theta^3\overset{\text{def}}{=\!=}\frac{\partial y^i}{\partial\theta^j}\mathrm{d}\theta^j \tag{8.76}$$

其中，$i$ 是区别标；$j$ 是求和标。

如图 8-4 所示，若在随体坐标系中描述矢量，则有

$$\begin{cases}\vec{r}=r(\theta^1,\theta^2,\theta^3)\\ \vec{R}=R(\theta^1,\theta^2,\theta^3,t)\\ \vec{V}=V(\theta^1,\theta^2,\theta^3,t)\end{cases} \tag{8.77}$$

变形前后线元长度的平方分别为

$$(\mathrm{d}s_0)^2=\mathrm{d}x^\alpha\mathrm{d}x^\alpha=\left(\frac{\partial x^\alpha}{\partial\theta^j}\mathrm{d}\theta^j\right)\left(\frac{\partial x^\alpha}{\partial\theta^i}\mathrm{d}\theta^i\right)\overset{\text{def}}{=\!=}g_{ij}\mathrm{d}\theta^i\mathrm{d}\theta^j \tag{8.78}$$

$$(\mathrm{d}s)^2=\mathrm{d}y^\alpha \mathrm{d}y^\alpha=\left(\frac{\partial y^\alpha}{\partial\theta^j}\mathrm{d}\theta^j\right)\left(\frac{\partial y^\alpha}{\partial\theta^i}\mathrm{d}\theta^i\right)\overset{\text{def}}{=\!=}G_{ij}\mathrm{d}\theta^i\mathrm{d}\theta^j \tag{8.79}$$

其中，$g_{ij}$，$G_{ij}$ 分别为变形前后的度量张量，它们各自有 9 个分量，服从二阶协变张量的变化规律。

描述线元长度的变化，有

$$(\mathrm{d}s)^2-(\mathrm{d}s_0)^2=(G_{ij}-g_{ij})\mathrm{d}\theta^i\mathrm{d}\theta^j\overset{\text{def}}{=\!=}2\gamma_{ij}\mathrm{d}\theta^i\mathrm{d}\theta^j \tag{8.80}$$

其中，$\gamma_{ij}=\gamma_{ji}$ 与变形有关，只含有 6 个独立的分量，称为应变张量。

注意：如果某点处的应变张量 $\gamma_{ij}$ 是已知的，那么，该点处的变形情况是唯一确定的，包括拉伸引起的线变形，也包括扭转引起的角变形。但是，数学中的应变张量的每个分量不一定具有明确的物理意义。

## 8.4.5　应变张量与位移的关系

为了方便描述，不妨设变形前的随体坐标系就是 $X$ 坐标系，即

$$\theta^i=x^i \tag{8.81}$$

变形前线元长度的平方为

$$(\mathrm{d}s_0)^2=\mathrm{d}x^\alpha\mathrm{d}x^\alpha=g_{ij}\mathrm{d}\theta^i d\theta^j \tag{8.82}$$

其中，$g_{ij}=\delta_{ij}=\begin{cases}1, & i=j\\ 0, & i\neq j\end{cases}$。

如图 8－4 所示，有

$$\vec{R}=\vec{r}+\vec{V}-\vec{C} \tag{8.83}$$

根据式(8.78)，同时考虑到式(8.81)，有

$$G_{ij}=\frac{\partial\vec{R}}{\partial\theta^i}\cdot\frac{\partial\vec{R}}{\partial\theta^j}=\frac{\partial\vec{R}}{\partial x^i}\cdot\frac{\partial\vec{R}}{\partial x^j} \tag{8.84}$$

根据假设，随体坐标系与 $X$ 系重合，因此随体坐标系内的标架矢量 $\vec{b}_1$，$\vec{b}_2$，$\vec{b}_3$ 之间满足正交性质，且它们都是单位矢量。

根据式(8.83)，有

$$\vec{R}=r^i\vec{b}_i+v^i\vec{b}_i-c^i\vec{b}_i \tag{8.85}$$

其中，$c^i$，$i=1,2,3$ 是常数；$r^i$，$v^i$ 分别是矢量 $\overrightarrow{OP_0}$，$\vec{V}$ 在 $X$ 系内的投影坐标分量。

将式(8.85)代入式(8.84)，并注意到 $\vec{b}_k\cdot\vec{b}_s=\delta_{ks}$，有

$$G_{ij}=\frac{\partial(r^k+v^k)}{\partial x^i}\vec{b}_k\cdot\frac{\partial(r^s+v^s)}{\partial x^j}\vec{b}_s=\frac{\partial(x^k+v^k)}{\partial x^i}\cdot\frac{\partial(x^s+v^s)}{\partial x^j}\cdot\delta_{sk} \tag{8.86}$$

采用新的记号

$$\delta_i^k=\frac{\partial x^k}{\partial x^i},\quad \delta_j^s=\frac{\partial x^s}{\partial x^j},\quad v_{,i}^k=\frac{\partial v^k}{\partial x^i},\quad v_{,j}^s=\frac{\partial v^s}{\partial x^j} \tag{8.87}$$

式(8.86)可化简为

$$\begin{aligned}G_{ij}&=(\delta_i^k+v_{,i}^k)(\delta_j^s+v_{,j}^s)\cdot\delta_{sk}\\&=\delta_{ij}+v_{,j}^i+v_{,i}^j+v_{,i}^s\cdot v_{,j}^s\end{aligned} \tag{8.88}$$

根据应变张量的定义，令 $e_{ij}=\gamma_{ij}$，有

$$e_{ij}=\frac{G_{ij}-g_{ij}}{2}=\frac{v_j^i+v_i^j+v_i^s\cdot v_j^s}{2} \tag{8.89}$$

其中,随体坐标系和 $X$ 系重合,因此 $e_{ij}$ 具有特殊性。

在 $X$ 系内重新定义 $\vec{V}$ 矢量和 $\vec{r}$ 矢量,即

$$\vec{V}=\begin{pmatrix}v^1\\v^2\\v^3\end{pmatrix}\overset{\text{def}}{=\!=}\begin{pmatrix}u\\v\\w\end{pmatrix},\quad \vec{r}=\begin{pmatrix}x^1\\x^2\\x^3\end{pmatrix}\overset{\text{def}}{=\!=}\begin{pmatrix}x\\y\\z\end{pmatrix} \tag{8.90}$$

应变分量与位移的关系式为

$$\begin{cases}e_{xx}=\dfrac{\partial u}{\partial x}+\dfrac{1}{2}\left[\left(\dfrac{\partial u}{\partial x}\right)^2+\left(\dfrac{\partial v}{\partial x}\right)^2+\left(\dfrac{\partial w}{\partial x}\right)^2\right]\\ e_{yy}=\dfrac{\partial v}{\partial y}+\dfrac{1}{2}\left[\left(\dfrac{\partial u}{\partial y}\right)^2+\left(\dfrac{\partial v}{\partial y}\right)^2+\left(\dfrac{\partial w}{\partial y}\right)^2\right]\\ e_{zz}=\dfrac{\partial w}{\partial z}+\dfrac{1}{2}\left[\left(\dfrac{\partial u}{\partial z}\right)^2+\left(\dfrac{\partial v}{\partial z}\right)^2+\left(\dfrac{\partial w}{\partial z}\right)^2\right]\end{cases} \tag{8.91}$$

$$\begin{cases}2e_{xy}=\dfrac{\partial u}{\partial y}+\dfrac{\partial v}{\partial x}+\left[\dfrac{\partial u}{\partial x}\dfrac{\partial u}{\partial y}+\dfrac{\partial v}{\partial x}\dfrac{\partial v}{\partial y}+\dfrac{\partial w}{\partial x}\dfrac{\partial w}{\partial y}\right]\\ 2e_{yz}=\dfrac{\partial v}{\partial z}+\dfrac{\partial w}{\partial y}+\left[\dfrac{\partial u}{\partial y}\dfrac{\partial u}{\partial z}+\dfrac{\partial v}{\partial y}\dfrac{\partial v}{\partial z}+\dfrac{\partial w}{\partial y}\dfrac{\partial w}{\partial z}\right]\\ 2e_{zx}=\dfrac{\partial w}{\partial x}+\dfrac{\partial u}{\partial z}+\left[\dfrac{\partial u}{\partial z}\dfrac{\partial u}{\partial x}+\dfrac{\partial v}{\partial z}\dfrac{\partial v}{\partial x}+\dfrac{\partial w}{\partial z}\dfrac{\partial w}{\partial x}\right]\end{cases} \tag{8.92}$$

此时,应变张量 $e_{ij}$ 满足关系式

$$(\mathrm{d}s)^2-(\mathrm{d}s_0)^2=2\gamma_{ij}\,\mathrm{d}\theta^i\,\mathrm{d}\theta^j=2e_{ij}\,\mathrm{d}x^i\,\mathrm{d}x^j \tag{8.93}$$

## 8.4.6　线元的相对伸长与应变张量的关系

如图 8-4 所示,令

$$\begin{cases}\overrightarrow{P_0Q_0}=\mathrm{d}\vec{r}\\ \|\overrightarrow{P_0Q_0}\|_2=\mathrm{d}s_0\end{cases} \tag{8.94}$$

$$\begin{cases}\overrightarrow{PQ}=\mathrm{d}\vec{R}\\ \|\overrightarrow{PQ}\|_2=\mathrm{d}s\end{cases} \tag{8.95}$$

当发生拉伸变形时,定义相对变形量 $E_{P_0Q_0}$ 为

$$E_{P_0Q_0}=\frac{\mathrm{d}s-\mathrm{d}s_0}{\mathrm{d}s_0} \tag{8.96}$$

因此,有

$$\mathrm{d}s=(1+E_{P_0Q_0})\,\mathrm{d}s_0 \tag{8.97}$$

$$\begin{cases}\mathrm{d}s-\mathrm{d}s_0=E_{P_0Q_0}\,\mathrm{d}s_0\\ \mathrm{d}s+\mathrm{d}s_0=(2+E_{P_0Q_0})\,\mathrm{d}s_0\end{cases} \tag{8.98}$$

利用式(8.89),有

$$\begin{aligned}&E_{P_0Q_0}(2+E_{P_0Q_0})(\mathrm{d}s_0)^2\\ &=2e_{xx}(\mathrm{d}x)^2+2e_{xy}\,\mathrm{d}x\,\mathrm{d}y+2e_{xz}\,\mathrm{d}x\,\mathrm{d}z+\\ &\quad 2e_{yx}\,\mathrm{d}y\,\mathrm{d}x+2e_{yy}(\mathrm{d}y)^2+2e_{yz}\,\mathrm{d}y\,\mathrm{d}z+\end{aligned}$$

$$2e_{zx}\,\mathrm{d}z\,\mathrm{d}x + 2e_{zy}\,\mathrm{d}z\,\mathrm{d}y + 2e_{zz}(\mathrm{d}z)^2 \tag{8.99}$$

注意到应变张量的对称性质

$$\begin{cases} e_{xy} = e_{yx} \\ e_{xz} = e_{zx} \\ e_{yz} = e_{zy} \end{cases} \tag{8.100}$$

线元 $\mathrm{d}\vec{r}$ 在正交坐标系内的投影关系为

$$\frac{\mathrm{d}x}{\mathrm{d}s_0} = l,\quad \frac{\mathrm{d}y}{\mathrm{d}s_0} = m,\quad \frac{\mathrm{d}z}{\mathrm{d}s_0} = n \tag{8.101}$$

其中，$l,m,n$ 是方向余弦。

式(8.99)变为

$$E_{P_0Q_0}\left(1 + \frac{E_{P_0Q_0}}{2}\right) = [l^2 \quad m^2 \quad n^2 \quad lm \quad mn \quad nl]\begin{bmatrix} e_{xx} \\ e_{yy} \\ e_{zz} \\ 2e_{xy} \\ 2e_{yz} \\ 2e_{zx} \end{bmatrix} \tag{8.102}$$

特别地，取 $\mathrm{d}\vec{r} = \overrightarrow{P_0Q_0}$ 平行于 $x$ 轴，方向余弦的值分别为

$$\frac{\mathrm{d}x}{\mathrm{d}s_0} = 1,\quad \frac{\mathrm{d}y}{\mathrm{d}s_0} = 0,\quad \frac{\mathrm{d}z}{\mathrm{d}s_0} = 0 \tag{8.103}$$

此时，根据式(8.102)，有

$$E_x\left(1 + \frac{E_x}{2}\right) = e_{xx} \tag{8.104}$$

或

$$E_x = \sqrt{2e_{xx} + 1} - 1 \tag{8.105}$$

这表明，应变张量的分量 $e_{xx}$ 并不代表沿 $x$ 轴的相对伸长变化量。此外，应变张量的分量 $e_{xy}$ 也不代表 $x$ 轴和 $y$ 轴方向之间的剪切变形。

## 8.4.7 变形之后的方向余弦

不妨仍采用随体坐标系与 $X$ 系重合的假设作为讨论的前提。

变形之前，有

$$\mathrm{d}\vec{r} = \overrightarrow{P_0Q_0} = \begin{pmatrix} \mathrm{d}x \\ \mathrm{d}y \\ \mathrm{d}z \end{pmatrix} \tag{8.106}$$

方向余弦为

$$\begin{cases} \dfrac{\mathrm{d}x}{\mathrm{d}s_0} = l \\[2ex] \dfrac{\mathrm{d}y}{\mathrm{d}s_0} = m \\[2ex] \dfrac{\mathrm{d}z}{\mathrm{d}s_0} = n \end{cases} \tag{8.107}$$

变形之后，有

$$\begin{cases} \vec{R} = \overrightarrow{O'P} = r^s \vec{b}_s + v^s \vec{b}_s - c^s \vec{b}_s \\ d\vec{R} = \overrightarrow{PQ} = \dfrac{\partial R}{\partial x^i} dx^i \\ ds_0 = \| d\vec{r} \|_2 \\ ds = \| d\vec{R} \|_2 = (1 + E_{P_0Q_0})\, ds_0 \end{cases} \tag{8.108}$$

其中，$c^s$ 是常数；$\vec{b}_s$ 是固定的标架单位矢量。

根据式(8.108)，有

$$d\vec{R} = \frac{\partial (r^s + v^s)}{\partial x^i} dx^i \cdot \vec{b}_s = (\delta_i^s + v^s_{,i})\, dx^i \cdot \vec{b}_s \tag{8.109}$$

其中，$\vec{b}_s$，$s=1,2,3$ 是 $X$ 系内的标准正交基向量；$(\delta_i^s + v_i^s)\,dx^i$ 是 $d\vec{R}$ 向 $\vec{b}_s$ 的投影坐标。

根据式(8.109)，得到 $d\vec{R}$ 与 $\vec{b}_s$ 之间的方向余弦为

$$L^s = \frac{(\delta_i^s + v_i^s)\, dx^i}{(1 + E_{P_0Q_0})\, ds_0} = \frac{(\delta_i^s + v_i^s)}{(1 + E_{P_0Q_0})} \cdot l^i \tag{8.110}$$

即

$$L = \frac{1}{1 + E_{P_0Q_0}} \left[ l \left( 1 + \frac{\partial u}{\partial x} \right) + m \frac{\partial u}{\partial y} + n \frac{\partial u}{\partial z} \right], \quad s = 1 \tag{8.111}$$

$$M = \frac{1}{1 + E_{P_0Q_0}} \left[ l \frac{\partial v}{\partial x} + m \left( 1 + \frac{\partial v}{\partial y} \right) + n \frac{\partial v}{\partial z} \right], \quad s = 2 \tag{8.112}$$

$$N = \frac{1}{1 + E_{P_0Q_0}} \left[ l \frac{\partial w}{\partial x} + m \frac{\partial w}{\partial y} + n \left( 1 + \frac{\partial w}{\partial z} \right) \right], \quad s = 3 \tag{8.113}$$

## 8.4.8　变形之后的剪变形

随体坐标系变形之前与 $X$ 系重合，这意味着坐标轴之间的夹角是 90°。变形之后，坐标轴之间的夹角因为变形而改变，称为剪变形。图 8－4 中的微元 $\overrightarrow{P_0T_0}$，$\overrightarrow{P_0S_0}$ 和 $\overrightarrow{P_0N_0}$ 之间的夹角都是 90°，变形之后，它们分别是 $\overrightarrow{PT}$，$\overrightarrow{PS}$ 和 $\overrightarrow{PN}$，彼此之间不再具有正交关系。

注意：物理上称剪变形为剪应变。

在随体坐标系中，不妨假设 $\overrightarrow{PT}$ 与 $\overrightarrow{PS}$ 之间的夹角为 $\theta_{12}$，则剪变形可表示为

$$\varphi_{12} = \frac{\pi}{2} - \theta_{12} \tag{8.114}$$

或

$$\sin \varphi_{12} = \cos \theta_{12} = \frac{G_{12}}{\sqrt{G_{11} G_{22}}} \tag{8.115}$$

其中，$G_{ij}$ 是度量张量，它的定义为

$$G_{ij} = \delta_{ij} + 2e_{ij} \tag{8.116}$$

因此

$$\sin \varphi_{12} = \cos \theta_{12} = \frac{2e_{12}}{\sqrt{(1 + e_{11})(1 + e_{22})}} \tag{8.117}$$

注意：变形之后，随体坐标系通常变成曲线坐标系。

## 8.4.9　小变形假设与应变张量之间的关系式

基于大变形假设,应变张量与位移的关系式为

$$\begin{cases} e_{xx}=\dfrac{\partial u}{\partial x}+\dfrac{1}{2}\left[\left(\dfrac{\partial u}{\partial x}\right)^2+\left(\dfrac{\partial v}{\partial x}\right)^2+\left(\dfrac{\partial w}{\partial x}\right)^2\right] \\ e_{yy}=\dfrac{\partial v}{\partial y}+\dfrac{1}{2}\left[\left(\dfrac{\partial u}{\partial y}\right)^2+\left(\dfrac{\partial v}{\partial y}\right)^2+\left(\dfrac{\partial w}{\partial y}\right)^2\right] \\ e_{zz}=\dfrac{\partial w}{\partial z}+\dfrac{1}{2}\left[\left(\dfrac{\partial u}{\partial z}\right)^2+\left(\dfrac{\partial v}{\partial z}\right)^2+\left(\dfrac{\partial w}{\partial z}\right)^2\right] \end{cases} \tag{8.118}$$

$$\begin{cases} 2e_{xy}=\dfrac{\partial u}{\partial y}+\dfrac{\partial v}{\partial x}+\left[\dfrac{\partial u}{\partial x}\dfrac{\partial u}{\partial y}+\dfrac{\partial v}{\partial x}\dfrac{\partial v}{\partial y}+\dfrac{\partial w}{\partial x}\dfrac{\partial w}{\partial y}\right] \\ 2e_{yz}=\dfrac{\partial v}{\partial z}+\dfrac{\partial w}{\partial y}+\left[\dfrac{\partial u}{\partial y}\dfrac{\partial u}{\partial z}+\dfrac{\partial v}{\partial y}\dfrac{\partial v}{\partial z}+\dfrac{\partial w}{\partial y}\dfrac{\partial w}{\partial z}\right] \\ 2e_{zx}=\dfrac{\partial w}{\partial x}+\dfrac{\partial u}{\partial z}+\left[\dfrac{\partial u}{\partial z}\dfrac{\partial u}{\partial x}+\dfrac{\partial v}{\partial z}\dfrac{\partial v}{\partial x}+\dfrac{\partial w}{\partial z}\dfrac{\partial w}{\partial x}\right] \end{cases} \tag{8.119}$$

基于小变形假设,有

$$\begin{cases} \varepsilon_x=\dfrac{\partial u}{\partial x} \\ \varepsilon_y=\dfrac{\partial v}{\partial y} \\ \varepsilon_x=\dfrac{\partial w}{\partial z} \end{cases},\quad \begin{cases} \gamma_{xy}=\dfrac{\partial u}{\partial y}+\dfrac{\partial v}{\partial x} \\ \gamma_{yz}=\dfrac{\partial v}{\partial z}+\dfrac{\partial w}{\partial y} \\ \gamma_{zx}=\dfrac{\partial w}{\partial x}+\dfrac{\partial u}{\partial z} \end{cases} \tag{8.120}$$

考虑转动情况时,有

$$\begin{cases} \omega_x=\dfrac{1}{2}\left(\dfrac{\partial w}{\partial y}-\dfrac{\partial v}{\partial z}\right) \\ \omega_y=\dfrac{1}{2}\left(\dfrac{\partial u}{\partial z}-\dfrac{\partial w}{\partial x}\right) \\ \omega_z=\dfrac{1}{2}\left(\dfrac{\partial v}{\partial x}-\dfrac{\partial u}{\partial y}\right) \end{cases} \tag{8.121}$$

此时,应变张量的表达式可写作

$$\begin{cases} e_{xx}=\varepsilon_x+\dfrac{1}{2}\left[(\varepsilon_x)^2+\left(\dfrac{1}{2}\gamma_{xy}+\omega_z\right)^2+\left(\dfrac{1}{2}\gamma_{zx}-\omega_y\right)^2\right] \\ e_{yy}=\varepsilon_y+\dfrac{1}{2}\left[\left(\dfrac{1}{2}\gamma_{xy}-\omega_z\right)^2+(\varepsilon_y)^2+\left(\dfrac{1}{2}\gamma_{yz}+\omega_x\right)^2\right] \\ e_{zz}=\varepsilon_z+\dfrac{1}{2}\left[\left(\dfrac{1}{2}\gamma_{zx}+\omega_y\right)^2+\left(\dfrac{1}{2}\gamma_{yz}-\omega_x\right)^2+(\varepsilon_z)^2\right] \end{cases} \tag{8.122}$$

$$\begin{cases} 2e_{xy}=\gamma_{xy}+\left[\varepsilon_x\left(\dfrac{1}{2}\gamma_{xy}-\omega_z\right)+\varepsilon_y\left(\dfrac{1}{2}\gamma_{xy}+\omega_z\right)+\left(\dfrac{1}{2}\gamma_{zx}-\omega_y\right)\left(\dfrac{1}{2}\gamma_{yz}+\omega_x\right)\right] \\ 2e_{yz}=\gamma_{yz}+\left[\left(\dfrac{1}{2}\gamma_{xy}-\omega_z\right)\left(\dfrac{1}{2}\gamma_{zx}+\omega_y\right)+\varepsilon_y\left(\dfrac{1}{2}\gamma_{yz}-\omega_x\right)+\varepsilon_z\left(\dfrac{1}{2}\gamma_{yz}+\omega_x\right)\right] \\ 2e_{zx}=\gamma_{zx}+\left[\varepsilon_x\left(\dfrac{1}{2}\gamma_{zx}+\omega_y\right)+\left(\dfrac{1}{2}\gamma_{yz}-\omega_x\right)\left(\dfrac{1}{2}\gamma_{xy}+\omega_z\right)+\varepsilon_z\left(\dfrac{1}{2}\gamma_{zx}-\omega_y\right)\right] \end{cases} \tag{8.123}$$

① 第 1 种情况：$\varepsilon,\gamma,\omega$ 相比 1 均为小量，且 $\omega$ 相比 $\varepsilon,\gamma$ 属于同阶或高阶微量。考察应变张量、伸长量，以及剪变形等因素，有

$$\begin{cases} e_{xx}=\varepsilon_x \\ e_{yy}=\varepsilon_y \\ e_{zz}=\varepsilon_z \\ 2e_{xy}=\gamma_{xy} \\ 2e_{yz}=\gamma_{yz} \\ 2e_{zx}=\gamma_{zx} \end{cases},\quad \begin{cases} E_x=e_{xx}=\varepsilon_x \\ E_y=e_{yy}=\varepsilon_y \\ E_z=e_{zz}=\varepsilon_z \end{cases},\quad \begin{cases} \sin\varphi_{xy}=2e_{xy}=\gamma_{xy}=\varphi_{xy} \\ \sin\varphi_{yz}=2e_{yz}=\gamma_{yz}=\varphi_{yz} \\ \sin\varphi_{zx}=2e_{zx}=\gamma_{zx}=\varphi_{zx} \end{cases} \tag{8.124}$$

注意：第 1 种情况属于小应变、小转角的情况。

② 第 2 种情况：$\varepsilon,\gamma,\omega$ 相比 1 均为小量，且 $\varepsilon,\gamma$ 相比 $\omega^2$ 属于同阶或高阶微量。考察应变张量、伸长量，以及剪变形等因素，有

$$\begin{cases} e_{xx}=\varepsilon_x+\dfrac{1}{2}\left[(\omega_y)^2+(\omega_z)^2\right] \\ e_{yy}=\varepsilon_y+\dfrac{1}{2}\left[(\omega_z)^2+(\omega_x)^2\right] \\ e_{zz}=\varepsilon_z+\dfrac{1}{2}\left[(\omega_x)^2+(\omega_y)^2\right] \\ 2e_{xy}=\gamma_{xy}-\omega_x\omega_y \\ 2e_{yz}=\gamma_{yz}-\omega_y\omega_z \\ 2e_{zx}=\gamma_{zx}-\omega_z\omega_x \end{cases} \tag{8.125}$$

$$\begin{cases} E_x=e_{xx} \\ E_y=e_{yy} \\ E_z=e_{zz} \end{cases},\quad \begin{cases} \varphi_{xy}=2e_{xy} \\ \varphi_{yz}=2e_{yz} \\ \varphi_{zx}=2e_{zx} \end{cases} \tag{8.126}$$

注意：第 2 种情况属于小应变、较大转角的情况。

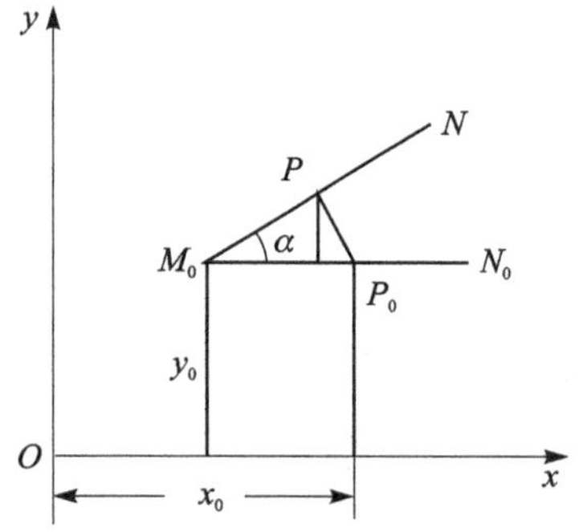


**图 8-5　大转角、小应变假设**

如图 8-5 所示，点 $P_0$ 绕 $M_0$ 转过一个较大的角度 $\alpha$ 到达点 $P$ 位置，有

$$\cos\alpha\neq 1 \tag{8.127}$$

但是，变形前后的线元长度相等，即

$$\|\overrightarrow{M_0P}\|_2=\|\overrightarrow{M_0P}\|_2 \tag{8.128}$$

因此，有

$$E_x=\frac{ds-ds_0}{ds_0}=0 \tag{8.129}$$

再根据应变张量与伸长量之间的关系式 $E_x=\sqrt{2e_{xx}+1}-1$，得到

$$e_{xx}=0 \tag{8.130}$$

从点 $P_0$ 转动到达点 $P$ 的过程中，位移函数为

$$\begin{cases} u=(x-x_0)(\cos\alpha-1) \\ v=(x-x_0)\sin\alpha \end{cases} \tag{8.131}$$

若依据小变形假设，采用线性公式求解，则有

$$e_{xx}=\varepsilon_x=\frac{\partial u}{\partial x}=\cos\alpha-1\neq 0 \tag{8.132}$$

显然，与式(8.130)相比，这是一个矛盾。

现实中的物理问题本质上都是非线性的，包括材料非线性、几何非线性问题等。在飞机设计中，特别是民用客机、运输机、无人机的结构设计，存在一种几何非线性问题：结构变形呈现大位移的特点，但是材料内部的本构关系仍是线性的，应力还是应变的线性函数。考虑到常见的有限元教材在几何非线性理论方面阐述得不够清晰，本章在向读者介绍这方面知识的同时，特别关注张量的概念与表述，以及相关理论公式的推导与证明，方便具备些许微积分知识的读者也能看懂。

## 8.5 本章习题

1. 什么是线性弹性体问题？
2. 非线性弹性体问题的分类有哪些？
3. 非线性分析常见的方法有哪些？

# 参考答案

## 第 1 章

(1) 形函数表达式

$$\boldsymbol{\phi}^{\mathrm{T}}=\begin{bmatrix}N_1\\N_2\\N_3\\N_4\end{bmatrix}=\frac{1}{L^3}\begin{bmatrix}L^3-3Lx^2+2x^3\\L^3x-2L^2x^2+Lx^3\\3Lx^2-2x^3\\L^2x^2+Lx^3\end{bmatrix}$$

(2) 矩阵表达式

$$\frac{EI}{L}\begin{bmatrix}12 & 6L & -12 & 6L\\6L & 4L^2 & -6L & 2L^2\\-12 & -6L & 12 & -6L\\6L & 2L^2 & -6L & 4L^2\end{bmatrix}\begin{Bmatrix}y_1\\\theta_1\\y_2\\\theta_2\end{Bmatrix}=\frac{w}{12}\begin{bmatrix}6L\\L\\6L\\-L\end{bmatrix}$$

## 第 2 章

(1) 杆件节点位移表达式

$$\begin{Bmatrix}u_1\\v_1\\u_2\\v_2\end{Bmatrix}=\begin{Bmatrix}0.25\times10^{-3}\\0.0\\0.5\times10^{-3}\\0.75\times10^{-3}\end{Bmatrix}$$

(2) 杆件节点力与节点位移之间的关系式

$$\begin{Bmatrix}f_{1x}\\f_{1y}\\f_{2x}\\f_{2y}\end{Bmatrix}=\left(\frac{EA}{L}\right)\begin{bmatrix}C^2 & CS & -C^2 & -CS\\CS & S^2 & -CS & -S^2\\-C^2 & -CS & C^2 & CS\\-CS & -S^2 & CS & S^2\end{bmatrix}\begin{Bmatrix}u_1\\v_1\\u_2\\v_2\end{Bmatrix}$$

(3) 应力表达式

$$\sigma_x=\frac{f_{2x'}}{A}$$

其中

$$\begin{cases}f_{2x'}\cos\theta=f_{2x}\\f_{2x'}\sin\theta=f_{2y}\end{cases}$$

(4) 利用计算机软件编程,数值计算结果为

$$\sigma_x=81.32\quad(\text{MPa})$$

## 第 3 章

应力计算结果(单位：psi)

$$\begin{Bmatrix}\sigma_x\\ \sigma_y\\ \tau_{xy}\end{Bmatrix}=\begin{pmatrix}19\ 200\\ 4\ 800\\ -15\ 000\end{pmatrix}$$

## 第 4 章

① 考虑纯弯曲效应，根据式(4-47)，有

$$[K]_{e12}\overset{\text{def}}{=}\frac{EI}{L^3}\begin{bmatrix}12 & 6L & -12 & 6L & 0 & 0\\ 6L & 4L^2 & -6L & 2L^2 & 0 & 0\\ -12 & -6L & 12 & -6L & 0 & 0\\ 6L & 2L^2 & -6L & 4L^2 & 0 & \\ 0 & 0 & 0 & 0 & 0 & 0\\ 0 & 0 & 0 & 0 & 0 & 0\end{bmatrix}$$

$$[K]_{e23}\overset{\text{def}}{=}\frac{EI}{L^3}\begin{bmatrix}0 & 0 & 0 & 0 & 0 & 0\\ 0 & 0 & 0 & 0 & 0 & 0\\ 0 & 0 & 12 & 6L & -12 & 6L\\ 0 & 0 & 6L & 4L^2 & -6L & 2L^2\\ 0 & 0 & -12 & -6L & 12 & -6L\\ 0 & 0 & 6L & 2L^2 & -6L & 4L^2\end{bmatrix}$$

因此，整体刚度矩阵为

$$[K]\overset{\text{def}}{=}\frac{EI}{L^3}\begin{bmatrix}12 & 6L & -12 & 6L & 0 & 0\\ 6L & 4L^2 & -6L & 2L^2 & 0 & 0\\ -12 & -6L & 24 & 0 & -12 & 6L\\ 6L & 2L^2 & 0 & 8L^2 & -6L & 2L^2\\ 0 & 0 & -12 & -6L & 12 & -6L\\ 0 & 0 & 6L & 2L^2 & -6L & 4L^2\end{bmatrix}$$

② 位移边界条件与力的边界条件

$$\begin{pmatrix}v_2\\ v_3\\ \theta_3\end{pmatrix}=\begin{pmatrix}0\\ 0\\ 0\end{pmatrix}$$

$$\begin{Bmatrix} F_{1y} \\ M_1 \\ F_{2y} \\ M_2 \\ F_{3y} \\ M_3 \end{Bmatrix} = \begin{Bmatrix} -P \\ 0 \\ 0 \\ 0 \\ 0 \\ 0 \end{Bmatrix}$$

③ 数学建模及求解

$$\begin{Bmatrix} F_{1y} \\ M_1 \\ F_{2y} \\ M_2 \\ F_{3y} \\ M_3 \end{Bmatrix} \overset{\text{def}}{=\!=} \frac{EI}{L^3} \begin{bmatrix} 12 & 6L & -12 & 6L & 0 & 0 \\ 6L & 4L^2 & -6L & 2L^2 & 0 & 0 \\ -12 & -6L & 24 & 0 & -12 & 6L \\ 6L & 2L^2 & 0 & 8L^2 & -6L & 2L^2 \\ 0 & 0 & -12 & -6L & 12 & -6L \\ 0 & 0 & 6L & 2L^2 & -6L & 4L^2 \end{bmatrix} \begin{Bmatrix} v_1 \\ \theta_1 \\ v_2 \\ \theta_2 \\ v_3 \\ \theta_3 \end{Bmatrix}$$

将边界条件代入后，有

$$\begin{pmatrix} -P \\ 0 \\ 0 \end{pmatrix} \overset{\text{def}}{=\!=} \frac{EI}{L^3} \begin{bmatrix} 12 & 6L & 6L \\ 6L & 4L^2 & 2L^2 \\ 6L & 2L^2 & 8L^2 \end{bmatrix} \begin{pmatrix} v_1 \\ \theta_1 \\ \theta_2 \end{pmatrix}$$

解得

$$\begin{pmatrix} v_1 \\ \theta_1 \\ \theta_2 \end{pmatrix} = \frac{L^3}{EI} \begin{pmatrix} -\dfrac{7P}{12} \\ \dfrac{3P}{4L} \\ \dfrac{P}{4L} \end{pmatrix}$$

## 第 5 章

① 选择 12 项的多项式基函数族表征薄板内部任意点的结构位移

$$\begin{pmatrix} w(x,y) \\ \theta_x \\ \theta_y \end{pmatrix} = \begin{pmatrix} w(x,y) \\ \dfrac{\partial w(x,y)}{\partial y} \\ -\dfrac{\partial w(x,y)}{\partial x} \end{pmatrix} = [A] \begin{bmatrix} a_1 \\ a_2 \\ \vdots \\ a_{12} \end{bmatrix} \tag{5.1}$$

其中

$$w(x,y) = (1 \quad x \quad y \quad x^2 \quad xy \quad y^2 \quad x^3 \quad x^2y \quad xy^2 \quad y^3 \quad x^3y \quad xy^3) \begin{bmatrix} a_1 \\ a_2 \\ \vdots \\ a_{12} \end{bmatrix} \tag{5.2}$$

根据式(5.1)，构造节点位移表达式

$$\begin{Bmatrix} \{\delta_i\} \\ \{\delta_j\} \\ \{\delta_m\} \\ \{\delta_n\} \end{Bmatrix} = \begin{Bmatrix} w_i(x,y) \\ \theta_{ix} \\ \theta_{iy} \\ \vdots \\ w_n(x,y) \\ \theta_{nx} \\ \theta_{ny} \end{Bmatrix} = \begin{Bmatrix} [A_i] \\ [A_j] \\ [A_m] \\ [A_n] \end{Bmatrix} \begin{bmatrix} a_1 \\ a_2 \\ \vdots \\ a_{12} \end{bmatrix} \tag{5.3}$$

将式(5.3)的逆矩阵表达式代入式(5.1)，有

$$\{\delta\} = [A] \begin{Bmatrix} [A_i] \\ [A_j] \\ [A_m] \\ [A_n] \end{Bmatrix}^{-1} \begin{Bmatrix} \{\delta_i\} \\ \{\delta_j\} \\ \{\delta_m\} \\ \{\delta_n\} \end{Bmatrix} = \Phi \begin{Bmatrix} \{\delta_i\} \\ \{\delta_j\} \\ \{\delta_m\} \\ \{\delta_n\} \end{Bmatrix} \tag{5.4}$$

其中，矩阵 $[A]$，$[A_i]$，$[A_j]$，$[A_m]$，$[A_n]$ 由式(5.1)和式(5.2)所决定，具体形式为

$$[A] = \begin{bmatrix} 1 & x & y & x^2 & xy & y^2 & x^3 & x^2y & xy^2 & y^3 & x^3y & xy^3 \\ 0 & 0 & 1 & 0 & x & 2y & 0 & x^2 & 2xy & 3y^2 & x^3 & 3xy^2 \\ 0 & -1 & 0 & -2x & -y & 0 & -3x^2 & -2xy & -y^2 & 0 & -3x^2y & -y^3 \end{bmatrix} \tag{5.5}$$

$$\begin{cases} [A_i] = [A(x_i, y_i)] \\ [A_j] = [A(x_j, y_j)] \\ [A_m] = [A(x_m, y_m)] \\ [A_n] = [A(x_n, y_n)] \end{cases} \tag{5.6}$$

② 计算形函数矩阵 $[\Phi] \in \mathbf{R}^{3\times 12}$，利用第①步的结果，整理为

$$\begin{pmatrix} w(x,y) \\ \theta_x \\ \theta_y \end{pmatrix} = \begin{Bmatrix} w(x,y) \\ \dfrac{\partial w(x,y)}{\partial y} \\ -\dfrac{\partial w(x,y)}{\partial x} \end{Bmatrix} = [A]\ [A_{ijmn}]^{-1} \begin{Bmatrix} \{\delta_i\} \\ \{\delta_j\} \\ \{\delta_m\} \\ \{\delta_m\} \end{Bmatrix} = [\Phi] \begin{Bmatrix} \{\delta_i\} \\ \{\delta_j\} \\ \{\delta_m\} \\ \{\delta_m\} \end{Bmatrix} \tag{5.7}$$

其中

$$w(x,y) = (1 \quad x \quad y \quad x^2 \quad xy \quad y^2 \quad x^3 \quad x^2y \quad xy^2 \quad y^3 \quad x^3y \quad xy^3) \begin{bmatrix} a_1 \\ a_2 \\ \vdots \\ a_{12} \end{bmatrix} \tag{5.8}$$

$$\begin{Bmatrix} w \\ \dfrac{\partial w}{\partial y} \\ -\dfrac{\partial w}{\partial x} \end{Bmatrix} = [A]\ [A_{ijmn}]^{-1} \begin{Bmatrix} \{\delta_i\} \\ \{\delta_j\} \\ \{\delta_m\} \\ \{\delta_m\} \end{Bmatrix} = [\Phi] \begin{Bmatrix} \{\delta_i\} \\ \{\delta_j\} \\ \{\delta_m\} \\ \{\delta_m\} \end{Bmatrix} \tag{5.9}$$

因此，形函数矩阵的计算公式为

$$[\Phi]=[[\phi_i]\quad[\phi_j]\quad[\phi_m]\quad[\phi_n]]$$

$$=\begin{bmatrix}1 & x & y & x^2 & xy & y^2 & x^3 & x^2y & xy^2 & y^3 & x^3y & xy^3\\ 0 & 0 & 1 & 0 & x & 2y & 0 & x^2 & 2xy & 3y^2 & x^3 & 3xy^2\\ 0 & -1 & 0 & -2x & -y & 0 & -3x^2 & -2xy & -y^2 & 0 & -3x^2y & -y^3\end{bmatrix}\begin{bmatrix}[A_i]\\ [A_j]\\ [A_m]\\ [A_n]\end{bmatrix}^{-1} \tag{5.10}$$

③ 计算曲率函数 $K_x, K_y, K_{xy}$

$$\begin{Bmatrix}K_x\\ K_y\\ K_{xy}\end{Bmatrix}=\begin{Bmatrix}-\dfrac{\mathrm{d}^2w}{\mathrm{d}x^2}\\ -\dfrac{\mathrm{d}^2w}{\mathrm{d}y^2}\\ -2\dfrac{\partial^2w}{\partial x\partial y}\end{Bmatrix}=[B]\begin{Bmatrix}\{\delta_i\}\\ \{\delta_j\}\\ \{\delta_m\}\\ \{\delta_n\}\end{Bmatrix} \tag{5.11}$$

其中，梯度矩阵[$B$]形式为

$$[B]=(-1)\times\begin{bmatrix}0 & 0 & 0 & 0 & 0 & 2 & 0 & 0 & 2x & 6y & 0 & 6xy\\ 0 & 0 & 0 & 2 & 0 & 0 & 6x & 2y & 0 & 0 & 6xy & 0\\ 0 & 0 & 0 & 0 & 2 & 0 & 0 & 4x & 4y & 0 & 6x^2 & 6y^2\end{bmatrix}\begin{bmatrix}[A_i]\\ [A_j]\\ [A_m]\\ [A_n]\end{bmatrix}^{-1} \tag{5.12}$$

④ 计算应力$\{\sigma\}$和力矩$\{M\}$，以及矩阵$[D]$和$[D^*]$。根据应力与应变关系式，弯矩与曲率的关系式，分别有

$$\{\sigma\}=[D]\{\varepsilon\}=z\cdot[D]\{K\} \tag{5.13}$$

$$\{M\}=\frac{t^3}{12}[D]\{K\}=[D^*]\{K\} \tag{5.14}$$

其中，$[D]$，$[D^*]$ 分别为

$$[D]=\frac{E}{1-\mu^2}\begin{bmatrix}1 & \mu & 0\\ \mu & 1 & 0\\ 0 & 0 & \dfrac{1-\mu}{2}\end{bmatrix},\qquad [D^*]=\frac{t^3\cdot E}{12(1-\mu^2)}\begin{bmatrix}1 & \mu & 0\\ \mu & 1 & 0\\ 0 & 0 & \dfrac{1-\mu}{2}\end{bmatrix} \tag{5.15}$$

⑤ 计算刚度矩阵$[K]$

$$[K]=\iint_A [B]^{\mathrm{T}}[D^*][B]\,\mathrm{d}x\,\mathrm{d}y \tag{5.16}$$

⑥ 计算等效节点力列矩阵

$$\{F_s\}=\iint_A [N_s]^{\mathrm{T}}q\,\mathrm{d}x\,\mathrm{d}y \tag{5.17}$$

其中，$\vec{q}=\begin{pmatrix}q\\ 0\\ 0\end{pmatrix}$是分布载荷；$[N_s]$是形函数矩阵$[\phi]$的分块子矩阵。

⑦ 确定有限单元方程

$$\{F_{ijmn}\}=[K]\{\delta_{ijmn}\} \tag{5.18}$$

⑧ 所有有限单元方程汇总成为整体方程。

⑨ 有限元整体方程的求解。

## 第 6 章

首先计算

$$\begin{Bmatrix} w(L_1,L_2) \\ \dfrac{\partial w(L_1,L_2)}{\partial L_2} \\ -\dfrac{\partial w(L_1,L_2)}{\partial L_1} \end{Bmatrix}=[A]\begin{bmatrix} t_1 \\ t_2 \\ \vdots \\ t_9 \end{bmatrix} \tag{6.1}$$

中的 $[A]$ 矩阵，它应该等于

$$[A]=\begin{bmatrix} L_1 & L_2 & L_3 & L_2L_3 & L_3L_1 & L_1L_2 & (L_2L_3^2-L_3L_2^2) & (L_3L_1^2-L_1L_3^2) & (L_1L_2^2-L_2L_1^2) \\ \dfrac{\partial}{\partial L_2}[L_1] & & & & \cdots & & & & \dfrac{\partial}{\partial L_2}[L_1(L_2)^2-L_2(L_1)^2] \\ -\dfrac{\partial}{\partial L_1}[L_1] & & & & \cdots & & & & -\dfrac{\partial}{\partial L_1}[L_1(L_2)^2-L_2(L_1)^2] \end{bmatrix} \tag{6.2}$$

其中

$$L_1(x,y)=\frac{1}{2\Delta}\begin{vmatrix} 1 & x & y \\ 1 & x_j & y_j \\ 1 & x_k & y_k \end{vmatrix}, L_2(x,y)=\frac{1}{2\Delta}\begin{vmatrix} 1 & x & y \\ 1 & x_k & y_k \\ 1 & x_i & y_i \end{vmatrix}, L_3(x,y)=\frac{1}{2\Delta}\begin{vmatrix} 1 & x & y \\ 1 & x_i & y_i \\ 1 & x_j & y_j \end{vmatrix} \tag{6.3}$$

这里，$\Delta$ 是三角形的面积。

根据题目假设条件，将三角形节点坐标代入式(6.3)，得到

$$\begin{cases} L_1(x,y)=y \\ L_2(x,y)=1-x-y, \quad \Delta=\dfrac{1}{2} \\ L_3(x,y)=x \end{cases} \tag{6.4}$$

将式(6.4)和三角形节点坐标一起代入式(6.2)，得到

$$\begin{pmatrix} [A_1] \\ [A_2] \\ [A_3] \end{pmatrix}=\begin{bmatrix} \begin{pmatrix} 1 \\ 0 \\ -1 \end{pmatrix} & \begin{pmatrix} 0 \\ 1 \\ 0 \end{pmatrix} & \begin{pmatrix} 0 \\ -1 \\ 1 \end{pmatrix} & \begin{pmatrix} 0 \\ 0 \\ 0 \end{pmatrix} & \begin{pmatrix} 0 \\ -1 \\ 1 \end{pmatrix} & \begin{pmatrix} 0 \\ 1 \\ 0 \end{pmatrix} & \begin{pmatrix} 0 \\ 0 \\ 0 \end{pmatrix} & \begin{pmatrix} 0 \\ -1 \\ 1 \end{pmatrix} & \begin{pmatrix} 0 \\ -1 \\ 0 \end{pmatrix} \\ \begin{pmatrix} 0 \\ 0 \\ -1 \end{pmatrix} & \begin{pmatrix} 1 \\ 1 \\ 0 \end{pmatrix} & \begin{pmatrix} 0 \\ -1 \\ 1 \end{pmatrix} & \begin{pmatrix} 0 \\ -1 \\ 1 \end{pmatrix} & \begin{pmatrix} 0 \\ 0 \\ 0 \end{pmatrix} & \begin{pmatrix} 0 \\ 0 \\ -1 \end{pmatrix} & \begin{pmatrix} 0 \\ 1 \\ -1 \end{pmatrix} & \begin{pmatrix} 0 \\ 0 \\ 0 \end{pmatrix} & \begin{pmatrix} 0 \\ 0 \\ -1 \end{pmatrix} \\ \begin{pmatrix} 0 \\ 0 \\ -1 \end{pmatrix} & \begin{pmatrix} 0 \\ 1 \\ 0 \end{pmatrix} & \begin{pmatrix} 1 \\ -1 \\ 1 \end{pmatrix} & \begin{pmatrix} 0 \\ 1 \\ 0 \end{pmatrix} & \begin{pmatrix} 0 \\ 0 \\ -1 \end{pmatrix} & \begin{pmatrix} 0 \\ 0 \\ 0 \end{pmatrix} & \begin{pmatrix} 0 \\ 1 \\ 0 \end{pmatrix} & \begin{pmatrix} 0 \\ 0 \\ 1 \end{pmatrix} & \begin{pmatrix} 0 \\ 0 \\ 0 \end{pmatrix} \end{bmatrix} \tag{6.5}$$

根据式(6.4)得到

$$\begin{cases} x = 1 - L_2 - L_1 \\ y = L_1 \end{cases} \tag{6.6}$$

将式(6.6)代入薄板法向位移的解析解中，得到

$$w = [5(1 - L_2 - L_1)^4 - 6(1 - L_2 - L_1)^2 + 1] \times (L_1^4 - 6L_1^2 + 5) \tag{6.7}$$

利用式(6.7)，计算位移表达式等号左侧的列向量，有

$$\begin{Bmatrix} w_1(L_1, L_2) \\ \dfrac{\partial w_1(L_1, L_2)}{\partial L_2} \\ -\dfrac{\partial w_1(L_1, L_2)}{\partial L_1} \\ w_2(L_1, L_2) \\ \dfrac{\partial w_2(L_1, L_2)}{\partial L_2} \\ -\dfrac{\partial w_2(L_1, L_2)}{\partial L_1} \\ w_3(L_1, L_2) \\ \dfrac{\partial w_3(L_1, L_2)}{\partial L_2} \\ -\dfrac{\partial w_3(L_1, L_2)}{\partial L_1} \end{Bmatrix} = \begin{Bmatrix} 0 \\ 0 \\ 8 \\ 5 \\ 0 \\ 0 \\ 0 \\ -40 \\ 40 \end{Bmatrix} \tag{6.8}$$

计算得到参数矩阵的值为

$$\begin{bmatrix} t_1 \\ t_2 \\ \vdots \\ t_9 \end{bmatrix} = \begin{pmatrix} [A_1] \\ [A_2] \\ [A_3] \end{pmatrix}^{-1} \begin{Bmatrix} w_1(L_1, L_2) \\ \dfrac{\partial w_1(L_1, L_2)}{\partial L_2} \\ -\dfrac{\partial w_1(L_1, L_2)}{\partial L_1} \\ w_2(L_1, L_2) \\ \dfrac{\partial w_2(L_1, L_2)}{\partial L_2} \\ -\dfrac{\partial w_2(L_1, L_2)}{\partial L_1} \\ w_3(L_1, L_2) \\ \dfrac{\partial w_3(L_1, L_2)}{\partial L_2} \\ -\dfrac{\partial w_3(L_1, L_2)}{\partial L_1} \end{Bmatrix} = \begin{Bmatrix} 0 \\ 5 \\ 0 \\ -20 \\ -16 \\ 4 \\ -25 \\ 24 \\ 1 \end{Bmatrix} \tag{6.9}$$

# 第 7 章

① 考虑如下形式的坐标变换

$$\begin{Bmatrix} x \\ y \end{Bmatrix} = \begin{bmatrix} 1 & s & t & st & 0 & 0 & 0 & 0 \\ 0 & 0 & 0 & 0 & 1 & s & t & st \end{bmatrix} \begin{bmatrix} a_1 \\ a_2 \\ a_3 \\ a_4 \\ b_1 \\ b_2 \\ b_3 \\ b_4 \end{bmatrix} \tag{7.1}$$

根据题目条件，有

$$\begin{Bmatrix} x_1 \\ y_1 \end{Bmatrix} = \begin{pmatrix} 0 \\ 0 \end{pmatrix}, \quad \begin{Bmatrix} x_2 \\ y_2 \end{Bmatrix} = \begin{pmatrix} 8 \\ 0 \end{pmatrix}, \quad \begin{Bmatrix} x_3 \\ y_3 \end{Bmatrix} = \begin{pmatrix} 5 \\ 4 \end{pmatrix}, \quad \begin{Bmatrix} x_4 \\ y_4 \end{Bmatrix} = \begin{pmatrix} 0 \\ 4 \end{pmatrix} \tag{7.2}$$

$$\begin{Bmatrix} s_1 \\ t_1 \end{Bmatrix} = \begin{pmatrix} -1 \\ -1 \end{pmatrix}, \quad \begin{Bmatrix} s_2 \\ t_2 \end{Bmatrix} = \begin{pmatrix} 1 \\ -1 \end{pmatrix}, \quad \begin{Bmatrix} s_3 \\ t_3 \end{Bmatrix} = \begin{pmatrix} 1 \\ 1 \end{pmatrix}, \quad \begin{Bmatrix} s_4 \\ t_4 \end{Bmatrix} = \begin{pmatrix} -1 \\ 1 \end{pmatrix} \tag{7.3}$$

借助 Maple 软件，计算得到

$$\begin{bmatrix} a_1 \\ a_2 \\ a_3 \\ a_4 \\ b_1 \\ b_2 \\ b_3 \\ b_4 \end{bmatrix} = \frac{1}{4} \begin{pmatrix} 13 \\ 13 \\ -3 \\ -3 \\ 8 \\ 0 \\ 8 \\ 0 \end{pmatrix} \tag{7.4}$$

将式(7.4)代回式(7.1)即可得到答案。

② 根据第 1 题的结果，自然坐标系内的坐标原点在直角坐标系中的对应关系为

$$\begin{Bmatrix} s \\ t \end{Bmatrix} = \begin{Bmatrix} 0 \\ 0 \end{Bmatrix} \longrightarrow \begin{Bmatrix} x \\ y \end{Bmatrix} = \begin{Bmatrix} a_1 \\ b_1 \end{Bmatrix} = \begin{Bmatrix} \dfrac{13}{4} \\ 2 \end{Bmatrix} \tag{7.5}$$

③ 根据式(7.34)，有

$$[\phi] = [A]\,[A_{ijmn}]^{-1} = \begin{bmatrix} 1 & s & t & st & 0 & 0 & 0 & 0 \\ 0 & 0 & 0 & 0 & 1 & s & t & st \end{bmatrix} [A_{ijmn}]^{-1} \tag{7.6}$$

其中，$[A]$代表单元内部任意点的位置矩阵，形式为

$$[A] = \begin{bmatrix} 1 & s & t & st & 0 & 0 & 0 & 0 \\ 0 & 0 & 0 & 0 & 1 & s & t & st \end{bmatrix} \tag{7.7}$$

$[A_{ijmn}]$代表单元节点处的位置矩阵，形式为

$$[A_{ijmn}]=\begin{Bmatrix}\begin{bmatrix}1 & s & t & st & 0 & 0 & 0 & 0\\ 0 & 0 & 0 & 0 & 1 & s & t & st\end{bmatrix}_{s=-1,t=-1}\\ \begin{bmatrix}1 & s & t & st & 0 & 0 & 0 & 0\\ 0 & 0 & 0 & 0 & 1 & s & t & st\end{bmatrix}_{s=+1,t=-1}\\ \begin{bmatrix}1 & s & t & st & 0 & 0 & 0 & 0\\ 0 & 0 & 0 & 0 & 1 & s & t & st\end{bmatrix}_{s=+1,t=+1}\\ \begin{bmatrix}1 & s & t & st & 0 & 0 & 0 & 0\\ 0 & 0 & 0 & 0 & 1 & s & t & st\end{bmatrix}_{s=-1,t=+1}\end{Bmatrix} \tag{7.8}$$

利用 Maple 软件，计算的结果为

$$\begin{cases}N_1=\dfrac{1+st-s-t}{4}\\ N_2=\dfrac{1+s-st-t}{4}\\ N_3=\dfrac{1+st+s+t}{4}\\ N_4=\dfrac{1+t-st-s}{4}\end{cases} \tag{7.9}$$

整理之后，有

$$[\phi]=\begin{bmatrix}N_1 & 0 & N_2 & 0 & N_3 & 0 & N_4 & 0\\ 0 & N_1 & 0 & N_2 & 0 & N_3 & 0 & N_4\end{bmatrix} \tag{7.10}$$

④ 根据第 3 题的结果和式(7.33)，有

$$\begin{Bmatrix}x\\ y\end{Bmatrix}=[\phi]\begin{Bmatrix}x_1\\ y_1\\ x_2\\ y_2\\ x_3\\ y_3\\ x_4\\ y_4\end{Bmatrix}=\begin{bmatrix}1 & s & t & st & 0 & 0 & 0 & 0\\ 0 & 0 & 0 & 0 & 1 & s & t & st\end{bmatrix}\begin{bmatrix}a_1\\ a_2\\ a_3\\ a_4\\ b_1\\ b_2\\ b_3\\ b_4\end{bmatrix} \tag{7.11}$$

根据雅可比矩阵的定义式(7.53)，计算结果为

$$[J]\overset{\text{def}}{=\!=}\begin{bmatrix}\dfrac{\partial x}{\partial s} & \dfrac{\partial y}{\partial s}\\ \dfrac{\partial x}{\partial t} & \dfrac{\partial y}{\partial t}\end{bmatrix}=\begin{bmatrix}a_2+a_4t & b_2+b_4t\\ a_3+a_4s & b_3+b_4s\end{bmatrix} \tag{7.12}$$

代入具体的数值，得到

$$[J]=\begin{bmatrix}\dfrac{13-3t}{4} & 0\\ -\dfrac{3}{4}(1+s) & 2\end{bmatrix} \tag{7.13}$$

它的行列式为

$$\det[J] \xlongequal{\text{def}} \frac{13-3t}{2} \tag{7.14}$$

## 第8章

1. 线性弹性体结构需要满足下列条件：

(1) 材料的应力与应变关系满足胡克定律；

(2) 位移是微小的；

(3) 所有约束均为理想约束。

2. 非线性弹性体的分类：

(1) 材料非线性。材料应力与应变之间不满足线性关系，例如振动阻尼问题中的黏弹性材料与载荷历史、载荷时间、环境稳定等有关。

(2) 边界条件或状态非线性。例如摩擦过程中常见的间隙非线性、接触非线性等。

(3) 几何非线性。结构受力之后大变形位移会导致力与位移的非线性关系，但是，材料内部应力与应变关系仍假定满足线性关系。

3. 常见方法有：

(1) 增量法。非线性有限元中的刚度矩阵不是常数矩阵，在每一步的计算过程中可以考虑平均刚度的描述方式。

(2) 迭代法。随着非线性位移的变化，刚度矩阵也在随时变化。沿着应力与应变曲线建立切线刚度矩阵的描述方式，称为牛顿-拉斐逊法。

(3) 混合法。将载荷增量法和迭代求解法相结合的求解方法。

# 附录　二维平面应力单元 MATLAB 程序

（1）问题描述

图1所示为厚度1 mm的平板结构，已知材料弹性模量为200 GPa，泊松比为0.3。在模型左侧施加水平方向位移约束，底部施加垂直方向位移约束，并在右上角施加水平方向力1 000 N。沿垂直方向划分两个单元，尝试编写程序计算节点位移和支反力。

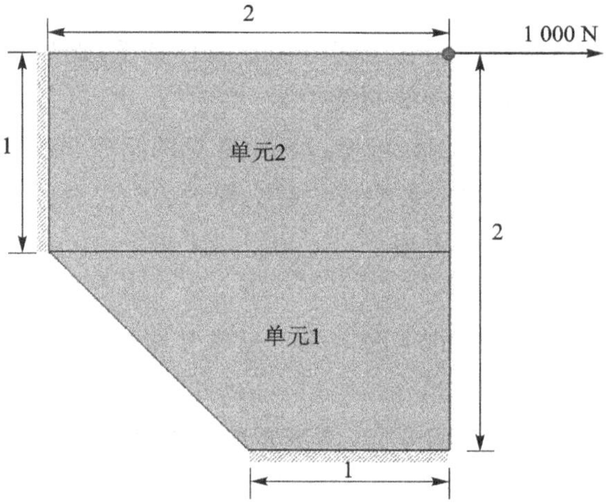


**图1　平板结构**

（2）程序源代码

```
%%%%%%%%%%%%%%%%%%%%%%%%%%%%%%%%%%%%%%%%%%%%%%%%%%%%%%%%%%%%%%%%%%%%
  clear
  clc

  %四边形等参单元的高斯积分点坐标及权因子
  XI   = [-0.577350269189626,0.577350269189626];
  ETA = [-0.577350269189626,0.577350269189626];
  W    = [1,1;1,1];

  %%
  %1.定义相关属性：弹性模量、截面积...
  E=200E9; % 弹性模量
  v=0.3;   % 泊松比
  t=0.001; % 厚度
  nu=E/(1-v^2)*[1,v,0;v,1,0;0,0,(1-v)/2]; % 材料(弹性)矩阵

  %%
```

```
%2.定义单元-结点连接信息
%{
5+------------+6
|            |
|            |
3+------------+4
|            |
|            |
1+------------+2
```

其中,1、2节点约束垂直方向位移自由度(UY),3、5节点约束水平方向位移自由度(UX),6节点施加1 000 N水平方向力(Fx).

```
%}
nnode = 6; % 节点个数
nelem = 2; % 单元个数
nn2e = [4,4]; % 每个单元节点个数,数组长度 = nelem
n2e = [...
    1,2,4,3,... % 第1个单元周围节点编号,数量 = nn2e(1)
    3,4,6,5 ... % 第2个单元周围节点编号,数量 = nn2e(2)
    ];

% 节点坐标
x = [1,2,0,2,0,2];
y = [0,0,1,1,2,2];

%%
%绘制单元
subplot(1,2,1)
npos = 0;
for ielem = 1:nelem
    nnod = nn2e(ielem); % 单元周围节点个数
    enodes = n2e(npos + 1:npos + nnod); % 单元周围节点编号数组
patch('XData',x(enodes),'YData',y(enodes),'FaceColor',[0.7,0.7,0.7]);
    hold on
    npos = npos + nnod;
end
title('Mesh')
xlabel('x');
ylabel('y');
daspect([1,1,1]);

%%
% 3. 计算刚度矩阵
ndof_per_node = 2; % 每个节点的自由度个数

% 3.1 初始化刚度矩阵
KK = zeros(nnode * ndof_per_node, nnode * ndof_per_node);
```

```
% 3.2 计算单元刚度矩阵并组装
npos = 0; % 用于获取节点编号
for ielem = 1:nelem % 循环每一个单元

    nnod = nn2e(ielem); % 单元周围节点个数

    ni = n2e(npos + 1); % 单元周围第 1 个节点编号
    nj = n2e(npos + 2); % 单元周围第 2 个节点编号
    nm = n2e(npos + 3); % 单元周围第 3 个节点编号
    nn = n2e(npos + 4); % 单元周围第 4 个节点编号

    xi = x(ni); % 节点坐标 x 分量
    yi = y(ni);
    xj = x(nj);
    yj = y(nj);
    xm = x(nm);
    ym = y(nm);
    xn = x(nn);
    yn = y(nn);

    % 3.2.1 计算单元刚度矩阵 Ke
    %该矩阵为 nn * ndof_per_node 的方阵
    %Ke = ...
    Ke = zeros(nnod * ndof_per_node,nnod * ndof_per_node);
    % 下面为四结点四边形单元
    % 循环每个积分点
    for ii = 1:2
        for jj = 1:2
            xii = XI(ii); % 积分点坐标
            etaj = ETA(jj); % 积分点坐标
            wi = W(ii,jj); % 积分点权因子

            % 单元雅克比矩阵:J
            J11 = 1/4 * ( - (1 - etaj) * xi + (1 - etaj) * xj + (1 + etaj) * xm - (1 + etaj) * xn);
            J12 = 1/4 * ( - (1 - etaj) * yi + (1 - etaj) * yj + (1 + etaj) * ym - (1 + etaj) * yn);
            J21 = 1/4 * ( - (1 - xii) * xi - (1 + xii) * xj + (1 + xii) * xm + (1 - xii) * xn);
            J22 = 1/4 * ( - (1 - xii) * yi - (1 + xii) * yj + (1 + xii) * ym + (1 - xii) * yn);
            J = [J11,J12;J21,J22];

            detJ = det(J);

            % 单元几何矩阵:A
            A = 1/detJ * [...
                J22, - J12,0,0
                0,0, - J21,J11
                - J21,J11,J22, - J12
```

```
            ];
        D = 1/4 * [...
            -(1-etaj),0,1-etaj,0,1+etaj,0,-(1+etaj),0
            -(1-xii),0,-(1+xii),0,1+xii,0,1-xii,0
            0,-(1-etaj),0,1-etaj,0,1+etaj,0,-(1+etaj)
            0,-(1-xii),0,-(1+xii),0,1+xii,0,1-xii
            ];

        Ke = Ke + wi * t * (A * D)' * nu * A * D * detJ;
    end
end

% 3.2.2 组装到总体刚度矩阵——此部分程序是固定形式,不要修改
% 循环单元刚度矩阵的所有行
nn = nn2e(ielem); % 单元周围节点个数
for inode = 1:nn
    % 获取结点编号
    ni = n2e(npos + inode); % 当前单元的第 inode 个节点编号

    % 循环单元刚度矩阵的当前行的所有列
    for jnode = 1:nn
        nj = n2e(npos + jnode); % 当前单元的第 jnode 个节点编号

        % 组装
        i0 = (ni-1) * ndof_per_node + 1;        % 对应总体矩阵中的行编号起始值
        i1 = ni * ndof_per_node;                % 对应总体矩阵中的行编号末尾值
        j0 = (nj-1) * ndof_per_node + 1;        % 对应总体矩阵中的列编号起始值
        j1 = nj * ndof_per_node;                % 对应总体矩阵中的列编号末尾值
        m0 = (inode-1) * ndof_per_node + 1;     % 局部行编号起始值
        m1 = inode * ndof_per_node;             % 局部行编号末尾值
        n0 = (jnode-1) * ndof_per_node + 1;     % 局部列编号起始值
        n1 = jnode * ndof_per_node;             % 局部列编号末尾值
        KK(i0:i1,j0:j1) = KK(i0:i1,j0:j1) + Ke(m0:m1,n0:n1);
    end
end

npos = npos + nn;
end

%%
% 4. 施加约束及载荷

% 4.1 约束

KKK = KK; % 保存未经约束处理的刚度矩阵,用于后续计算支反力
```

```
%循环每个边界结点
%将总体刚度矩阵与约束节点对应的行全部元素置为 0,并将该行的对角线元素置为 1
%   KK(??,:) = 0; KK(??,??) = 1
%   ...
KK(2,:) = 0;KK(2,2) = 1; % 对应第 1 节点的 UY 自由度
KK(4,:) = 0;KK(4,4) = 1; % 对应第 2 节点的 UY 自由度
KK(5,:) = 0;KK(5,5) = 1; % 对应第 3 节点的 UX 自由度
KK(9,:) = 0;KK(9,9) = 1; % 对应第 5 节点的 UX 自由度

% 4.2 载荷
F = zeros(nnode * ndof_per_node,1); % 初始化载荷列向量为 0
%设置相应元素为指定值
% F(??) = ...
F(11) = 1000; % 对应第 6 节点的 X 方向力

FF = F;

% %
% 5. 求解线性方程组
u = KK\F;

% %
%6.后处理
% 以分量形式显示节点位移
uxy = reshape(u,2,nnode)';
disp('节点位移为:');
disp(uxy);

%绘制变形云图
subplot(1,2,2)
npos = 0;
for ielem = 1:nelem
    nnod = nn2e(ielem); % 单元周围节点个数
    enodes = n2e(npos + 1:npos + nnod);
    xe = x(enodes) + uxy(enodes,1)'; % 变形后的节点坐标 x 分量
    ye = y(enodes) + uxy(enodes,2)'; % 变形后的节点坐标 y 分量
    ce = sqrt(xe.^2 + ye.^2); % 变形量模值,用作云图颜色
    patch(xe,ye,ce);hold on
    npos = npos + nnod;
end
colorbar
title('Total Displacements')
xlabel('x');
ylabel('y');
daspect([1,1,1]);
```

```
% 计算并输出支反力
R = KKK * u - FF;
Rxy = reshape(R,2,nnode)';
disp('节点支反力为:');
disp(Rxy); % 以分量形式显示

% - - END—
```

(3) 计算结果和程序输出

节点位移为：

```
  1.0e-04 *

   -0.0227    -0.0000
   -0.0304    -0.0000
    0.0000     0.0706
    0.0156    -0.0365
    0.0000     0.0667
    0.1764    -0.0613
```

节点支反力为：

```
 -0.0000     -332.7165
  0.0000      332.7165
-332.7165       0.0000
  0.0000        0.0000
-667.2835      -0.0000
  0               0.0000
```

输出图形如图 2 所示。

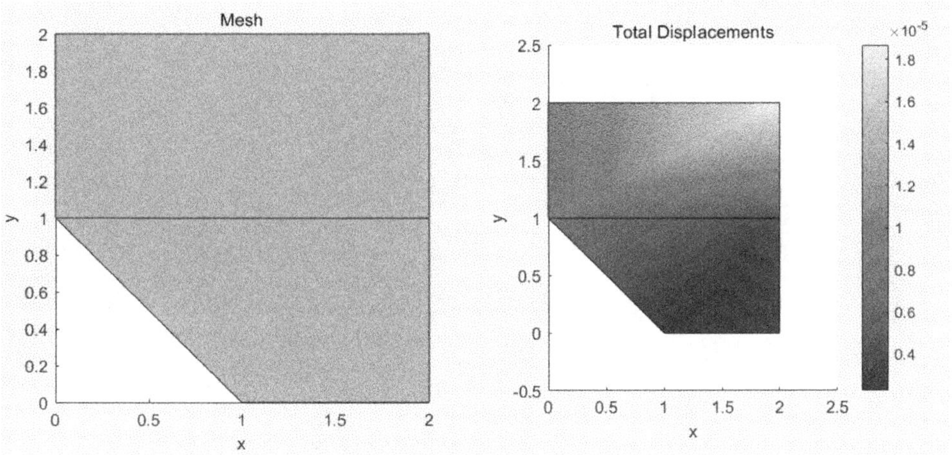


**图 2　输出图形**

# 参考文献


[1] 刘怀恒. 结构及弹性力学有限元法[M]. 西安：西北工业大学出版社，2007.

[2] 谢贻权，何福宝. 弹性和塑性力学中的有限单元法[M]. 北京：机械工业出版社，1981.

[3] 高德平. 机械工程中的有限元基础[M]. 西安：西北工业大学出版社，1993.

[4] 徐芝纶. 弹性力学简明教程[M]. 北京：高等教育出版社，2018.

[5] 刘北辰. 非线性弹性力学[M]. 重庆：西南师范大学出版社，1988.

[6] 田宗若. 张量分析[M]. 西安：西北工业大学出版社，2007.

[7] Daryl L. Logan. A First Course in the Finite Element Method [M]. CL-Engineering，2012.

[8] 戴华. 矩阵论[M]. 北京：科学出版社，2001.

[9] 夏道行，吴卓人，严绍宗，等. 实变函数论与泛函分析[M]. 北京：高等教育出版社，2010.

[10] 史治宇. 变分原理及有限元[M]. 北京：国防工业出版社，2016.

[11] 张氢，秦仙蓉，孙远韬. 结构力学与有限元基础[M]. 上海：同济大学出版社，2019.

[12] 刘宪高. 变分法与偏微分方程[M]. 北京：科学出版社，2021.